黄河水权转让后评估理论与实践探索

主　编　苏　青　张立锋

副主编　赵祎雯　李金晶　罗玉丽　任领志

黄河水利出版社

·郑州·

图书在版编目(CIP)数据

黄河水权转让后评估理论与实践探索/苏青,张立锋主编. —郑州:黄河水利出版社,2023.9

ISBN 978-7-5509-3761-1

Ⅰ.①黄… Ⅱ.①苏… ②张… Ⅲ.①黄河-水资源管理-研究 Ⅳ.①TV213.4

中国国家版本馆 CIP 数据核字(2023)第 200040 号

策划编辑:岳晓娟 电话:0371-66020903 E-mail:2250150882@qq.com

责任编辑 赵红菲　　责任校对 周 倩

封面设计 张心怡　　责任监制 常红昕

出版发行 黄河水利出版社

地址:河南省郑州市顺河路 49 号 邮政编码:450003

网址:www.yrcp.com E-mail:hhslcbs@126.com

发行部电话:0371-66020550

承印单位 河南匠心印刷有限公司

开　　本 787 mm×1 092 mm 1/16

印　　张 14.25

字　　数 330 千字

版次印次 2023 年 9 月第 1 版　　2023 年 9 月第 1 次印刷

定　　价 98.00 元

前　言

从2003年起,水利部和黄河水利委员会(简称黄委)率先在黄河流域水资源供需矛盾最严重的宁蒙地区开始探索实施水权转换。经过20年的不断改革实践和探索,黄河水权转让实现了从无到有,从政府主导到政府、市场两手发力的突破和转变,有效提升了水资源的利用效率,促进了农业节水增效,保障了新增工业项目用水,实现了工业、农业、经济社会发展多赢,为破解水资源刚性约束提供了积极的示范效应。但针对未来黄河水权转让如何开展,亟须对现有黄河水权转让实施效果进行全面系统的评估和总结分析,进而从理论方法和应用实际两个层面为黄河水权转让乃至全国区域性水权转让的顺利实施提供对策和建议。2019年,黄委决定开展宁蒙地区黄河水权转让后评估工作,通过开展黄河水权转让后评估,全面客观评价黄河水权转让取得的效果和经验,为深入推进黄河流域水权转让工作提供指导。

本书研究成果在梳理借鉴国内外相关研究成果及其最新动态的基础上,综合现有相关研究理论方法,从节水实践、社会经济发展、制度实践等层面,识别构建水权转让后评估指标体系和方法体系,为区域性或流域水权转让后评估提供科学的理论方法,对贯彻"四水四定"要求,坚决把水资源作为最大的刚性约束,以水资源的集约节约安全利用支撑黄河流域经济社会的高质量发展具有重要的理论意义和实践意义。

本书研究成果分析了黄河水权转让工作的特点和内容,形成了黄河水权转让后评估的双层六维理论框架体系,建立了由17个一级评估指标和48个二级评估指标构成的黄河水权转让评估指标体系,综合了耦合技术评价方法、社会经济评价方法、生态学评价方法、政策评价方法等形成一个相对完整的黄河水权转让后评估方法体系;并应用研究成果对内蒙古黄河水权转让实践进行了后评估,全面客观评价内蒙古黄河水权转让工作在节水、社会、经济和生态等方面取得的效果,分析总结水权转让工作取得的经验、存在的问题,结合水权转让过程节水工程的建设和运行管理,以及水权转让制度建设和实施全过程,对节水工程良性运转和节水效果的可持续性及稳定性提出针对性措施和建议,为深入推进黄河流域水权转让工作提供技术支撑。

本书课题研究由黄委移民局黄河水资源中心牵头,组织了黄河水利科学研究院引黄灌溉工程技术研究中心、华北水利水电大学、中国水权交易所股份有限公司多名专家学者及工程技术人员共同参加,汇聚多方智慧成果。苏青、张立锋负责研究技术路线的确定、后评估方法总体框架的建立、评估指标的选择和评估方法的确定,负责项目总体成果的提炼;赵祎雯、马宇负责后评估研究背景、水权转让后评估相关研究述评、研究目标与内容、研究结论和建议等相关章节内容,参加研究报告的统稿工作;罗玉丽、常布辉、余幸、张晓负责节水效果和生态效果后评估方法与应用的研究工作;任领志、苏钊贤负责社会效果和经济效果后评估方法与应用的研究工作;李金晶、柴婧琦负责完成黄河水权转让政策及实施过程后评估研究内容,承担了实施效果评估和评估方法的优化工作;秦璐、乔钰、王岩、吴晓红承担了核实节水效果评估数据,编制节水工程建设及运行维护评估内容;王寅承担了案例分析制度完善建议研究工作;赵清指导并参与了案例应用政策评估工作。

衷心感谢黄委水资源管理局、内蒙古自治区水利厅、内蒙古自治区水权收储转让中心有限公司、鄂尔多斯市水利局、巴盟灌区管理局、河海大学社会发展研究所、郑州大学黄河实验室等多家单位的帮助和支持！感谢乔西现、翟家瑞、郜国明、张国芳、程艳红、崔节卫、杨立彬、王远见、吴泽宁、李彦彬、吕秀环等专家给予的悉心指导！本书研究及成稿期间,黄委移民局徐书森、魏勇等领导给予了全力支持。

由于作者水平有限,书中难免存在不足之处,敬请各位专家指正。

作　者

2023 年 6 月

目　录

1 绪 论

1.1 黄河水权转让后评估研究背景

水是事关国计民生的基础性自然资源和战略性经济资源，是生态环境的控制性要素。我国人多水少，人均水资源占有量仅相当于世界人均占有量的1/4，且地理分布不均，随着中国特色社会主义建设事业的全面深化，国家经济建设和社会发展水平不断提升，水资源供求短缺问题日益凸显，特别是区域性供水不足、水资源污染问题频发、水资源利用效率低下等问题，更进一步加剧了水资源供需矛盾，这种现象在资源性缺水的黄河流域显得尤为突出。

水权转让是优化配置水资源的重要途径，也是落实最严格水资源管理制度的重要市场手段。党中央、国务院高度重视水权水市场建设，2011年中央一号文件和2012年国务院3号文件均提出建立和完善国家水权制度，充分运用市场机制优化配置水资源。2014年3月，习近平总书记提出"节水优先、空间均衡、系统治理、两手发力"治水思路，指出推动建立水权制度，明确水权归属，培育水权交易市场。2020年12月，水利部发布《水利部关于黄河流域水资源超载地区暂停新增取水许可的通知》（水资管〔2020〕280号），提及水资源超载地区应大力推动节水，积极推动水权转让，提高用水效率，盘活用水存量，更大程度发挥市场在水资源配置中的作用，为保障经济社会高质量发展新增用水需求提供水资源支撑。

从2003年起，在我国黄河流域水资源供需矛盾最严重的宁蒙地区探索实施水权转换至今，近20年来水权转让的实践及制度探索，成为我国水资源时空分布不均的自然条件以及国家提出的实行最严格水资源管理制度的刚性约束背景下，贯彻"节水优先、空间均衡、系统治理、两手发力"治水思路的有效措施。通过对水权转让开展后评估研究，总结水权转让中的工作经验，分析存在的问题和应对措施，能够为黄河流域今后水权转让工作的持续性开展提供支撑和指导。

黄河流域煤炭、天然气资源丰富，是我国重要的能源基地和生态屏障，在确保国家粮食安全、能源安全和生态安全方面具有重要的战略地位。黄河流域是传统的灌溉农业区，农业灌溉配置初始水权比重大，沿黄灌区大多兴建于20世纪50~60年代，工程配套程度低，老化失修严重，新建节水工程投入资金不足。到21世纪初，渠系水利用系数仅为0.35~0.45，50%以上的水资源在输水过程中损失掉。随着西部大开发国家战略的实施，引黄用水需求呈刚性增长，一方面，大量工业项目由于没有用水指标而无法立项建设；另一方面，农业用水效率低，需要节水却缺乏资金。在水资源总量一定的前提下，如何更好地解决发展需求与地区水资源供需矛盾问题已迫在眉睫。

2003年4月开始，黄委结合宁夏、内蒙古经济社会发展情况和水资源条件，按照"节水、压超、转让、增效”的思路,陆续在内蒙古黄河南岸自流灌区、宁夏青铜峡灌区开展了黄河干流水权转换试点工作,首次实现了应用水权理论对黄河水资源进行优化配置的尝试,初步形成了以农业节水支持工业发展用水,以工业发展反哺农业的用水思路,为成功解决缺水地区经济社会发展用水探索出了一条新途径。2004 年、2005 年水利部先后印发了《水利部关于内蒙古宁夏黄河干流水权转换试点工作的指导意见》(水资源〔2004〕159 号)和《水利部关于水权转让的若干意见》(水政法〔2005〕11 号),标志着水利部对宁蒙地区水权转让工作的认可。

为进一步规范黄河水权转换行为,2004 年黄委制定出台了《黄河水权转换管理实施办法(试行)》,并相继批复了宁夏与内蒙古的水权转换总体规划报告,使得两区水权转换工作得以有序实施。2009 年,黄委根据水权转让中遇到的新问题新情况制定出台了《黄河水权转让管理实施办法》,将“黄河水权转换”更新为“黄河水权转让”,在传统农业—工业行业间水权流转的同时,增加了工业间水权流转的内容,进一步丰富了水权流转工作的内涵,也为两区水权转让顺利开展提供了坚实的政策依据。

1.2 黄河水权转让后评估研究意义

黄河水权转让经过 20 年的不断改革实践和探索,实现了从无到有、从政府主导到政府、市场两手发力的突破和转变,有效提升了水资源的利用效率,促进了内蒙古自治区地方经济社会的发展,为破解水资源刚性约束提供了积极示范效应。但针对未来黄河水权转让如何开展,亟须对现有内蒙古黄河水权转让实施效果进行全面、系统的评估和总结分析,进而从理论方法和应用实际两个层面为内蒙古黄河水权转让乃至全国区域性水权转让的顺利实施提供对策及建议。

1.2.1 理论意义

以内蒙古黄河水权转让实践为典型案例,在梳理借鉴国内外相关研究成果及其最新动态的基础上,综合现有相关研究理论方法,从节水实践、社会经济发展、制度实践等层面,识别构建水权转让后评估关键指标体系,对水权转让效果进行科学后评估,能够为区域性或流域水权转让后评估提供科学的理论方法体系,为国内水权转让实践评估提供科学研究范式。

1.2.2 实践意义

通过开展黄河水权转让后评估,全面客观评价黄河水权转让取得的效果和经验,对落实水资源刚性约束制度,特别是对水资源超载地区暂停新增取水许可,在抑制增量的同时盘活存量,提高水资源利用效率和效益,为满足经济社会发展合理用水需求提供支撑,也为深入推进黄河流域水权转让工作提供指导。对贯彻“四水四定”原则,坚决把水资源作为最大的刚性约束,以水资源的集约节约安全利用支撑黄河流域经济社会的高质量发展具有重要的实践意义。

1.3 水权转让后评估相关研究综述

1.3.1 国外水权转让发展研究动态

国外在针对水权转让的研究探索过程中,部分地区形成了较为完整的水权转让制度体系。其中,美国、澳大利亚、日本等国家最先探索建立水权转让机制,已经形成了比较完善和成熟的水权转让制度体系和交易市场,并取得了显著效果。

1.3.1.1 美国水权转让发展

美国水权体系主要包括河岸权、优先占有权、混合水权、公共水权四大类型,其中除公共水权不可交易外,其他三种类型的水权均可转让交易。1859 年,加州最高法院最先确定了水权交易的合法性,并在 1862 年提出了水权交易"不损害其他水权人权益"原则。美国水权交易主要集中在水资源相对短缺的西部各州,其中以加州的水权交易模式最具代表性。加州政府最早于 1980 年开始培育水权交易市场,整个 80 年代水权交易量都很小,只占全州用水总量的 0.5%。到 1991 年"旱季水银行"成立,水权交易市场才得到快速发展,仅加州政府直接购买和州水银行成交水量就超过 1980 年的 10 倍。再到 2014 年,加州水市场的成交量占全州用水总量的 3%,其中 38%~41%的交易量都发生在同一县或区域内。在这期间,绝大部分出让的水权都来源于农业部门,其中 18%的交易量被用于生态环境改善,其购水经费主要来源于联邦和州财政,以及部分用水户。总体来看,美国水权交易市场仍在不断扩大,已经成为市场经济条件下调节水资源配置的重要工具。由于水权交易具有很强的外部效应,因此各州都通过行政审批方式加强管理以尽量减少其对环境、经济和社会的影响。美国水权交易价格由交易双方自行协商确定,遵循市场机制,主要影响因素包括水的储运成本、水权类型与用途、水权优先级别、地理条件、水质状况、市场供需、地区经济发展水平、物价及税收制度等。水权交易形式主要有转让、租赁、置换、水银行、干旱年份特权、优先权放弃协议、临时性再分配、捆绑式买卖、退水买卖等。

1.3.1.2 澳大利亚水权转让发展

澳大利亚早在 1886 年就设立了《灌溉法》,沿袭了英国和法国河岸权思想对农业用水进行管理,是世界上最早开展水权交易的国家之一。20 世纪 60 年代以后,澳大利亚面对日益严峻的水资源危机,开始实施水权改革,联邦政府通过立法将水权与土地所有权分离,由州政府调整和分配水权。1983 年,澳大利亚开始水权交易实践,允许水权脱离土地所有权而独立存在和进行交易。经过 40 年探索,目前澳大利亚已具有完善的水资源管理、水权登记、水权交易制度和成熟的水权市场,水权交易已经成为日常商业活动的一部分。澳大利亚对水资源采取联邦、州、地方三级管理的架构,同时实行流域管理与行政区域管理相结合的体制,对水资源(包括地下水)、水体环境、水权市场进行全面治理。

澳大利亚最著名的水权交易制度是新南威尔士州在墨累-达令流域采用的"水权买卖"和"水融通"交易制度。其中:水权买卖的基本程序是,出让方向交易所提出出售水权申请,同时登记并公布理性出售条件,受让方根据挂牌上市的水量和价格信息进行竞标拍卖;水融通,只在某一时段内交易可实际利用的水量,不涉及水的所有权转移。2007 年,维多利亚州进行了水权制度改革,提出了“水股票”制度,作为土地所有者拥有土地所有权人的水权,并自动转换为水股票。其中,水股票类似于股票,其价值是可变动的,且所有权可以买卖;水股票使得用水权本身成为可交易的商品,并使水资源或水权具有明确的财产权属性和交易品属性,拓展了交易的盈利能力与流动性。

1.3.1.3 日本水权转让发展

作为岛国,日本水资源相对丰富,但由于全球性气候变化,为应对洪水、旱灾等自然灾害冲击,日本极为重视对水利基础设施的投资,但同时也为政府带来了日益严重的财政负担。为此,日本政府将尚未使用的闲置淡水资源或结余水量变为可持续交易的水权商品,通过建立现代水权交易市场,以筹集水利设施建设款项,进而有效缓解了水利设施建设资金需求。在日本,水权又被称为水利使用权、流水使用权、流水占有权、公水使用权、用水权等,并被界定为实现特定目的,排他、垄断性地使用河流流水的权利,是具有物权性质的公权,是河流管理者特许的权利;水权分配的基本原则是,根据每条河流自身流域的水资源开发计划决定流域内水资源使用权的分配。

日本吸取了各国水权交易市场建设经验,十分重视金融市场开发,交易形式灵活、品种多样,如水权实物交易、期货交易、指数交易等。根据新的《河川法》,被认可的水权在征得河流管理者许可后可进行转让时,只能在同一用水目的内部进行转让;若要进行不同用水目的间的水权转让,需要办理废除现有水权的程序或办理对新水权许可的程序。根据日本水权转让的基本程序,首先需要水权出让主体和受让主体共同向河流管理者提交“权利转让认可申请书”,河流管理人按照审查标准和程序确认当事人的意愿、转让理由、受让主体的事业计划,并对必要的取水量、可执行性、第三方的权益保护及对河流环境的影响等进行审查,审查通过后即可发放许可。将工业用水或农业用水转让给城市供水是日本典型的水权转让案例,其中:工业水权转让需要政府主管部门和地方政府协商,由经济产业省和厚生劳动省支付补贴金;由于农业用水取水形式容易发生变化,农业水权转让程序更为复杂;城市自来水取水要求相对稳定,但必须找到能够均质化的水源才能进行转让。

1.3.2 国内水权转让发展研究动态

相较于国外水权转让实践,国内水权转让发展起步相对较晚,最早可追溯至2000年10月,水利部部长汪恕诚在中国水利学会第一届学术年会做了《水权和水市场——谈实现水资源优化配置的经济手段》的重要讲话,首次提出通过水权交易提高水资源利用效率。2013年以前,国内主要围绕水权转让制度建设、水权转让市场设计、水权改革等方面对我国实施水权转让的必要性和可行性进行较为全面的研究和探讨,同时全国多个地区结合本地情况先后展开了水权转让实践活动。

2000年11月,浙江省东阳市和义乌市签订了有偿转让恒锦水库用水权协议,开创了我国水权交易先河。东阳—义乌水权转让是我国利用市场机制对水资源进行优化配置的成功探索,对我国水权交易制度建设和发展起到了积极示范作用。2002年3月,甘肃省张掖市率先成为水利部节水型社会建设试点,以明晰水权入手,对传统的水资源管理方式进行了改革,建立了总量控制、定额管理、有偿使用、水权交易等系列管理制度,完成了用水权在区县、灌区、乡镇、协会和用水户层面的逐级分配,并逐户核发水权使用证书即水票。张掖市水管单位根据水权总量和来水量制定配水计划,用水户根据用水定额,持水权证向水管单位购买水票,双方实行水票制供用水,剩余水量的回收、交易和转让也均通过水票进行。这充分调动了用户节水的积极性,提高了水资源利用效率和效益,丰富了我国水权交易形式。2003 年 4~9 月,为解决水资源对经济社会发展的制约,内蒙古、宁夏两地在黄河水利委员会、宁蒙两区各级政府的支持下,开展了水权转让试点工作,取得了丰硕成果。宁蒙两区在水权理论指导下,工业投资农业灌溉节水工程,将节约的用水量以水权转让的方式由农业用水权转让给工业,极大地提高了水资源的利用效率,优化了水资源配置,给出了跨行业水权转让的新路径。

2005 年 1 月,水利部印发《水利部关于水权转让的若干意见》,提出了水权转让六项基本原则。2006 年,《中华人民共和国国民经济和社会发展第十一个五年规划纲要》提出"建设国家初始水权分配制度和水权转让制度",此后各地先后出台了一些有关水权交易的地方性法规。我国水权交易实践,从空间上看,主要分布在北部的内蒙古、宁夏、甘肃、新疆,以及东部的浙江、福建、广东;从类型上看,主要有农业向工业转让水权、区域间水库向城市转让水权、农户间水票交易、政府向企业有偿转让水权四种类型。此外,在制度引导方面,2013 年 11 月中共十八届三中全会明确提出要推行水权交易制度;2014 年 1 月水利部印发《水利部关于深化水利改革的指导意见》,7 月水利部召开水权试点工作启动会,决定在宁夏、江西、湖北、内蒙古、河南、甘肃、广东 7 省(区)开展不同类型的水权试点工作,力争用 2~3 年在水资源使用权确权登记、水权交易流转制度建设等方面取得突破,为我国水权制度建设提供了经验借鉴和示范。

伴随国内水权转让的实践,相关学者针对水权转让的特征、法理性、安全性、市场结构、制度体系、取水权初始分配、交易期限与价格、外部性、监督管理等相关问题,对我国水权转让制度建设与实践进行了系统研究。如裴丽萍在总结国内外水权转让实践的基础上,结合水权交易的排他性、可转让性、可分割性等特征,分析了我国水权转让市场的法理性问题;张郁等提出了基于合约的水权交易市场模式,并分析了水权转让市场的结构与功能;苏青等研究探索了黄河取水权市场,提出了流域内不同区域间的取水权初始分配模型;严冬等在评估水权交易外部性的基础上,设计了行政区水权交易方案;李月等研究了水权交易的路径选择机制;刘悦忆等根据我国水权转让实践,提出了流域水权转让制度的体系框架;田贵良在剖析水权市场失灵诱因的基础上,进一步提出了水权转让的全过程监管措施;吴凤平等探讨了水权交易价格的形成机制;田贵良等通过构建区域水权协商定价模型和取水权竞价模型,论证了市场竞争机制在水权交易中的重要作用。

1.3.3 水权转让后评估相关研究述评

目前,关于水权概念、制度建设、案例研究等研究活跃,但关于水权转让后评估的研究较少。尤其是对水权转让进行全面系统评估的理论和研究还很少。在水权转让后评估的研究中,指标体系一直是研究的重点内容,罗金耀对节水灌溉系统进行了综合评价研究,提出了政策类指标、技术类指标、经济类指标、资源类指标、环境类指标和社会类指标等六大类指标及各项指标的量化方法。韩振中等运用社会经济指标、水土资源指标、工程状况指标、农业水资源利用效率、管理体制、经营管理水平、生态环境指标等对大型灌区现状和节水改造紧迫程度进行评估。何淑媛利用系统分析法、定性和定量指标分析法等分别从社会、经济和生态环境三方面构建了农业节水综合效益评估指标体系。巫美荣等对内蒙古鄂尔多斯黄河灌区水权转换节水效果及综合效益进行了分析。张明星等从黄河南岸灌区节水效果入手,研究水权转换工程所带来的综合效益。万峥等选取内蒙古河套灌区盟市间水权转换实施区域沈乌灌域作为典型区域,对其经济效益、社会效益、生态效益在内的综合效益进行评估。刘钢等基于水生态系统服务理论,从供给、调节、文化、支持四大角度开展水权交易综合评估。赵清等对内蒙古黄河水权交易制度体系进行了研究。陈金木等对内蒙古黄河水权交易制度各项内容规范性与实效性进行了评估。总体来看,以往关于水权转让后评估的研究系统性、全面性尚不足。

此外,黄河流域开展水权转让以来,备受社会各界高度关注。水利部部长李国英强调,黄河流域水权转换既要充分体现政府的宏观调控引导,也要兼顾市场机制的资源配置作用。戎丽丽从水权转让机制、制度体系及外部性产权界定等方面剖析了黄河流域水权冲突的主要诱因。沈大军等梳理了黄河流域水权制度的发展历程,剖析了黄河流域水权转让面临的挑战和机遇。黄河流域水权转让的实施得到了相关学者专家的高度评价和认可。如王亚华等研究认为,黄河流域水权转让实现了水资源总量刚性约束下经济、社会、生态的多方共赢;陈向南、方兰等研究认为,黄河流域开展的水权转让是提升黄河流域水资源管理效率的有效手段;刘世庆等认为水权制度创新是缓解黄河流域上游缺水问题的有效路径。然而,也有部分学者专家对黄河水权转让的实施效果提出了质疑,如杨一松等研究强调,黄河流域水权转换实施过程中可能存在危害我国粮食和生态安全的隐患;张建斌等认为,黄河流域水权制度虽然引入了市场机制,但在地方具体实践中并未遵循"完全意义"的市场交易逻辑。因此,黄河流域水权转让实施效果如何科学评价,目前缺少科学系统的后评估理论方法,更没有相关研究结合黄河流域水权转让相关工程的实际实施情况,对其实施效果进行全面客观的后评估。

1.4 水权转让后评估研究目标与内容

1.4.1 指导思想

以习近平生态文明思想为指导,贯彻习近平关于黄河流域生态保护和高质量发展重大国家战略重要讲话指示批示精神,按照实施最严格水资源管理和"四水四定"要求,以客观评估黄河水权转让实践效果和政策效果为目标,运用工程技术、社会学、经济学、生态学、管理学等多学科知识,构建黄河水权转让后评估理论框架和方法体系,为全面推进黄河水权转让政策完善和实践发展提供技术支撑。

1.4.2 研究目标

通过开展水权转让后评估工作,一方面,识别设计水权转让后评估关键指标,综合数理统计分析法、主客观评价法、定性与定量分析法、专家访谈等评价方法,系统建立水权转让后评估方法体系，为水权转让实施效果评估提供科学范式；另一方面，以内蒙古黄河水权转让系列工程为典型案例，强化水权转让后评估方法体系的应用，据此，客观评估内蒙古黄河水权转让取得的效果，并总结水权转让工作经验，分析存在的问题，提出推进内蒙古黄河水权转让工程持续稳定运行的对策建议，为深入推进内蒙古乃至黄河流域水权转让工作提供支撑和指导。

1.4.3 研究内容

为实现预期研究目标，水权转让后评估主要从实施效果评估、政策及实施过程评估两个层面展开研究。其中，实施效果评估由节水效果评估、社会效果评估、经济效果评估和生态效果评估四部分内容组成；政策及实施过程评估具体包括政策制度评估和节水工程建设及运行维护评估。

(1)水权转让节水效果评估。主要评估有关节水工程和节水措施的节水能力和节水效果。包括实施有关节水工程和节水措施后转让水权的灌区逐年实际引、退水情况，工程管理运行情况，灌区用水量变化情况，灌溉水有效利用系数变化情况，灌区实际节水量，灌区节水的稳定性和可持续性。选取典型灌区，分析实施不同节水工程的节水措施、灌区管理措施等的节水效果，评价灌区对不同节水工程和节水措施的适应性、节水工程的预期寿命等。

(2)水权转让社会效果评估。主要从转让灌区农业基础设施得到改善、保障工业项目用水企业及利益相关方影响等方面进行评价。包括水权转让灌区管理运行、农民用水用工、农民水费支出、农业收入状况、农业现代化建设；水权受让企业就业、所在地的生产生活影响等。

(3)水权转让经济效果评估。主要从经济社会发展用水保障、水资源利用效率与效益、农业生产、企业运营等方面进行评价。包括对水权转让灌区粮食、养殖、经济作物的生产影响，对水权转让企业项目建设，产品、产值、利润、税收、工业增加值等的影响，对灌区总体经济效益的影响等。

(4)水权转让生态效果评估。主要从区域地下水位、盐碱地、天然植被覆盖度、灌区排水量和水质等生态要素的变化情况，对灌区节水影响区域生态状况进行评价，在收集整理评估期内灌区气象条件资料的基础上，综合考虑灌区降水量变化情况。

(5)水权转让政策及实施过程评估。主要从水权转让政策法规、文件制定实施情况，节水工程建设、组织实施、运行维护管理等方面进行评价，分析水权转让过程中的政策制度建设、执行情况及水权转让节水工程建设管理方面取得的成效。

1.4.4 研究原则

1.4.4.1 独立、客观、公正与科学性原则

与一般项目后评估遵循的原则相似，水权转让后评估工作不受项目利益方和已有水权转让工程核验结论影响，由第三方独立完成评估工作。参与评估人员在调研和资料收集过程中，广泛听取各方意见，深入研究评估所需相关数据和资料，全面了解水权转让工程建设、运行和管理情况。评估工作既对水权转让工程实施的成功经验进行总结，又指出

存在的主要问题,客观分析问题产生的原因,保证评估结论的公正性。根据评估要求,设置合理的评估指标体系,采用适合本次评估工作的方法,保证评估工作的科学性。

1.4.4.2 理论研究和黄河实际相结合原则

黄河水权转让是黄河水资源管理的重大理论创新和政策制度创新,具有重大的经济社会影响。黄河水权转让的实践已经开展了20年,黄河水权转让后评估的理论研究必须紧密结合黄河水权转让的实际,理论反映实际,理论指导实践。

1.4.4.3 多学科知识相耦合原则

黄河水权转让后评估涉及工程技术学科、社会学、经济学、生态学、管理学等多学科的知识,涉及多学科的方法,构建系统的黄河水权转让后评估理论框架、指标体系和方法体系,需要耦合多学科知识。

1.4.4.4 定量评估和定性评估相结合原则

水权转让后评估运用归纳和演绎、分析与综合、抽象与概括等评价方法,对现场调研和收集的水权转让工程相关材料进行分析,对转让效果进行定量和定性评估。其中,节水效果、经济效果评估以定量为主、定性为辅;社会效果、生态效果评估及制度评估以定性为主、定量为辅。

1.5 研究技术路线与关键技术

1.5.1 研究技术路线

本研究以优化水资源利用、指导水权转让工作为目标导向,按照"开展基础调研与咨询—梳理确定评估内容—研究评估方法—应用案例分析"的思路进行黄河水权转让后评估方法与应用研究,详见图1-5-1。

(1)综合采用实地监测与数理统计分析法,以水权转让节水工程运行情况和实际节水效果为重点,选取灌区节水量、节水目标实现程度、节水稳定性、节水可持续性等关键指标,科学分析和评价水权转让的节水效果。

(2)通过数据资料收集整理与统计分析,采用由模糊层次分析法、熵权法和组合赋权法构成的主客观相结合的综合评价法,对水权转让的社会效果和经济效果进行综合评估和对比分析。

(3)运用统计分析、遥感反演等技术手段,选取地下水位(埋深)、土壤盐碱化、天然植被和排水等关键指标,对水权转让项目实施的生态环境效果进行科学评估和对比分析。

(4)通过召开多层次调研与座谈,深入实地开展问卷调查,并收集整理相关资料,客观评价水权转让过程中政策法规的制定实施情况,分析节水工程建设和运行管理等方面取得的成效和存在问题。

1.5.2 关键技术

本研究关键技术主要有以下几个方面:

(1)深入分析黄河水权转让的特点,对黄河水权转让后评估进行科学定位,确定研究

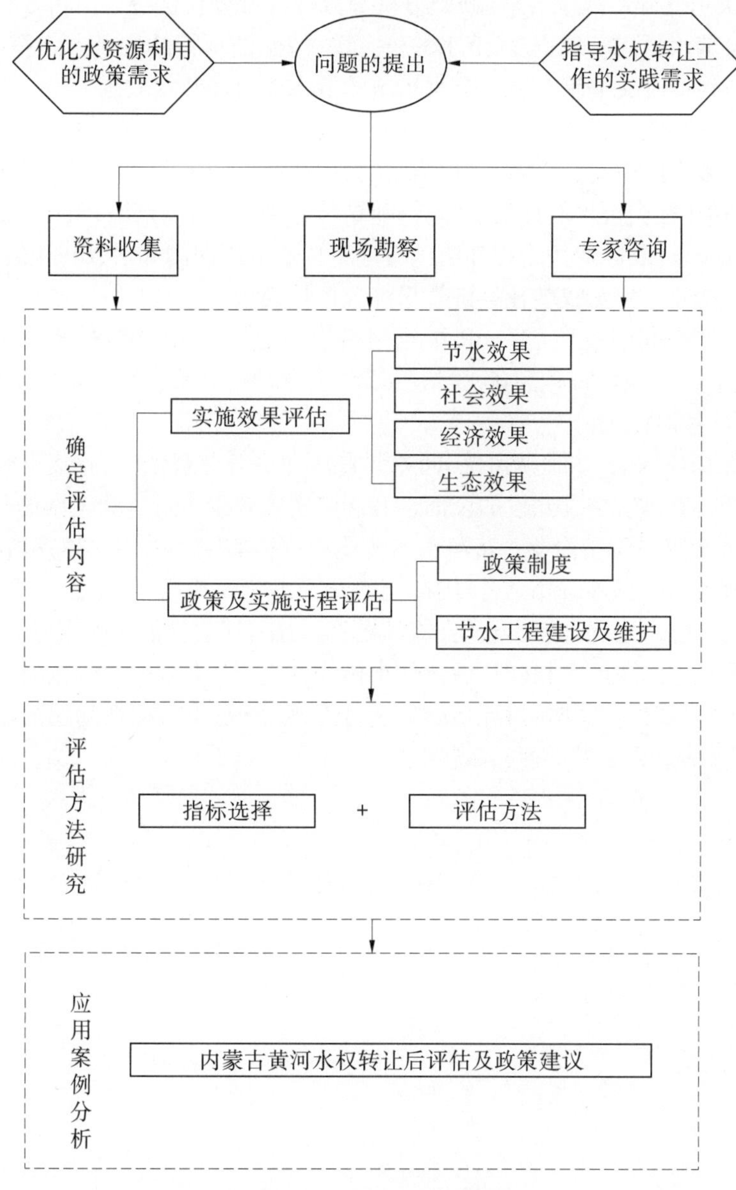

图 1-5-1 研究技术路线

目标和研究内容,确定研究技术路线。

(2)以黄河流域的水资源条件为基础分析,围绕黄河流域水权转让后评估方法及其相关问题开展前瞻性研究,提出了基于节水、社会、经济、生态、制度、过程等多维度的理论探索和应用技术研究,构建了双层六维黄河水权转让后评估评价理论体系,系统给出了水权转让后评估分析的理论框架和科学范式。

(3)结合黄河水权转让实际,全面分析各个维度相关评估指标,构建了由 17 个一级指标和 48 个二级指标构成的黄河水权转让后评估指标体系,并对每一个评估指标的含义进行科学的界定。

(4)综合采用变异系数法、线性回归分析等数理统计分析法进行节水效果评估,设计了灌区节水量、节水目标实现程度、节水的稳定性、节水的可持续性及节水措施适应性等关键指标,分析评估有关节水工程和节水措施的节水能力和节水效果。

(5)运用由模糊层次分析法、熵值法和组合赋权法构成的主客观相结合的综合评价方法体系,从基础设施改善、主体权益保障、社会民生保障及社会节水意识与满意度四个层面测算水权转让社会效果后评估的综合权重,构建黄河水权转让社会效果综合评价模型;从水权受让企业、农牧业用水户和灌区管理单位三个层面测算水权转让经济效果后评估的综合权重,构建黄河水权转让经济效果综合评价模型。

(6)运用统计分析、遥感反演、BP 神经网络模型等智能算法等手段,选取地下水位(埋深)、天然植被、土壤盐碱化和排水排盐量等关键指标,对水权转让项目实施的生态环境进行科学评估和对比分析。

(7)通过采用座谈法、实地调研法、问卷调查法和综合分析法等,收集整理相关资料,对政策与发展的契合性、制度建设的全面性和制度实施效果进行客观全面的分析评估。

(8)将研究成果应用于内蒙古黄河水权转让后评估实践。采用整体评估与分项评估相结合、专家座谈与现场调研相结合、实地监测与遥感解译相结合、定性分析与定量评估相结合等多种方式,对水利部、黄委及自治区批复的具有代表性的黄河水权转让项目进行实例评估,对所建立的黄河水权转让后评估指标体系进行评估验证,验证指标体系与评价方法的适用性与可靠性。同时,对评估结果进行客观分析,找出存在问题的原因,提出对策、建议,增强评估结果的科学性、客观性。

2 黄河水权转让后评估理论框架

本章在深入分析黄河水权转让特点的基础上,构建黄河水权转让后评估的理论框架体系。

2.1 黄河水权转让的特点分析

从近年来黄河水权转让实践来看,黄河水权转让具有以下四个特征。

2.1.1 黄河水权转让是取水权有期限的转让

按照《中华人民共和国水法》和《取水许可和水资源费征收管理条例》,黄河水权转让中的水权定义为取水权具有充分的法律依据。同时,由于目前黄河水权转让的转换水量是通过工程措施节约的水量,节水工程发挥节水效益受到一定的期限制约。因此,考虑节水工程使用期限,受让方设备使用寿命和我国现行的法律、法规,提出水权转换的期限为25年。

2.1.2 转让水量为工程措施节约出来的水量

为保证转让水量的稳定性,目前黄河流域水权转让仅考虑工程措施的节水量,而结构调整等非工程措施节水量不能转让。现阶段开展的水权转让是在进入田间水量不变的情况下,通过对干、支、斗、农等各级渠系采取节水改造工程措施所节约的水量,该节水量同时需要满足水作为特殊商品的特殊要求方可作为可转换水量。在实施水权转换前后,在河道来水满足引水要求的情况下,灌区供给作物生育期的水量并未发生变化,农业用水的权益也未受到影响。

2.1.3 水权转让在省(区)级行政区域内部进行

因黄河流域水资源空间分布不均,黄河水权转让目前主要在省(区)级行政区域内进行。现阶段水权转让规定,在无新增取水指标或实际用水超过黄河年度分配指标的省(区)进行,从区域水资源管理需要出发,省(区)也应对一些水资源超载地区实行取水封顶管理,新增用水应通过水权转让方式解决。

2.1.4 交易模式主要为农业节水转工业用水

宁蒙地区引黄灌区是我国西北地区重要的商品粮生产基地,历史形成了宁夏、内蒙古用水结构严重失衡,21世纪初宁夏农业用水占全区总用水量的93%,内蒙古农业用水占引黄水量的95%,农业灌溉用水具有较大的节水潜力,现状灌溉水利用系数一般在0.29~0.44。同时,宁夏、内蒙古是我国西部地区欠发达的省(区),区域经济社会发展迫切需要加快工业发展速度,但水资源条件制约了工业项目的建设和生产。在维护农业取水权权属不变的基本原则下,在农业灌溉具有较大节水潜力和工业企业具有农业水权向工业水权实施转让的强烈意愿等条件共同作用下,宁夏、内蒙古农业向工业水权转让得以实施。

2.2　黄河水权转让后评估的理论框架

2.2.1　黄河水权转让后评估的两个方面

项目后评估是依据相关政策法规、规划、技术规范、技术报告等,项目实施完成一定时间后,对项目实施进行的全面评估。既包括实施效果的评估,还包括对政策与过程的评估。

基于黄河水权转让实践和特点分析,黄河水权转让后评估分为实施效果评估和政策及实施过程评估两个方面。其中,实施效果评估包括节水效果评估、社会效果评估、经济效果评估和生态效果评估。政策及实施过程评估包括水权转让政策评估和水权转让项目的实施过程评估。

2.2.2　黄河水权转让后评估的六个维度

根据黄河水权转让后评估的两个方面,按照组成其主要内容的 6 个维度建立评价体系。

实施效果评估方面包括节水效果、社会效果、经济效果和生态效果 4 个维度。

(1)节水效果维度。黄河水权转让是基于工程节水的转让,节水效果是核心,是流域管理机构、地方各级水资源管理机构、灌区管理机构重点关注的内容,也是水权转让成功与否的关键指证。

(2)社会效果维度。黄河水权转让是解决水资源紧缺地区用水矛盾,促进社会和谐发展的重要举措。社会效果是否显著,社会各方利益相关者是否认可与满意,是水权转让政策实施是否成功的重要指证。

(3)经济效果维度。黄河水权转让的发起和推动是直接的经济利益驱动的结果。黄河在宁蒙地区超指标引水严重,农业用水效率低,工业发展没有用水指标,工业用水效益远远高于农业,效益的差距直接驱动了水权转让政策的诞生与实施。水权转让实施后,灌区农业产业的经济效益如何变化,灌区管理单位经济收益情况如何,受让的工业企业效益如何,等等,测度经济效果也是水权转让后评估的重要方面。

(4)生态效果维度。开展黄河水权转让试点工作的宁蒙河套地区水资源缺乏,生态较为脆弱,严重依赖黄河水资源,而节水工程的实施会对灌区相关生态产生一定的影响,因此生态形势的变化对于水权转让政策的完善而言也是非常重要的因素。

政策及实施过程评估方面包括政策制度和节水工程建管 2 个维度。

(1)政策制度维度。黄河水权转让是一项重大政策创新和制度创新,是响应资源管理与和谐发展的政策措施。从 2003 年黄委开展黄河水权转换工作试点开始,水利部、黄委先后出台一系列政策制度,引导规范水权转让工作。近年来,水权转让、水权交易逐步上升为国家政策,2011 年中央一号文件和 2012 年国务院 3 号文件均提出建立和完善国家水权制度,充分运用市场机制优化配置水资源。2014 年 3 月,习近平总书记提出"节水优先、空间均衡、系统治理、两手发力"治水思路,提出推动建立水权制度,明确水权归属,培育水权交易市场。因此,开展对黄河水权转让政策制度的评估极为必要,亟须评估黄河水权转让政策制度的制定与社会发展及中央方针的契合度,评价黄河水权转让制度体系的完备性和实施效果。

(2)节水工程建管维度。后评估工作不仅仅着眼于评估实施的效果,还要着眼于评估实施的过程。黄河水权转让的过程管理,主要体现在节水工程的建设与运行维护等方面。从实践来看,黄河水权转让的节水工程建设,规模巨大,建设管理难度很大,投入使用的时间往往滞后,实施效果有好有坏;运行期间,节水效果依赖于节水工程的运行维护,其资金的保障程度、监管力度、新技术运用等都需要进行评估,以针对问题提出指导和意见建议。

2.2.3　黄河水权转让后评估的理论框架

根据以上两部分的分析,本部分尝试构建一个双层六维的黄河水权转让后评估理论框架。后评估理论体系共设置了 2 个首层要素,即实施效果评估、政策及实施过程评估,并设置了 6 个与首层要素相匹配的评价维度。实施效果评估方面,包括节水效果、社会效果、经济效果和生态效果 4 个维度。重点结合黄河水权转让特点,从节水工程的节水效果、水权转让有关各方的社会影响、各利益主体的经济影响和灌区及受水区生态影响等方面进行评估。政策及实施过程评估方面,包括政策制度评估和节水工程建管评估 2 个维度。着重从政策与发展契合度、政策制度的完备性、实施效果,评价政策制度的建设效果,从节水工程建设过程和运行过程角度,评价黄河水权转让节水工程的实施与运行维护情况。理论框架如图 2-2-1 所示。

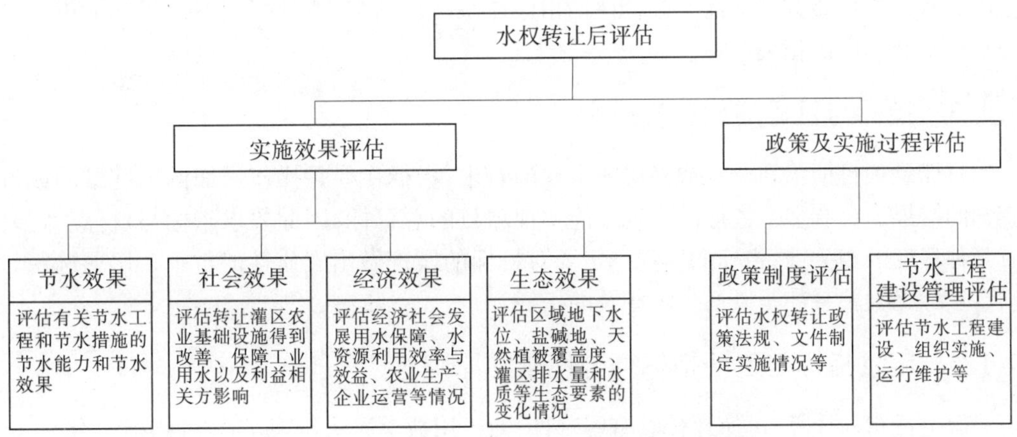

图 2-2-1　黄河水权转让后评估双层六维理论框架

3 黄河水权转让后评估指标体系

本章首先提出黄河水权转让后评估指标选取的原则，然后在双层六维黄河水权转让后评估理论框架下选取后评估指标，构建切合黄河实际的水权转让后评估指标体系。

3.1 评估指标选取的原则

黄河水权转让后评估指标的选取遵从以下原则。

3.1.1 符合黄河水权转让实际原则

黄河水权转让与国内其他水权交易有显著的不同，黄河水权转让是基于灌区节水工程建设后，减少水资源浪费而支持工业企业建设的举措，是流域管理机构基于“八七分水方案”和最严格水资源管理背景下坚持“多方共赢”原则开展的政策制度创新。其他地区的水权转让与交易行为大多没有如此复杂和影响广泛。因此，黄河水权转让后评估指标的选取必须符合黄河实际，符合黄河水权转让工作的实际。

3.1.2 系统性原则

指标体系应能全面反映水权转让项目的综合情况，从中找出主要方面的指标，既能反映直接效果，又能反映间接效果，以保证综合评价的全面性与可信度。指标之间应尽可能避免明显的关联和重叠关系。对隐含的相关关系，要在模型中用适当的方法消除。指标的设置要有重点。重要方面的指标可设置细些，次要方面的指标可设置粗些，指标的覆盖范围宽些。指标要有层次性。综合评估指标体系可包括多个层次的指标，指标的设立要与目标所处的层次相关。

3.1.3 指标与目标的相关性原则

目标是项目期望在宏观或高层能实现的要求，指标往往是操作层面的可度量的或可感知的结果。只有多个指标的实现才能实现项目的总目标，因此要求指标与目标一定要有某种程度的相关性，指标的实现一定要对目标的实现做出实质性的贡献。切忌选用与项目目标无大关系甚至风马牛不相及的指标。

3.1.4 定量指标与定性指标结合使用的原则

用定量指标计算，可使评价具有客观性，便于用数学方法赋理；与定性指标结合，又可弥补单纯定量指标评价的不足，以防失之偏颇。

3.1.5　指标可测性原则

指标含义明确,计算指标所需的数据资料便于收集,计算方法简便、易于掌握。

3.1.6　绝对指标与相对指标结合使用的原则

绝对指标反映总量、规模,相对指标反映某些方面的强度或密度。

3.2　评估指标的选取

3.2.1　节水效果评估指标

节水效果评估指标分为节水量与节水质量2个一级指标,以下又设置5个二级指标。

3.2.1.1　节水量

节水量是考核节水效果的直接指标。设置灌区节水量和节水目标实现程度2个二级指标。

(1)灌区节水量。是指灌区的引水减少量,主要根据通过核验的节水工程涉及的所有出让灌区在水权转让实施后的历年引、退水情况,与实施前灌区引、退水量对比分析。

(2)节水目标实现程度。主要通过对比灌区历年实际节水量与规划节水目标、核验的工程节水能力进行分析,即灌区历年实际节水量占工程规划节水目标、节水能力比例情况。

3.2.1.2　节水质量

节水工程的节水稳定性如何、是否可持续是考核节水质量情况的主要因素。设置节水的稳定性、节水的可持续性和节水措施的适应性3个二级指标。

(1)节水的稳定性。主要根据灌区历年实际节水量的变化情况对单个灌区及区域整体的节水稳定性进行分析。通过比较不同水权转让项目涉及灌区的节水稳定性值,评价不同水权转让项目涉及灌区的节水稳定性好坏。

(2)节水的可持续性。根据灌区历年实际节水量的变化情况对单个灌区及区域整体的节水可持续性进行分析。

(3)节水措施的适应性。重点分析单项措施实际使用面积和有效使用寿命与规划情况的对比。

3.2.2　社会效果评估指标

在社会效果方面,设置基础设施改善、主体权益保障、社会民生保障、社会节水意识与社会满意度等5个一级指标和18个二级指标。

3.2.2.1　基础设施改善

水权转让相关基础设施改善情况应根据水权转让项目竣工验收或工程核验认定的渠道衬砌、渠系建筑物配套数量、高效节水灌溉改造等工程的实际实施情况,从灌溉设施投入、渠道衬砌、工程配套、高效节水灌溉等方面进行统计分析。基础设施改善评价主要选取基础设施投入、渠道衬砌率、工程配套完好率及高效节水灌溉面积占比 4 个二级指标，且二级指标值均与社会效果呈正相关，指标值越大社会效果后评估越好。

(1)基础设施投入。主要指节水工程、灌溉设施等建设资金投入。

(2)渠道衬砌率。主要指项目评价区引水渠道的衬砌率，反映了灌区灌溉设施的基本面貌。

(3)工程配套完好率。反映项目评价区灌溉工程状况。

(4)高效节水灌溉面积占比。反映项目评价区灌溉水平状况。

3.2.2.2 主体权益保障

水权转让相关主体权益保障涉及出让主体和受让主体。其中，出让主体权益保障统计水权转让实施前后灌区灌溉面积、灌溉用水量及灌溉水利用系数的变化情况和变化幅度，分析水权转让实施对灌区农业生产生活的影响；受让主体权益保障统计水权转让指标的分配及其合理性，分析水权转让对企业工业用水的影响。选取灌区灌溉面积、田间灌溉用水量、灌溉水利用系数、企业取水许可量和水权转让指标合理性 5 个二级指标。其中，前 4 个二级指标均与社会效果呈正相关；水权转让指标合理性由受让企业年度取水量与其实际用水量之比衡量，比值越接近于 1，水权转让指标越合理，社会效果后评估越好。

(1)灌区灌溉面积。反映水权转让主体的灌区灌溉面积历年变化情况。

(2)田间灌溉用水量。反映灌区历年田间灌溉用水量变化情况。

(3)灌溉水利用系数。反映灌区历年灌溉水利用系数的变化情况。

(4)企业取水许可量。反映受让企业主体的用水保障情况。

(5)水权转让指标合理性。反映受让企业实际用水量与年度水权指标占比情况，考核是否存在闲置水权指标。

3.2.2.3 社会民生保障

水权转让将节约的农业用水流转为工业用水，支持企业或工业项目建设运营，由此产生新增就业和税收，就业和税收增加有助于改善社会民生，维护社会稳定。同时，由于水权转让，农业灌溉用水减少是否导致粮食减产、威胁粮食安全是社会关注黄河水权转让的焦点问题，与社会民生密切相关。选取水权转让带来了新增就业、新增税收及出让灌区粮食产量 3 个二级指标，且二级指标值均与社会效果呈正相关。

(1)新增就业。统计由水权转让支撑的新增工业项目产生的就业情况，分析水权转让对改善社会民生做出的贡献。其中，新增就业根据受让企业行业类别、投产时间、受让规模等选取典型，通过对典型企业参与水权转让新建工业项目运营情况的调研，统计不同类型受让企业新建工业项目单位用水量可新增就业人数情况，结合受让企业获批的年度水权分配指标核算由水权转让带来的就业。

(2)新增税收。统计由水权转让支撑的新增工业项目产生的税收情况。新增税收根据受让企业行业类别、投产时间、受让规模等选取典型，通过对典型企业参与水权转让新建工业项目运营情况的调研，统计不同类型受让企业新建工业项目单位用水量可新增税费缴纳情况，结合受让企业获批的年度水权分配指标核算由水权转让带来的税收。

(3)出让灌区粮食产量。统计灌区历年粮食产量情况，反映灌区粮食生产是否受到影响。

3.2.2.4　社会节水意识

通过对灌区管理单位、农牧业用水户和受让企业调研获取数据资料，分析灌区管理单位和受让企业的节水意识，分析灌区管理单位、农牧业用水户和受让企业对水权转让实施效果的满意情况。社会节水意识评价选取节水措施投入、工业用水循环利用率和年度节水教育培训次数 3 个二级指标，且二级指标值均与社会效果呈正相关。

(1)节水措施投入。反映水权受让企业一定时期以来为开展节水而进行的节水措施投入。

(2)工业用水循环利用率。反映工业企业实际的节水效果，反映水权受让企业的节水意识。

(3)年度节水教育培训次数。反映水权受让企业和出让灌区对于开展节水教育的重视程度。

3.2.2.5　社会满意度

黄河流域水权转让主要涉及灌区管理单位、农业用水户和水权受让企业三类主体的切实利益。为此，社会满意度评价下设置灌区管理单位满意度、农业用水户满意度和水权受让企业满意度 3 个二级指标。

(1)灌区管理单位满意度。综合考虑水费收入、工程运行维护费用、渠道衬砌率和工程配套率变化程度等因素。

(2)农业用水户满意度。综合考虑田间灌溉用水量、适时灌溉、灌溉成本和劳动力投入影响程度等因素。

(3)水权受让企业满意度。综合考虑获取水权的难易程度、转让价格的合理性、转让资金使用的安全性等因素。

3.2.3　经济效果评估指标

黄河水权转让经济效果后评估从水权受让企业、农牧业用水户和灌区管理单位 3 个方面进行影响分析。设置 3 个一级指标和 10 个二级指标。

3.2.3.1　水权受让企业经济效益

水权受让企业经济效益重点评估水权受让企业因取用黄河水产生的工业产值、利润及工业用水效益三个层面，主要通过对受让企业进行典型调查，分析统计不同类型企业新增项目工业产值、净利润和用水量，并结合企业类型及其实际用水量、水权分配情况测算由水权转让带来的工业产值和利润，以及企业单位用水的工业产值。设置 3 个二级指标，且二级指标均与水权转让经济效果呈正相关，指标值越大经济效果越好。

(1)新增工业总产值。反映因黄河水权转让而受益的工业企业的总体经济效益。

(2)新增工业利润。反映受让企业的直接经济效益。

(3)万元工业 GDP 用水量。反映受让企业的单位用水经济效益。

3.2.3.2　农牧业用水户经济效益

农牧业用水户经济效益重点从农业生产成本和灌区农民收入两个方面分析，根据水权转让实施年限和典型灌区分析，通过收集整理出让灌区经济社会数据资料，统计分析水权转让实施前后代表年份亩(1 亩 = 1/15 hm^2)均灌溉成本和农民人均收入变化情况，以及农业总产值、农业用水效益等情况。设置4个二级指标。

(1)灌区亩均灌溉成本。反映水权转让实施后,因为灌区节水带来的灌区亩均灌溉成本的变化情况。

(2)灌区亩均收入。反映水权转让实施后,灌区农业亩均收入变化情况。

(3)灌区农业生产总值。反映水权转让实施后,灌区农业总的经济效益变化情况。

(4)万吨粮食灌溉用水量。反映水权转让实施后,灌区农业用水效益变化情况。

3.2.3.3 灌区管理单位经济效益

灌区管理单位经济效益重点从管理单位水费收入、工程运行维护费用和资金管理三个方面统计分析。设置灌区水费收入、工程运行维护费用和资金管理效率3个二级指标,其中,灌区水费收入和资金管理效率二级指标与水权转让经济效果呈正相关;工程运行维护费用与水权转让经济效果呈负相关。

(1)灌区水费收入。通过收集典型灌区年度实际征收水费资料,对比分析水权转让实施前后灌区管理单位水费收入的变化情况。

(2)工程运行维护费用。通过收集水权转让实施后,灌区历年工程运行维护费用支出、资金来源(重点是受让企业支付的运行维护费用)等资料,对比分析企业支付的运行维护费用是否满足实际需求。

(3)资金管理效率。反映灌区管理单位水费收入满足工程运行维护支出的程度。

3.2.4 生态效果评估指标

生态效果评估从地下水、土壤、生态环境三个方面分析,设置地下水影响、土壤影响和生态环境影响3个一级指标和6个二级指标。

3.2.4.1 地下水影响

黄河水权转让节水工程的建设运行对地下水有直接影响,灌区改变大水漫灌灌溉方式后,对灌区地下水尤其是灌区末端地下水位影响明显。地下水影响指标下设置地下水埋深改变程度和地下水水质改变程度2个二级指标。

(1)地下水埋深改变程度。反映灌区地下水位变化情况。

(2)地下水水质改变程度。反映灌区地下水水质变化情况。

3.2.4.2 土壤影响

因大水漫灌等影响,黄河河套灌区广泛存在土地盐碱化现象。黄河水权转让节水工程的实施和节水灌溉的影响,使得灌区盐碱化现象有好转趋势。本次评估设置土壤含盐量及排水量和排盐量2个二级评估指标。

(1)土壤含盐量。大小是表征土壤盐碱化程度的主要指标之一,反映灌区在实施节水工程后的土壤盐碱化影响。

(2)排水量和排盐量。主要通过获得灌区逐年排水量实测值、排水矿化度实测值,计算排水量和排盐量,对比分析水权转让实施前后区域排水量和排盐量的变化。

3.2.4.3 生态环境影响

黄河水权转让节水工程的实施减少了对地下水的补给量,对生态环境产生一定的影响。生态环境影响指标下设置植被覆盖指数和水域密度指数2个二级指标。

(1)植被覆盖指数。反映评价地区的植被发育变化情况。

(2)水域密度指数。反映评价地区的水域水体的密度情况。

3.2.5　政策制度评估指标

黄河水权转让政策制度评估分为水权转让政策评价、制度建设和实施效果评估两个方面。设置2个一级指标和3个二级指标。

3.2.5.1　水权转让政策评价

水权转让政策评价是指黄河水权转让政策的制定是否符合20多年来的社会发展实践,与中央大政方针国家发展方向的契合度如何。设置政策与社会发展的契合度1个二级指标。

3.2.5.2　制度建设和实施效果评估

主要涉及水权转让制度建设全面性评估和水权转让制度实施效果评估两个方面。设置2个二级指标。

(1)制度建设的全面性。是指在水权转让实施过程中是否存在监管制度立法空白现象。

(2)制度实施效果。是指评估对象在实际社会生活中被执行、使用、遵守后产生的效果。

3.2.6　节水工程建管评估指标

作为过程评价的主要指代性指标,节水工程建管评估分为工程建设评估和工程运行管理评估两个方面。设置2个一级指标和6个二级指标。

3.2.6.1　工程建设评估

黄河水权转让节水工程建设规模大,建设管理难度大。主要从工程实施组织过程、建设资金保障情况和工程建设新技术应用等三个方面进行评估。设置3个二级指标。

(1)工程实施组织过程。主要反映节水工程建设管理组织机构是否完善,是否持续发挥作用。

(2)建设资金保障情况。主要反映节水工程建设期间资金是否有保障。

(3)工程建设新技术应用。主要反映节水工程建设时运用新技术的情况。

3.2.6.2　工程运行管理评估

黄河水权转让节水工程建成后的运行维护非常重要,持续发挥节水效益是水权转让成功的重要因素,回顾节水工程运行维护过程,主要从运行管理组织过程、运行维护资金保障情况和运行维护新技术应用等三个方面进行评估。设置3个二级指标。

(1)运行管理组织过程。主要反映节水工程运行维护管理组织机构是否完善,是否持续发挥作用。

(2)运行维护资金保障情况。主要反映节水工程运行维护期间运行维护所需资金是否有保障。

(3)运行维护新技术应用。主要反映节水工程运行期间运用新技术的情况。

3.3 评估指标体系

在深入剖析黄河水权转让实践的基础上，全面分析各个维度的相关评估指标，本研究试图构建一套由 17 个一级指标和 48 个二级评估指标构成的黄河水权转让后评估指标体系。

在节水效果方面，设置节水量和节水质量 2 个一级指标，5 个二级指标；在社会效果方面，设置基础设施改善、主体权益保障、社会民生保障、社会节水意识和社会满意度等 5 个一级指标，18 个二级指标；在经济效果方面，设置水权受让企业经济效益、农牧业用水户经济效益、灌区管理单位经济效益等 3 个一级指标，10 个二级指标；在生态效果方面，设置地下水影响、土壤影响、生态环境影响等 3 个一级指标，6 个二级指标；在政策制度评估方面，设置水权转让政策评价、制度建设和实施效果评估 2 个一级指标，3 个二级指标；在节水工程建设管理评估方面，设置工程建设评估和工程运行管理评估等 2 个一级指标，6 个二级指标。该指标体系紧密结合黄河水权实际，体现了黄河水权转让特点与规律，提炼出黄河水权转让工作中的关键因素，针对性、完备性都较强。

黄河水权转让后评估指标体系如表 3-3-1 所示。

表 3-3-1 黄河水权转让后评估指标体系

首层要素	评估维度	一级评估指标	二级评估指标
实施效果评估	节水效果	节水量	灌区节水量
			节水目标实现程度
		节水质量	节水的稳定性
			节水的可持续性
			节水措施的适应性
	社会效果	基础设施改善	基础设施投入
			渠道衬砌率
			工程配套完好率
			高效节水灌溉面积占比
		主体权益保障	灌区灌溉面积
			田间灌溉用水量
			灌溉水利用系数
			企业取水许可量
			水权转让指标合理性

续表 3-3-1

首层要素	评估维度	一级评估指标	二级评估指标
实施效果评估	社会效果	社会民生保障	新增就业
			新增税收
			出让灌区粮食产量
		社会节水意识	节水措施投入
			工业用水循环利用率
			年度节水教育培训次数
		社会满意度	灌区管理单位满意度
			农业用水户满意度
			水权受让企业满意度
	经济效果	水权受让企业经济效益	新增工业总产值
			新增工业利润
			万元工业 GDP 用水量
		农牧业用水户经济效益	灌区亩均灌溉成本
			灌区亩均收入
			灌区农业生产总值
			万吨粮食灌溉用水量
		灌区管理单位经济效益	灌区水费收入
			工程运行维护费用
			资金管理效率
	生态效果	地下水影响	地下水埋深改变程度
			地下水水质改变程度
		土壤影响	土壤含盐量
			排水量和排盐量
		生态环境影响	植被覆盖指数
			水域密度指数
政策及实施过程评估	政策制度	水权转让政策评价	政策与社会发展契合度
		制度建设和实施效果评估	制度建设的全面性
			制度实施效果
	节水工程建设管理	工程建设评估	工程实施组织过程
			建设资金保障情况
			工程建设新技术应用
		工程运行管理评估	运行管理组织过程
			运行维护资金保障情况
			运行维护新技术应用

4 黄河水权转让后评估方法

结合黄河水权转让工作实际,本次黄河水权转让后评估方法研究以黄河内蒙古已实施黄河水权转让实践为基础。

4.1 黄河水权转让实施效果评估方法

黄河水权转让实施效果评估主要从节水工程节水效果评估、社会效果评估、经济效果评估、生态效果评估四个方面进行研究。

4.1.1 节水效果评估

综合已有相关研究成果和规范规定,本研究针对节水工程节水效果评估采用整体评估法与分项评估法。

整体评估法包括两个方面:一是对节水工程实施区域的总体用水量的变化进行评估,一般通过对整个灌区或灌域工程实施前后实际引水量的变化分析评估整个灌区或灌域的综合节水量;二是对节水工程实施区域的总体用水效率的变化进行评估,一般通过对整个灌区或灌域工程实施前后灌溉水利用系数的变化分析评估整个灌区或灌域的灌溉效率。

分项评估法主要是针对单项节水措施节水效果的具体评估,通常需要通过大量的测试试验获取数据,对不同节水措施实施前后的单位用水量或用水效率的变化进行评估。其中,渠道衬砌通过开展渠道输水损失试验对其实施前后渠道输水损失量或渠道水利用系数的变化进行分析评估。畦田改造工程通过开展田间灌溉试验对其实施前后田间用水量或田间水利用系数的变化进行分析评估。滴灌或喷灌等高效节水灌溉工程通过开展灌溉试验对其实施前后灌溉用水量或灌溉水利用系数的变化进行分析评估。

评估主要对已通过核验的水权转让项目节水工程的节水效果进行评估,目前已实施完成的节水工程规模大,实施范围较分散。结合黄河干流水权转让特点,节水效果评估重点分析节水目标实现程度、节水的稳定性和可持续性、节水措施的适应性等。其中:节水目标实现程度、节水的稳定性和可持续性主要对水权转让项目涉及灌区的整体节水量进行分析,节水措施的适应性主要以典型分析为主。

4.1.1.1 灌区节水量

灌区节水量,即灌区的引水减少量,主要根据通过核验的节水工程涉及的所有出让灌区在水权转让实施后的历年引、退水资料,与实施前灌区引、退水量对比分析得到。灌区节水量计算公式为

$$\Delta W_i = W_0 - W_i \tag{4-1-1}$$

式中:ΔW_i 为第 i 年灌节水量,万 m^3;W_0 为规划基准年引水量,万 m^3;W_i 为工程实施后第 i 年的实际年引水量,万 m^3。

4.1.1.2 节水目标实现程度

节水目标实现程度,主要通过对比灌区历年实际节水量与规划节水目标、核验的工程节水能力进行分析,即灌区历年实际节水量占工程规划节水目标、节水能力比例情况。计算公式为

$$P_i = \frac{\Delta W_i}{\Delta W_m} \times 100\% \tag{4-1-2}$$

式中:P_i 为灌区年度实际节水量占工程规划节水目标、节水能力比例;ΔW_i 为年度实际节水量;ΔW_m 为工程规划节水目标或节水能力。

4.1.1.3 节水的稳定性

主要通过收集水权转让涉及的所有出让灌区在水权转让实施后的历年引、退水资料,通过与批复的实施前灌区用水量对比,分析得到灌区历年实际节水量(引水减少量),再根据灌区历年实际节水量的变化情况对单个灌区及区域整体的节水的稳定性进行分析。通过比较不同水权转让项目涉及灌区的节水稳定性值,评价不同水权转让项目涉及灌区的节水稳定性好坏。

根据统计学中常用的统计指标离散系数(又称变异系数)来反映节水的稳定性。节水的稳定性,即节水量的变化率,采用工程实施后灌域年度实际节水量的变异系数来分析,计算公式为

$$K_{\text{js}} = \frac{\sqrt{\dfrac{\sum_{i=1}^{n}(\Delta W_i - \Delta\overline{W})^2}{n}}}{\Delta\overline{W}} \tag{4-1-3}$$

式中:K_{js} 为节水量的变异系数;ΔW_i 为年节水量,万 m^3;$\Delta\overline{W}$ 为年均节水量,万 m^3;n 为工程全面运行后年数。

K_{js} 值越小,说明节水的稳定性越好;反之,则越差。

4.1.1.4 节水的可持续性

主要通过收集水权转让涉及的所有出让灌区在水权转让实施后的历年引、退水资料,通过与批复的实施前灌区用水量对比,分析得到灌区历年实际节水量(引水减少量),再根据灌区历年实际节水量的变化情况对单个灌区及区域整体的节水可持续性进行分析。

利用统计学中的线性回归计算得出灌区历年实际节水量随节水工程实施后年份的趋势线位置和斜率,从而评价节水的可持续性。

$$Y = aX + b \tag{4-1-4}$$

式中:X 为节水工程实施后年份;Y 为灌区历年节水量期望值;a 为斜率,即回归系数;b 为截距。

如果 $a>0$,为正回归系数,表明节水量呈上升趋势,节水的可持续较好;如果 $a<0$,为负回归系数,表明节水量呈下降趋势,节水的可持续性较差。

4.1.1.5 节水措施的适应性

节水措施的适应性重点分析单项措施的实际使用面积和有效使用寿命等。

单项措施的实际使用面积主要针对畦田改造、滴灌、喷灌等田间措施，根据节水措施类型和实施年限分别选取典型项目区，通过走访当地农牧业用水户，调查对各项节水措施是否接受；统计各节水措施的实际使用面积，并与核验或批复的规模进行对比。

单项措施的有效使用寿命则是通过典型调查的方式进行分析的。对于渠道衬砌及配套、田间节水工程措施（滴灌、喷灌工程及配套设施），主要按照各项措施的实施年限，选取典型，实地调查渠道衬砌及配套设施和田间节水工程的破损情况，以及田间各项节水措施的实际使用面积。根据节水工程破损程度、各单项措施实际使用面积变化和实际节水效果随使用年限的变化，综合分析不同节水措施的有效使用寿命，对比分析工程使用年限是否满足水权转让年限要求。

1. 典型调查方案

为掌握水权转让项目已实施的各项节水措施的实际运行情况，分析节水措施的适应性，根据水权转让项目节水措施实际实施情况，按照节水措施类型选取典型渠道和田块，进行现场实地调查。

2. 典型调查选取的原则

（1）考虑实施年限（5 年一个类别）分类选取。

（2）渠道衬砌考虑渠道级别（干渠、分干渠、支渠、斗渠）、衬砌类型分类选取，尽可能包含有单项措施计量数据的渠道。

（3）田间节水措施以单个项目批复的实施范围为单元。

3. 调查内容和方法

采用现场实地查勘和走访用水户的方式，选取已通过核验的水权转让项目涉及的灌区，对水权转让项目实施的渠系工程破损情况、畦田改造和喷灌、滴灌等田间工程的实际运行情况进行典型调查。

其中，渠系工程破损情况以实地查勘为主，调查内容主要包括渠道级别、渠道衬砌形式、衬砌长度、破损长度、破损程度，以及配套建筑物的名称、数量、破损数量和破损程度。

田间工程实际运行情况则以走访用水户为主。调查内容主要包括工程名称、工程类型、完工时间、实施规模、实际使用规模等。对于畦田改造工程，需要调查工程田间地面平整度，喷灌、滴灌工程需要调查喷灌、滴灌工程及配套设施完好情况。每项工程随机问询 3~5 户用水户，针对工程节水效果是否显著、持续和方便等方面了解用水户对工程的满意程度。

4.1.2　社会效果评估

水权转让社会效果评估主要包括数据资料收集整理与统计分析、评估指标体系设计、指标权重测算以及综合评估分析四部分内容，其中，评估指标体系设计和指标权重测算尤为关键。目前，常采用专家评估法、灰色统计法、模糊层次分析法、能值评估法、熵权法、组合赋权法等确定指标权重，以确保评估结果的科学性和合理性。本研究主要采用主客观相结合的评价法进行研究，其中主客观相结合的评价法体系主要由模糊层次分析法、熵权法和组合赋权法构成。

4.1.2.1　模糊层次分析法

模糊层次分析法在层次分析法的基本思想和理论基础上引入模糊数学方法，通过建立模糊判断矩阵，进而测算评估指标客观权重。针对水权转让社会效果后评估中存在的多属性指标量化问题，依据模糊层次分析法，采用专家打分构建三角模糊函数比较矩阵，即模糊判断矩阵，可以初步测算得到黄河水权转让社会效果后评估指标的综合模糊值，在此基础上，通过去模糊化处理，最终测算得到评估指标的主观权重。模糊层次分析法具体应用步骤如下。

1. 构建三角模糊函数比较矩阵

应用模糊层次分析法时，首先要把问题层次化。根据问题的性质和要达到的目标，将问题分解为不同组成因素，并按照因素间的相互关联影响及其隶属关系将因素按不同层次聚集组合，形成一个多层次的分析结构模型，并最终把系统分析归结为最底层相对于最高层目标的相对重要性权值的确定或相对优劣次序的排序问题。在此，基于水权转让社会效果后评估的多属性指标比较计算需要，引入三角模糊函数，由三角模糊函数 $M(1,m,u)$ 表示 $x=m$ 。其中，x 完全属于 M ,1 和 u 分别是三角模糊函数的下界和上界；当 $x \notin (1,u)$ 时，x 不属于三角模糊函数 $M(1,m,u)$ 。用三角函数 M_1、M_3、M_5、M_7 和 M_9 分别代替传统的 1、3、5、7、9，将 M_2、M_4、M_6 和 M_8 作为中间值，可以得到改进的模糊比较矩阵，具体如表 4-1-1 所示。

表 4-1-1　改进的模糊比较矩阵

标度值	含义
M_1	表示两个因素相比，一个因素相比另一个因素同样重要
M_3	表示两个因素相比，一个因素相比另一个因素稍微重要
M_5	表示两个因素相比，一个因素相比另一个因素明显重要
M_7	表示两个因素相比，一个因素相比另一个因素强烈重要
M_9	表示两个因素相比，一个因素相比另一个因素极端重要
M_2、M_4、M_6、M_8	如果重要性介于两者中间，取相邻判断值的中间值
倒数	若因素 i 与因素 j 重要性之比为 a_{ij}，则因素 j 与因素 i 的重要性之比为 $1/a_{ij}$

2. 一致性检验

在实际应用中，需要对所构建的判断矩阵进行一致性检验，以保证计算结果的准确性。其原理是，如判断矩阵中的一个元素发生变化，会引起整个判断矩阵的一致性变化。一致性检验的目的是通过计算判断矩阵的一致性指标，检查判断矩阵是否满足一致性。如果判断矩阵不满足一致性，我们需要对判断矩阵进行调整，直到满足一致性要求。

一致性指标是用来判断判断矩阵是否满足一致性的数学指标，常用的一致性指标为 CR(consistency ratio)值，其计算如下：

$$\mathrm{CR} = \mathrm{CI}/\mathrm{RI} \tag{4-1-5}$$

式中：CI 为判断矩阵的一致性指标；RI 为与判断矩阵规模相同的随机一致性指标，其值可以从一致性指标对照表中查找。当 $\mathrm{CR} \leqslant 0.1$ 时，可认为判断矩阵满足一致性。当 CR>

0.1 时,需要对判断矩阵进行调整,使其满足一致性。在模糊层次分析法具体实践中,模糊判断矩阵的一致性检验可通过模糊数替换为三角模糊中心实数进行测算。

3. 计算综合模糊值

根据专家打分的结果,可以得到模糊矩阵(fuzzy matrix,FM)。

$$D_i^k = \sum_{j=1}^{n} a_{ij}^k \div \left(\sum_{i=1}^{n}\sum_{j=1}^{n} a_{ij}^k\right) \qquad i = 1,2,\cdots,n \tag{4-1-6}$$

根据式(4-1-6)可以测算得到评估指标的综合模糊值。

4. 去模糊化

根据模糊概率公式:

$$P(M \geqslant M_1, M_2, \cdots, M_n) = \min[P(M \geqslant M_i)] \qquad i = 1,2,\cdots,n \tag{4-1-7}$$

$$P(M_1 \geqslant M_2) = \begin{cases} 1 & m_1 \geqslant m_2 \\ \dfrac{l_2 - u_1}{(m_1 - u_1) - (m_2 - u_2)} & m_1 \leqslant m_2, u_1 \geqslant l_2 \\ 0 & \text{其他} \end{cases} \tag{4-1-8}$$

由此,得到其他指标相对于该评估指标的重要性程度大小,也即权重,在此基础上,通过归一化处理,最终可以测算得到评估指标的主观权重 P_1、P_2、…、P_n ,其中, $\sum_{i=1}^{n} P_i = 1$。

4.1.2.2 熵权法

熵的概念源于热力学,是对系统状态不确定性的一种度量,表示系统内在的紊乱程度。在信息论中,信息是系统有序程度的一种度量,而熵是系统无序程度的一种度量,两者绝对值相等,但符号相反。据此,在水权转让社会效果评价过程中,熵值代表了某一评估指标变异的不确定程度。各指标数值间相差越大,则表明相应信息熵越小,参数的不确定性越小,此时这一评估指标所蕴含的信息量就越大,与之相应的这一评估指标的权重也就越大;反之,各评估指标数值间相差越小,则相应信息熵越大,参数的不确定性越大,此时这一评估指标所提供的信息量就越小,与之相应的这一评估指标的权重也就越小。作为客观赋权法,熵权法在构建评估指标的因子权重确定环节已经得到了较为广泛的应用。在此基础上,本研究将熵权法用于对黄河水权转让社会效果的后评估之中,具体应用步骤如下。

1. 数据收集整理

设有 m 个年份、n 个指标,x_{ij} 表示第 i 年第 j 个指标数值,$i=1, 2,\cdots,m;j=1,2,\cdots,n$。

2. 对数据进行标准化处理

由于水权转让社会效果后评估中不同类型指标的量纲和单位存在不一致问题,在获取水权转让社会效果评估指标数据的基础上,需要对水权转让社会效果评估指标数据统一进行归一化处理,以消除不同类型评估指标间的量纲与单位的不统一问题。其中,对水权转让社会效果后评估结果有正向作用的指标,其评估指标数据的无量纲化计算公式为

$$x_{ij}^* = \frac{x_{ij} - \min\{x_j\}}{\max\{x_j\} - \min\{x_j\}} \tag{4-1-9}$$

对水权转让社会效果和经济效果后评估结果有负向作用的指标,其评价数据的无量

纲化计算公式为

$$x_{ij}^{*}=\frac{\max\{x_j\}-x_{ij}}{\max\{x_j\}-\min\{x_j\}} \tag{4-1-10}$$

式中：x_{ij}^{*} 为标准化处理之后的评估指标数值；$\max\{x_j\}$ 为第 j 个评估指标在不同年份中的最大值；$\min\{x_j\}$ 为第 j 个评估指标在不同年份中的最小值。

3. 平移

因为标准化处理后的评估指标数值存在 0 值的情况，且在后续指标权重计算的步骤之中需要求对数，所以无量纲化处理的数值不能直接使用，应对评估指标的标准化数值进行平移，以消除 0 值对后期对数取值造成的影响。

4. 指标比重

计算第 j 个评估指标在第 i 年的比重：

$$P_{ij}=\frac{x_{ij}^{*}}{\sum_{i=1}^{m}x_{ij}^{*}} \tag{4-1-11}$$

5. 熵值

计算第 j 个评估指标的熵值：

$$e_j=-k\sum_{i=1}^{m}(P_{ij}\ln P_{ij}) \tag{4-1-12}$$

$$k=-\frac{1}{\ln n}$$

式中：i 为样本数据的跨度；n 为样本数量。

6. 差异系数

计算第 j 个评估指标的差异系数：

$$d_j=1-e_j \tag{4-1-13}$$

7. 客观权重

测算第 j 个评估指标的客观权重：

$$W_j=\frac{d_j}{\sum_{j=1}^{m}d_j} \tag{4-1-14}$$

4.1.2.3 组合赋权法

以模糊层次分析法为代表的主观赋权法是研究较早、较为成熟的权重测算方法，其优点是专家可以根据实际的决策问题和专家自身的知识经验合理地确定各属性权重的排序，不至于出现属性权重与属性实际重要程度相悖的情况。但决策或评价结果具有较强的主观随意性，客观性较差，同时增加了对决策分析者的负担，应用中有很大局限性。而客观赋权法主要是根据原始数据之间的关系来确定权重，因此权重的客观性强，且不增加决策者的负担，方法具有较强的数学理论依据。但是这种赋权法没有考虑决策者的主观意向，因此确定的权重可能与人们的主观愿望或实际情况不一致，使人感到困惑。

鉴于主客观赋权法各有优缺点，为了能够体现决策者对水权转让社会效果后评估指标的好恶,同时又能够使评估指标的权值能够可靠地反映真实客观状况,需要将主客观赋权法有机结合起来形成一种组合形式的赋权法。综合权重由主观权重和客观权重组合赋权所得,本研究在参考离差平方和最大的赋权法的基础上,引入人为系数以有效平衡专家数不同对主客观赋权结果的影响,具体过程如下:

假设每个多指标决策问题,对 n 个评估指标有某种赋权方法 x,其权向量为

$$\begin{cases} w_{xn} \geqslant 0, & x = 1,2,\cdots,l \\ \sum_{j=1}^{n} w_{xj} = 1, & j = 1,2,\cdots,n \end{cases} \tag{4-1-15}$$

其中,综合各赋权方法,可以得到组合赋权:

$$\boldsymbol{W}_c = \theta_1 \boldsymbol{W}_1 + \theta_2 \boldsymbol{W}_2 + \cdots + \theta_l \boldsymbol{W}_l \tag{4-1-16}$$

式中:$\boldsymbol{W}_c = (w_{c1}, w_{c2}, \cdots, w_{cn})$ 为组合赋权的系数向量;$\theta_1, \theta_2, \cdots, \theta_l$ 为组合系数,$\theta_k \geqslant 0$,$k=1,2,\cdots,l$,且满足以下约束条件:

$$\sum_{k=1}^{l} \theta_k^2 = 1 \tag{4-1-17}$$

令分块矩阵 $\boldsymbol{W} = (w_1, w_2, \cdots, w_l)$,$\boldsymbol{\Theta} = (\theta_1, \theta_2, \cdots, \theta_l)^{\mathrm{T}}$,则式(4-1-16)和式(4-1-17)可以进一步表示为

$$\boldsymbol{W}_c = \boldsymbol{W\Theta}, \qquad \boldsymbol{\Theta}^{\mathrm{T}}\boldsymbol{\Theta} = 1 \tag{4-1-18}$$

根据线性加权法,由组合赋权系数向量 $\boldsymbol{W}_c$ 计算得到的第 i 个决策方案 S_i 的多属性综合评价值可表示为

$$D_j = \sum_{j=1}^{n} a_{ij} w_{cj}, \qquad i = 1,2,\cdots,m \tag{4-1-19}$$

评价指数 D_i 为正向指数,D_i 愈大表示决策方案 S_i 愈优。在评价决策中,如果各属性的权向量选取不当,会造成决策方案的评估值差别很小,不利于决策方案的选择以及问题项的发现。因此,选择组合赋权系数向量 $\boldsymbol{W}_c$ 的原则是使各决策方案的评价值 D_i 尽可能分散。

在此,设 $v_i(\boldsymbol{W}_c)$ 表示第 i 个决策方案与其他各决策方案综合评价值的离差平方和,即

$$v_i(\boldsymbol{W}_c) = \sum_{i_1=1}^{m} \left[\sum_{j=1}^{n} (b_{ij} - b_{i_1 j}) c_{ij} \right]^2, \qquad i = 1,2,\cdots,m \tag{4-1-20}$$

为使得 m 个决策方案总离差平方和达到最大,构建如下目标函数:

$$\begin{aligned} J(\boldsymbol{W}_c) &= \sum_{i=1}^{m} v_i(\boldsymbol{W}_c) \\ &= \sum_{i=1}^{m} \sum_{i_1=1}^{m} \left[\sum_{j=1}^{n} (b_{ij} b_{i_1 j}) w_{cj} \right]^2 \\ &= \sum_{j=1}^{n} \sum_{j_2=1}^{n} \left[\sum_{i_1=1}^{m} \sum_{i_2=1}^{m} (b_{ij_1} - b_{i_1 j_1})(b_{ij_2} - b_{i_2 j_2}) \right] w_{c_{j_1}} w_{c_{j_2}} \end{aligned} \tag{4-1-21}$$

若令矩阵 $\boldsymbol{B}_1$ 为

$$
\boldsymbol{B}_1 = \begin{cases} \sum_{i=1}^{m} \sum_{i_1=1}^{m} (b_{i_1} - b_{i_1 1})(b_{i_1} - b_{i_1 1}) \\ \sum_{i=1}^{m} \sum_{i_1=1}^{m} (b_{i_2} - b_{i_1 1})(b_{i_1} - b_{i_1 2}) \\ \vdots \\ \sum_{i=1}^{m} \sum_{i_1=1}^{m} (b_{i_n} - b_{i_1 1})(b_{i_1} - b_{i_1 n}) \end{cases} \tag{4-1-22}
$$

易证 $\boldsymbol{B}_1$ 为 n 阶非负定矩阵,则目标函数 $J(\boldsymbol{W}_c)$ 可以表示为

$$
J(\boldsymbol{W}_c) = \boldsymbol{W}_c^{\mathrm{T}} B_1 \boldsymbol{W}_c \tag{4-1-23}
$$

由此,m 个决策方案最优赋权法可以转化为如下的最优化问题:

$$
\max F(\boldsymbol{\Theta}) = \boldsymbol{\Theta}^{\mathrm{T}} \boldsymbol{W}^{\mathrm{T}} \boldsymbol{B}_1 \boldsymbol{W} \boldsymbol{\Theta}
$$

$$
s.t. \begin{cases} \boldsymbol{\Theta}^{\mathrm{T}} \boldsymbol{\Theta} = 1 \\ \boldsymbol{\Theta} \geqslant 0 \end{cases} \tag{4-1-24}
$$

求解矩阵 $\boldsymbol{W}^{\mathrm{T}} \boldsymbol{B}_1 \boldsymbol{W}$ 的最大特征根 $\lambda_{\max}$,其对应的分量 $\boldsymbol{\Theta}$ 即为最优解 $\theta_1^*, \theta_2^*, \cdots, \theta_n^*$,且 $\sum_{i=1}^{n} \theta_i^1 = 1$。

在此基础上,鉴于人为系数法可以有效结合专家主观经验和数据客观规律,进一步结合人为系数完成组合赋权,从而可以计算得到水权转让社会效果后评估指标的综合权重为

$$
\gamma = \theta_1^* \mu \alpha + \theta_2^* (1 - \mu) \beta \tag{4-1-25}
$$

式中:α 为主观权重;β 为客观权重;γ 为组合权重;μ 为人为系数,反映主客观权重相对重要程度,其求解公式为

$$
\mu = \begin{cases} 0.3, & \lg(z/m) < -0.2 \\ 0.5 + \lg(z/m), & -0.2 \leqslant \lg(z/m) < 0.2 \\ 0.7, & \lg(z/m) \geqslant 0.2 \end{cases} \tag{4-1-26}
$$

式中:z 为遴选的专家人数;m 为评估指标个数。

当专家数相对较少时,主观经验的准确程度较低,此时,需要更多地考虑客观权重,因此,评估指标的客观权重相对更加重要,而人为系数较小。当专家人数相对较多时,主观经验的准确性就较高,因此评估指标的主观权重则相对更加重要,与之相应的人为系数更大,这一实践规律在公式中已经得到有效体现。

4.1.2.4 社会效果综合评价模型

1. 指标体系

根据表 3-3-1,黄河水权转让社会效果后评估指标体系为 5 个一级指标和 18 个二级指标,设定代号具体如表 4-1-2 所示。

2. 主观权重测算

基于模糊层次分析法相关理论,充分考虑社会效果评估经验,采用两两对比法,通过专家咨询和问卷调研,收集整理黄河水权转让社会效果后评估指标重要性评价数据,据

此，构建不同层级评估指标权重判断矩阵，并运用层次分析法计算软件，科学测算得到评估指标主观权重。

1）一级指标权重测算

水权转让社会效果后评估一级指标包括基础设施改善（S_1）、主体权益保障（S_2）、社会民生保障（S_3）、社会节水意识（S_4）和社会满意度（S_5）。通过对调研评价数据的整理分析，可以得到黄河水权转让社会效果后评估一级指标权重的判断矩阵，结果如表 4-1-3 所示。

表 4-1-2　黄河水权转让社会效益后评估指标体系

评价目标	评价维度	评估指标
黄河水权转让社会效果评估	基础设施改善（S_1）	基础设施投入（S_{11}）
		渠道衬砌率（S_{12}）
		工程配套完好率（S_{13}）
		高效节水灌溉面积占比（S_{14}）
	主体权益保障（S_2）	灌区灌溉面积（S_{21}）
		田间灌溉用水量（S_{22}）
		灌溉水利用系数（S_{23}）
		企业取水许可量（S_{24}）
		水权转让指标合理性（S_{25}）
	社会民生保障（S_3）	新增就业（S_{31}）
		新增税收（S_{32}）
		出让灌区粮食产量（S_{33}）
	社会节水意识（S_4）	节水措施投入（S_{41}）
		工业用水循环利用率（S_{42}）
		年度节水教育培训次数（S_{43}）
	社会满意度（S_5）	灌区管理单位满意度（S_{51}）
		农业用水户满意度（S_{52}）
		水权受让企业满意度（S_{53}）

表 4-1-3　黄河水权转让社会效果后评估一级指标权重判断矩阵

	S_1	S_2	S_3	S_4	S_5
S_1	1	1/3	1/3	1/2	1/2
S_2	3	1	1/2	2	2
S_3	3	2	1	2	3
S_4	2	1/2	1/2	1	1/2
S_5	2	1/2	1/3	2	1

运用 Matlab 软件可以计算得到一级指标权重为 W_S = (0.086 2,0.248 7,0.360 9,0.137 9,0.166 3)。其中,一级指标权重判断矩阵的一致性检验 CR = CI/RI = 0.034 5 < 0.1,表明一级指标判断矩阵满足一致性检验,权重测算结果科学可靠。

2)二级指标权重测算

(1)基础设施改善评价的二级指标权重。黄河水权转让基础设施改善评价具体包括基础设施投入(S_{11})、渠道衬砌率(S_{12})、工程配套完好率(S_{13})与高效节水灌溉面积占比(S_{14})4 个二级指标。通过对调研评价数据的整理分析,可以得到黄河水权转让基础设施改善评价的二级指标权重判断矩阵,结果如表 4-1-4 所示。

表 4-1-4　基础设施改善评价二级指标权重判断矩阵

	S_{11}	S_{12}	S_{13}	S_{14}
S_{11}	1	2	3	3
S_{12}	1/2	1	1/3	1/4
S_{13}	1/3	3	1	1/2
S_{14}	1/3	4	2	1

运用 Matlab 软件可以计算得到黄河水权转让基础设施改善评价的二级指标权重为 W_{S_1} = (0.462 7,0.249 0,0.105 6,0.182 6)。其中,二级指标权重判断矩阵的一致性检验 CR = CI/RI = 0.033 8 < 0.1,表明基础设施改善评价的二级指标权重判断矩阵一致性检验通过,权重测算结果科学可靠。

(2)主体权益保障评价的二级指标权重。黄河水权转让主体权益评价主要涉及灌区灌溉面积(S_{21})、田间灌溉用水量(S_{22})、灌溉水利用系数(S_{23})、企业取水许可量(S_{24})和水权转让指标合理性(S_{25})5 个二级指标。根据对调研评价数据的整理分析,可以得到主体权益保障评价二级指标权重判断矩阵,结果如表 4-1-5 所示。

表 4-1-5　主体权益保障评价二级指标权重判断矩阵

	S_{21}	S_{22}	S_{23}	S_{24}	S_{25}
S_{21}	1	2	2	2	3
S_{22}	1/2	1	1/2	1/2	2
S_{23}	1/2	2	1	1/2	2
S_{24}	1/2	2	2	1	3
S_{25}	1/3	1/2	1/2	1/3	1

运用 Matlab 软件可以计算得到黄河水权转让主体权益保障评价的二级指标权重为 W_{S_2} = (0.340 4,0.136 0,0.180 1,0.257 1,0.086 5)。其中,二级指标权重判断矩阵的一致性检验 CR = CI/RI = 0.029 0 < 0.1,表明主体权益评价二级指标权重判断矩阵的一致性检验通过,权重测算结果科学可靠。

(3)社会民生保障评价的二级指标权重。黄河水权转让社会民生保障评价的二级指标主要包括水权转让创造的新增就业(S_{31})和新增税收(S_{32})及出让灌区粮食产量(S_{33})3个二级指标。根据对调研评价数据的整理分析,从而得到社会民生保障评价二级指标权重判断矩阵,结果如表4-1-6所示。

表4-1-6 社会民生保障评价二级指标权重判断矩阵

	S_{31}	S_{32}	S_{33}
S_{31}	1	1/2	1/2
S_{32}	2	1	1/2
S_{33}	2	2	1

运用Matlab软件可以计算得到黄河水权转让社会民生保障评价的二级指标权重为$W_{S_3}=(0.3334,0.2761,0.3905)$。其中,二级指标判断矩阵的一致性检验结果为$CR=CI/RI=0.0454<0.1$。由此表明,社会民生保障评价二级指标权重判断矩阵满足一致性检验,指标权重测算结果科学可靠。

(4)社会节水意识评价的二级指标权重。黄河水权转让的社会节水意识评价具体包括节水措施投入(S_{41})、工业用水循环利用率(S_{42})及年度节水教育培训次数(S_{43})3个二级指标。根据对调研评价数据的整理分析,可以得到社会节水意识评价二级指标权重判断矩阵,结果如表4-1-7所示。

表4-1-7 社会节水意识评估指标权重判断矩阵

	S_{41}	S_{42}	S_{43}
S_{41}	1	1	3
S_{42}	1	1	3
S_{43}	1/3	1/3	1

运用Matlab软件可以计算得到黄河水权转让社会节水意识评价的二级指标权重为$W_{S_4}=(0.4286,0.4286,0.1429)$。其中,二级指标权重判断矩阵的一致性检验结果为$CR=CI/RI=0.0001<0.1$,表明社会节水意识评价二级指标权重判断矩阵满足一致性检验,指标权重测算结果科学可靠。

(5)社会满意度评价的二级指标权重。黄河水权转让的社会满意度评价具体包括灌区管理单位满意度(S_{51})、农业用水户满意度(S_{52})及水权受让企业满意度(S_{53})3个二级指标。根据对调研评价数据的整理分析,可以得到社会满意度评价二级指标权重判断矩阵,结果如表4-1-8所示。

表4-1-8 社会满意度评估指标权重判断矩阵

	S_{51}	S_{52}	S_{53}
S_{51}	1	1/2	1/3
S_{52}	2	1	2
S_{53}	3	1/2	1

运用Matlab软件可以计算得到黄河水权转让社会满意度评价的二级指标权重为 $W_{S_5}=(0.1722,0.4778,0.3500)$。其中,二级指标权重判断矩阵的一致性检验结果为CR=CI/RI=0.035 1<0.1,表明社会满意度评价二级指标权重判断矩阵满足一致性检验,指标权重测算结果科学可靠。

3.客观权重测算

通过收集整理社会效果后评估指标相关数据,基于横向对比评估和纵向对比评估两个角度,采用熵值法,通过数据处理分析,测算黄河水权转让社会效果后评估指标的客观权重。在此,以内蒙古黄河水权转让项目为典型案例,收集整理2016~2020年内蒙古黄河水权转让社会效果后评估指标数据,以测算黄河水权转让社会效果后评估指标的客观权重。

1)横向对比评估

横向对比评估是基于相同年份不同项目间的实施效果对比分析视角评估黄河水权转让社会效果。以2016年内蒙古黄河水权转让社会效果后评估为典型代表,相关数据无量纲化处理。因为进行标准化处理之后数值存在0值,且后续计算需要求对数,所以处理的数据不能直接使用,需要对标准化的数据进行平移消除后期0值对对数的影响。本次评估选择平移0.01,平移后2016年内蒙古黄河水权转让社会效果后评估指标的比重测算结果如表4-1-9所示。

表4-1-9　2016年黄河水权转让社会效果后评估指标的比重测算结果

评估指标	鄂尔多斯	阿拉善	包头	乌海	沈乌
基础设施投入(S_{11})	0.662 4	0.006 6	0.059 8	0.009 2	0.262 0
渠道衬砌率(S_{12})	0.467 8	0.101 4	0.095 2	0.004 6	0.330 9
工程配套完好率(S_{13})	0.003 0	0.078 8	0.306 0	0.306 0	0.306 0
高效节水灌溉面积占比(S_{14})	0.592 1	0.027 3	0.005 9	0.005 9	0.368 9
灌区灌溉面积(S_{21})	0.367 3	0.022 4	0.300 5	0.003 6	0.306 1
田间灌溉用水量(S_{22})	0.327 3	0.233 9	0.234 6	0.003 2	0.201 0
灌溉水利用系数(S_{23})	0.161 0	0.326 6	0.004 3	0.069 5	0.438 6
企业取水许可量(S_{24})	0.669 4	0.139 4	0.178 0	0.006 6	0.006 6
水权转让指标合理性(S_{25})	0.292 4	0.428 0	0.271 2	0.004 2	0.004 2
新增就业(S_{31})	0.477 2	0.051 8	0.442 0	0.014 5	0.014 5
新增税收(S_{32})	0.775 3	0.101 8	0.107 5	0.007 7	0.007 7
出让灌区粮食产量(S_{33})	0.516 4	0.006 5	0.231 1	0.005 1	0.240 8
节水措施投入(S_{41})	0.777 9	0.040 0	0.166 7	0.007 7	0.007 7
工业用水循环利用率(S_{42})	0.335 8	0.321 9	0.003 3	0.335 7	0.003 3
年度节水教育培训次数(S_{43})	0.662 4	0.006 6	0.059 8	0.009 2	0.262 0
灌区管理单位满意度(S_{51})	0.383 5	0.003 8	0.257 0	0.193 7	0.162 0
农业用水户满意度(S_{52})	0.371 8	0.126 4	0.249 1	0.003 7	0.249 1
水权受让企业满意度(S_{53})	0.255 0	0.002 5	0.252 5	0.242 7	0.247 3

根据式(4-1-12)~式(4-1-14),可以测算得到2016年黄河水权转让的社会效果评估指标权重,结果如表4-1-10所示。

表4-1-10 2016年黄河水权转让社会效果后评估指标权重测算结果

评估指标	信息熵值 e_j	信息效用值 d_j	权重系数 W_j
基础设施投入(S_{11})	0.201 1	0.798 9	0.059 7
渠道衬砌率(S_{12})	0.278 4	0.721 6	0.053 9
工程配套完好率(S_{13})	0.302 2	0.697 8	0.052 1
高效节水灌溉面积占比(S_{14})	0.193 8	0.806 2	0.060 2
灌区灌溉面积(S_{21})	0.277 3	0.722 7	0.054 0
田间灌溉用水量(S_{22})	0.321 2	0.678 8	0.050 7
灌溉水利用系数(S_{23})	0.284 9	0.715 1	0.053 4
企业取水许可量(S_{24})	0.212 4	0.787 6	0.058 9
水权转让指标合理性(S_{25})	0.260 1	0.739 9	0.055 3
新增就业(S_{31})	0.229 3	0.770 7	0.057 6
新增税收(S_{32})	0.172 4	0.827 6	0.061 8
出让灌区粮食产量(S_{33})	0.250 7	0.749 3	0.056 0
节水措施投入(S_{41})	0.161 6	0.838 4	0.062 7
工业用水循环利用率(S_{42})	0.263 0	0.737 0	0.055 1
年度节水教育培训次数(S_{43})	0.261 0	0.739 0	0.055 2
灌区管理单位满意度(S_{51})	0.312 8	0.687 2	0.051 3
农业用水户满意度(S_{52})	0.310 9	0.689 1	0.051 5
水权受让企业满意度(S_{53})	0.324 3	0.675 7	0.050 5

依据上述测算步骤,同理可以进一步测算得到2017~2020年黄河水权转让社会效果评估指标客观权重,测算结果具体如表4-1-11所示。

表4-1-11 2017~2020年黄河水权转让社会效果后评估指标权重测算结果

评估指标	2017年	2018年	2019年	2020年
基础设施投入(S_{11})	0.058 7	0.058 7	0.060 0	0.059 6
渠道衬砌率(S_{12})	0.053 8	0.054 3	0.055 6	0.055 2
工程配套完好率(S_{13})	0.052 5	0.052 8	0.054 0	0.053 6
高效节水灌溉面积占比(S_{14})	0.060 1	0.060 4	0.061 8	0.061 4
灌区灌溉面积(S_{21})	0.054 1	0.054 2	0.055 5	0.055 2
田间灌溉用水量(S_{22})	0.051 0	0.051 0	0.052 2	0.052 3

续表 4-1-11

评估指标	2017 年	2018 年	2019 年	2020 年
灌溉水利用系数(S_{23})	0.052 3	0.052 4	0.053 3	0.053 4
企业取水许可量(S_{24})	0.058 1	0.061 3	0.059 2	0.059 0
水权转让指标合理性(S_{25})	0.055 7	0.051 8	0.052 1	0.051 7
新增就业(S_{31})	0.059 4	0.060 5	0.059 5	0.059 3
新增税收(S_{32})	0.066 3	0.058 7	0.059 0	0.058 5
出让灌区粮食产量(S_{33})	0.055 7	0.056 2	0.057 2	0.057 0
节水措施投入(S_{41})	0.057 9	0.059 6	0.052 7	0.057 0
工业用水循环利用率(S_{42})	0.055 1	0.051 3	0.054 6	0.055 8
年度节水教育培训次数(S_{43})	0.055 4	0.063 1	0.056 0	0.055 4
灌区管理单位满意度(S_{51})	0.051 4	0.050 8	0.052 0	0.051 9
农业用水户满意度(S_{52})	0.052 2	0.052 3	0.053 7	0.052 3
水权受让企业满意度(S_{53})	0.050 5	0.050 6	0.051 8	0.051 5

2)纵向对比评估

纵向对比评估是基于同一项目不同年份间的实施效果对比分析视角评估黄河水权转让社会效果。以鄂尔多斯市内水权转让社会效果后评估为例,相关数据无量纲化处理结果,消除后期0值对对数的影响,对标准化数据进行平移。根据式(4-1-10),本次评估依然选择平移0.01,进而可以测算得到鄂尔多斯市内水权转让社会效果后评估指标比重,结果如表4-1-12所示。

表 4-1-12 鄂尔多斯市内水权转让社会效果后评估指标比重测算结果

评估指标	2016 年	2017 年	2018 年	2019 年	2020 年
基础设施投入(S_{11})	0.200 0	0.200 0	0.200 0	0.200 0	0.200 0
渠道衬砌率(S_{12})	0.200 0	0.200 0	0.200 0	0.200 0	0.200 0
工程配套完好率(S_{13})	0.396 1	0.298 0	0.200 0	0.102 0	0.003 9
高效节水灌溉面积占比(S_{14})	0.200 0	0.200 0	0.200 0	0.200 0	0.200 0
灌区灌溉面积(S_{21})	0.492 7	0.492 7	0.004 9	0.004 9	0.004 9
田间灌溉用水量(S_{22})	0.057 6	0.004 5	0.224 9	0.457 9	0.255 1
灌溉水利用系数(S_{23})	0.004 7	0.071 8	0.073 8	0.376 9	0.472 8
企业取水许可量(S_{24})	0.003 7	0.013 1	0.270 4	0.340 6	0.372 3
水权转让指标合理性(S_{25})	0.191 6	0.003 7	0.129 0	0.369 2	0.306 5
新增就业(S_{31})	0.003 9	0.015 1	0.285 4	0.303 2	0.392 5
新增税收(S_{32})	0.003 6	0.072 2	0.208 3	0.367 9	0.348 0

续表 4-1-12

评估指标	2016 年	2017 年	2018 年	2019 年	2020 年
出让灌区粮食产量(S_{33})	0.055 1	0.003 5	0.271 3	0.313 8	0.356 3
节水措施投入(S_{41})	0.108 1	0.007 3	0.134 5	0.008 1	0.741 9
工业用水循环利用率(S_{42})	0.003 2	0.121 8	0.251 6	0.299 7	0.323 7
年度节水教育培训次数(S_{43})	0.005 6	0.039 7	0.034 5	0.354 6	0.565 6
灌区管理单位满意度(S_{51})	0.331 1	0.221 9	0.112 6	0.331 1	0.003 3
农业用水户满意度(S_{52})	0.330 1	0.004 9	0.492 7	0.167 5	0.004 9
水权受让企业满意度(S_{53})	0.005 1	0.513 6	0.471 2	0.005 1	0.005 1

根据式(4-1-12)~式(4-1-14),可以测算得到鄂尔多斯市内水权转让社会效果评估指标权重,结果如表 4-1-13 所示。

表 4-1-13　鄂尔多斯市内水权转让社会效果后评估指标权重测算结果

评估指标	信息熵值 e_j	信息效用值 d_j	权重系数 W
基础设施投入(S_{11})	0.372 8	0.627 2	0.058 7
渠道衬砌率(S_{12})	0.372 8	0.627 2	0.058 7
工程配套完好率(S_{13})	0.302 0	0.698 0	0.065 3
高效节水灌溉面积占比(S_{14})	0.372 8	0.627 2	0.058 7
灌区灌溉面积(S_{21})	0.179 6	0.820 4	0.076 7
田间灌溉用水量(S_{22})	0.285 0	0.715 0	0.066 9
灌溉水利用系数(S_{23})	0.261 4	0.738 6	0.069 1
企业取水许可量(S_{24})	0.270 0	0.730 0	0.068 3
水权转让指标合理性(S_{25})	0.308 4	0.691 6	0.064 7
新增就业(S_{31})	0.271 4	0.728 6	0.068 1
新增税收(S_{32})	0.294 7	0.705 3	0.066 0
出让灌区粮食产量(S_{33})	0.293 0	0.707 0	0.066 1
节水措施投入(S_{41})	0.186 9	0.813 1	0.076 0
工业用水循环利用率(S_{42})	0.312 3	0.687 7	0.064 3
年度节水教育培训次数(S_{43})	0.223 1	0.776 9	0.072 6
灌区管理单位满意度(S_{51})	0.308 2	0.691 8	0.053 4
农业用水户满意度(S_{52})	0.246 9	0.753 1	0.058 1
水权受让企业满意度(S_{53})	0.180 1	0.819 9	0.063 3

依据上述步骤,可以测算得到阿拉善盟、包头市和乌海市内水权转让以及沈乌灌域间

水权转让的社会效果后评估指标客观权重,结果如表 4-1-14 所示。

表 4-1-14 水权转让社会效果后评估指标权重测算结果

评估指标	阿拉善	包头	乌海	沈乌
基础设施投入(S_{11})	0.050 2	0.053 2	0.052 0	0.051 5
渠道衬砌率(S_{12})	0.050 2	0.053 2	0.052 0	0.051 5
工程配套完好率(S_{13})	0.055 9	0.054 4	0.053 2	0.051 5
高效节水灌溉面积占比(S_{14})	0.050 2	0.049 3	0.048 3	0.051 5
灌区灌溉面积(S_{21})	0.054 8	0.049 3	0.056 2	0.055 6
田间灌溉用水量(S_{22})	0.054 9	0.053 6	0.057 0	0.055 4
灌溉水利用系数(S_{23})	0.062 0	0.056 9	0.052 7	0.051 7
企业取水许可量(S_{24})	0.050 2	0.058 0	0.056 8	0.058 8
水权转让指标合理性(S_{25})	0.050 2	0.061 1	0.056 7	0.055 7
新增就业(S_{31})	0.057 8	0.054 3	0.057 0	0.059 3
新增税收(S_{32})	0.057 4	0.056 4	0.056 9	0.057 8
出让灌区粮食产量(S_{33})	0.064 7	0.054 0	0.055 0	0.058 0
节水措施投入(S_{41})	0.058 2	0.066 4	0.061 1	0.064 9
工业用水循环利用率(S_{42})	0.059 5	0.058 6	0.056 7	0.055 6
年度节水教育培训次数(S_{43})	0.054 8	0.053 8	0.056 7	0.055 6
灌区管理单位满意度(S_{51})	0.054 3	0.053 7	0.063 1	0.056 1
农业用水户满意度(S_{52})	0.054 1	0.059 9	0.054 0	0.053 7
水权受让企业满意度(S_{53})	0.060 3	0.054 0	0.054 5	0.055 7

4. 综合权重测算

在主客观权重测算的基础上,运用组合赋权法,测算黄河水权转让社会效果后评估指标综合权重。根据式(4-1-14)~式(4-1-16),分别测算得到横向对比后评估指标综合权重和纵向对比后评估指标综合权重,结果如表 4-1-15 和表 4-1-16 所示。

表 4-1-15 黄河水权转让社会效果后评估指标综合权重(横向对比评估)

评估指标	2016 年	2017 年	2018 年	2019 年	2020 年
基础设施投入(S_{11})	0.049 0	4.84%	4.84%	4.91%	4.89%
渠道衬砌率(S_{12})	0.039 3	3.93%	3.95%	4.01%	4.00%
工程配套完好率(S_{13})	0.030 4	3.06%	3.08%	3.13%	3.12%
高效节水灌溉面积占比(S_{14})	0.037 7	3.76%	3.77%	3.84%	3.82%
灌区灌溉面积(S_{21})	0.069 3	6.94%	6.94%	7.01%	6.99%
田间灌溉用水量(S_{22})	0.042 3	4.24%	4.24%	4.30%	4.31%
灌溉水利用系数(S_{23})	0.049 1	4.85%	4.86%	4.91%	4.91%
企业取水许可量(S_{24})	0.061 4	6.10%	6.26%	6.16%	6.14%

续表 4-1-15

评估指标	2016 年	2017 年	2018 年	2019 年	2020 年
水权转让指标合理性(S_{25})	3.84%	3.86%	3.67%	3.68%	3.66%
新增就业(S_{31})	8.90%	8.99%	9.04%	8.99%	8.98%
新增税收(S_{32})	8.07%	8.30%	7.92%	7.93%	7.91%
出让灌区粮食产量(S_{33})	9.85%	9.83%	9.86%	9.91%	9.90%
节水措施投入(S_{41})	6.09%	5.85%	5.93%	5.59%	5.80%
工业用水循环利用率(S_{42})	5.71%	5.71%	5.52%	5.68%	5.75%
年度节水教育培训次数(S_{43})	3.75%	3.76%	4.14%	3.78%	3.75%
灌区管理单位满意度(S_{51})	4.00%	4.00%	3.97%	4.03%	4.03%
农业用水户满意度(S_{52})	6.55%	6.58%	6.59%	6.66%	6.59%
水权受让企业满意度(S_{53})	5.43%	5.43%	5.44%	5.50%	5.48%

表 4-1-16　黄河水权转让社会效果后评估指标综合权重(纵向对比评估)

评估指标	鄂尔多斯	阿拉善	包头	乌海	沈乌
基础设施投入(S_{11})	4.33%	4.42%	4.57%	4.51%	4.49%
渠道衬砌率(S_{12})	3.65%	3.75%	3.89%	3.83%	3.81%
工程配套完好率(S_{13})	3.13%	3.23%	3.16%	3.10%	3.01%
高效节水灌溉面积占比(S_{14})	3.17%	3.27%	3.22%	3.17%	3.33%
灌区灌溉面积(S_{21})	7.40%	6.97%	6.70%	7.04%	7.01%
田间灌溉用水量(S_{22})	4.45%	4.44%	4.37%	4.54%	4.46%
灌溉水利用系数(S_{23})	5.09%	5.34%	5.08%	4.88%	4.82%
企业取水许可量(S_{24})	6.01%	5.71%	6.10%	6.04%	6.14%
水权转让指标合理性(S_{25})	3.74%	3.59%	4.13%	3.91%	3.86%
新增就业(S_{31})	8.83%	8.91%	8.73%	8.86%	8.98%
新增税收(S_{32})	7.70%	7.85%	7.80%	7.83%	7.87%
出让灌区粮食产量(S_{33})	9.77%	10.28%	9.75%	9.80%	9.95%
节水措施投入(S_{41})	6.09%	5.86%	6.28%	6.01%	6.20%
工业用水循环利用率(S_{42})	5.61%	5.93%	5.89%	5.79%	5.74%
年度节水教育培训次数(S_{43})	3.98%	3.73%	3.68%	3.82%	3.77%
灌区管理单位满意度(S_{51})	4.10%	4.15%	4.12%	4.59%	4.24%
农业用水户满意度(S_{52})	6.88%	6.68%	6.97%	6.67%	6.66%
水权受让企业满意度(S_{53})	0.060 7	0.057 3	0.056 1	0.056 4	0.057

5. 综合评价模型

根据评估指标综合权重的测算结果,进一步得到黄河水权转让社会效果综合评价模型。

(1)计及横向对比评估的黄河水权转让社会效果综合评价模型为

$$\begin{aligned}\mathrm{HSE}_t &= W_{S_{1,t}} \circ V_{S_{1,t}} + W_{S_{2,t}} \circ V_{S_{2,t}} + W_{S_{3,t}} \circ V_{S_{3,t}} + W_{S_{4,t}} \circ V_{S_{4,t}} \\ &= W_{S_{1,t}} \circ (V_{S_{11}}, V_{S_{12}}, V_{S_{13}}, V_{S_{14}})_t^{\mathrm{T}} + W_{S_{2,t}} \circ (V_{S_{21}}, V_{S_{22}}, V_{S_{23}}, V_{S_{24}}, V_{S_{25}})_t^{\mathrm{T}} + \\ &\quad W_{S_{3,t}} \circ (V_{S_{31}}, V_{S_{32}}, V_{S_{33}})_t^{\mathrm{T}} + W_{S_{4,t}} \circ (V_{S_{41}}, V_{S_{42}}, V_{S_{43}})_t^{\mathrm{T}}\end{aligned} \tag{4-1-27}$$

式中:HSE_t 为计及横向对比评估的第 t 年黄河水权转让社会效果后评估值;$W_{S_{1,t}}$ 和 $V_{S_{1,t}}$ 分别为计及横向对比评估的第 t 年黄河水权转让相关基础设施改善评估指标的综合权重和评价数值;$W_{S_{2,t}}$ 和 $V_{S_{2,t}}$ 分别为计及横向对比评估的第 t 年黄河水权转让相关主体权益保障评估指标的综合权重和评价数值;$W_{S_{3,t}}$ 和 $V_{S_{3,t}}$ 分别为计及横向对比评估的第 t 年黄河水权转让相关社会民生保障评估指标的综合权重和评价数值;$W_{S_{4,t}}$ 和 $V_{S_{4,t}}$ 分别为计及横向对比评估的第 t 年黄河水权转让相关社会节水意识评估指标的综合权重和评价数值。

(2)计及纵向对比评估的黄河水权转让社会效果综合评价模型为

$$\begin{aligned}\mathrm{LS}E_i &= W_{S_{1,i}} \circ V_{S_{1,i}} + W_{S_{2,i}} \circ V_{S_{2,i}} + W_{S_{3,i}} \circ V_{S_{3,i}} + W_{S_{4,i}} \circ V_{S_{4,i}} \\ &= W_{S_{1,i}} \circ (V_{S_{11}}, V_{S_{12}}, V_{S_{13}}, V_{S_{14}})_i^{\mathrm{T}} + W_{S_{2,i}} \circ (V_{S_{21}}, V_{S_{22}}, V_{S_{23}}, V_{S_{24}}, V_{S_{25}})_i^{\mathrm{T}} + \\ &\quad W_{S_{3,i}} \circ (V_{S_{31}}, V_{S_{32}}, V_{S_{33}})_i^{\mathrm{T}} + W_{S_{4,i}} \circ (V_{S_{41}}, V_{S_{42}}, V_{S_{43}})_i^{\mathrm{T}}\end{aligned} \tag{4-1-28}$$

式中:LSE_i 为计及纵向对比评估的 i 地区或项目黄河水权转让社会效果后评估值;$W_{S_{1,i}}$ 和 $V_{S_{1,i}}$ 分别为计及纵向对比评估的 i 地区或项目黄河水权转让相关基础设施改善评估指标的综合权重和评价数值;$W_{S_{2,i}}$ 和 $V_{S_{2,i}}$ 分别为计及纵向对比评估的 i 地区或项目黄河水权转让相关主体权益保障评估指标的综合权重和评价数值;$W_{S_{3,i}}$ 和 $V_{S_{3,i}}$ 分别为计及纵向对比评估的 i 地区或项目黄河水权转让相关社会民生保障评估指标的综合权重和评价数值;$W_{S_{4,i}}$ 和 $V_{S_{4,i}}$ 分别代表计及纵向对比评估的 i 地区或项目黄河水权转让相关社会节水意识评估指标的综合权重和评价数值。

4.1.3 经济效果评估

黄河水权转让经济效果评估同样包括数据资料收集整理与统计分析、后评估指标体系设计、指标权重测算及综合评估分析四部分内容。其中,黄河水权转让经济后评估所采用的方法与社会效果评估方法相同,即采用由模糊层次分析法、熵权法和组合赋权法构成的主客观相结合的评价法体系确定权重,建立基于经济效果指标体系的综合评价模型。

4.1.3.1 指标体系

经济效果后评估指标体系在 3.3 部分已经建立,设定代码见表 4-1-17。

表 4-1-17　黄河水权转让经济效果后评估指标体系

评价目标	评价维度	评估指标
黄河水权转让经济效果后评估	水权受让企业经济效益(E_1)	新增工业总产值(E_{11})
		新增工业利润(E_{12})
		万元工业 GDP 用水量(E_{13})
	农牧业用水户经济效益(E_2)	灌区亩均灌溉成本(E_{21})
		灌区亩均收入(E_{22})
		灌区农业生产总值(E_{23})
		万吨粮食灌溉用水量(E_{24})
	灌区管理单位经济效益(E_3)	灌区水费收入(E_{31})
		工程运行维护费用(E_{32})
		资金管理效率(E_{33})

4.1.3.2　主观权重测算

与社会效果指标权重测算相同,本研究基于模糊层次分析法,充分考虑经济效果评估经验,采用两两对比法,通过专家咨询和问卷调研,收集整理黄河水权转让经济效果后评估指标重要性评价数据,构建不同层级评估指标权重判断矩阵,进而科学测算得到经济效果后评估指标的主观权重。

1. 一级指标权重测算

黄河水权转让经济效果后评估包括水权受让企业经济效益(E_1)、农牧业用水户经济效益(E_2)和灌区管理单位经济效益(E_3)3 个一级指标。通过对调研数据整理分析,可以得到一级指标权重判断矩阵,具体如表 4-1-18 所示。

表 4-1-18　黄河水权转让经济效果后评估一级指标权重判断矩阵

	E_1	E_2	E_3
E_1	1	2	1/2
E_2	1/2	1	2
E_3	2	1/2	1

运用 Matlab 软件计算得到一级指标权重为 W_E = (0.493 4,0.310 8,0.195 8)。其中,权重判断矩阵的一致性检验 CR=CI/RI=0.022 7<0.1,表明指标权重的判断矩阵满足一致性检验,测算结果科学可靠。

2. 二级指标权重测算

(1)水权受让企业经济效益评价的二级指标权重。水权受让企业经济效益评估指标包括水权转让新增工业总产值(E_{11})、新增工业利润(E_{12})及万元工业 GDP 用水量(E_{13})3 个二级指标。通过调研数据整理分析,可以得到水权受让企业经济效益评估指标权重判断矩阵,如表 4-1-19 所示。

表 4-1-19　水权受让企业经济效益评估指标权重判断矩阵

	E_{11}	E_{12}	E_{13}
E_{11}	1	2	4
E_{12}	1/2	1	3
E_{13}	1/4	1/3	1

运用 Matlab 软件可以计算得出水权受让企业经济效益评价的二级指标权重 W_{E_1} = (0.519 5,0.355 7,0.124 8)。其中,指标权重的判断矩阵一致性检验结果为 CR = CI/RI=0.030 4<0.1,表明该指标权重的判断矩阵一致性检验通过,权重测算结果科学可靠。

(2)农牧业用水户经济效益评价的二级指标权重。农牧业用水户经济效益评估指标包括灌区亩均灌溉成本(E_{21})、灌区亩均收入(E_{22})、灌区农业生产总值(E_{23})和万吨粮食灌溉用水量(E_{24})4 个二级指标。通过调研数据整理分析,可以得到农牧业用水户经济效益评估指标权重判断矩阵,结果如表 4-1-20 所示。

表 4-1-20　农牧业用水户经济效益评估指标权重判断矩阵

	E_{21}	E_{22}	E_{23}	E_{24}
E_{21}	1	3	2	2
E_{22}	1/3	1	1/2	1/3
E_{23}	1/2	2	1	1/2
E_{24}	1/4	1/3	1/4	1/4

运用 Matlab 计算得出农牧业用水户经济效益评估指标权重为 W_{E_2} = (0.304 5,0.271 2,0.241 0,0.183 3)。其中,指标权重判断矩阵一致性检验 CR=CI/RI=0.031 8<0.1,表明指标权重判断矩阵的一致性检验通过,指标权重测算结果科学可靠。

(3)灌区管理单位经济效益评价的二级指标权重。灌区管理单位经济效益评估指标主要涉及灌区水费收入(E_{31})、工程运行维护费用(E_{32})和资金管理效率(E_{33})3 个二级指标。通过对调研数据的整理分析,可以得到该二级指标权重判断矩阵,结果具体如表 4-1-21 所示。

表 4-1-21　灌区管理单位经济效益后评估二级指标权重判断矩阵

	E_{31}	E_{32}	E_{33}
E_{31}	1	2	3
E_{32}	1/2	1	3
E_{33}	1/3	1/3	1

运用 Matlab 软件可以计算得到灌区管理单位经济效益评价的二级指标权重为 W_{E_3} = (0.458 6,0.304 8,0.236 6)。其中,指标权重判断矩阵的一致性检验 CR = CI/RI = 0.051 6<0.1,表明指标权重判断矩阵满足一致性检验,测算结果科学可靠。

4.1.3.3 客观权重测算

通过收集整理黄河水权转让经济效果后评估指标的相关数据资料，立足横向对比评估和纵向对比评估两个角度，采用熵值法，在对相关数据处理分析的基础上，测算黄河水权转让经济效果后评估指标的客观权重。在此，本研究以内蒙古黄河水权转让项目为典型案例，通过广泛调研和深入座谈等多种方式，收集整理2016~2020年内蒙古黄河水权转让经济效果后评估指标的相关数据资料，进而测算黄河水权转让经济效果后评估指标的客观权重。

1. 横向对比评估

横向对比评估是基于相同年份不同项目间实施效果对比分析的视角评估黄河水权转让的经济效果。客观权重测算过程，包括相关数据的无量纲化处理，对标准化的数据进行平移消除后期0值对对数的影响，得到某一年份内蒙古黄河水权转让经济效果后评估指标权重系数。具体测算过程同4.1.2部分，不再赘述。结果如表4-1-22所示。

表4-1-22 2016~2020年黄河水权转让经济效果后评估指标权重测算结果

评估指标	2016年	2017年	2018年	2019年	2020年
新增工业总产值(E_{11})	0.115 7	0.120 1	0.108 2	0.106 3	0.107
新增工业利润(E_{12})	0.113 1	0.101 5	0.106 1	0.108 7	0.107 8
万元工业GDP用水量(E_{13})	0.090 7	0.092 5	0.092 7	0.094 5	0.095 8
灌区亩均灌溉成本(E_{21})	0.093 6	0.094 2	0.094 7	0.095 6	0.098 3
灌区亩均收入(E_{22})	0.100 7	0.104 8	0.106 0	0.104 7	0.099 8
灌区农业生产总值(E_{23})	0.098 5	0.099 5	0.099 5	0.101 6	0.102 7
万吨粮食灌溉用水量(E_{24})	0.101 6	0.096 6	0.094 4	0.095 6	0.094 2
灌区水费收入(E_{31})	0.093 5	0.095 3	0.096 0	0.097 9	0.098 8
工程运行维护费用(E_{32})	0.091 1	0.092 7	0.092 7	0.094 6	0.095 8
资金管理效率(E_{33})	0.101 5	0.102 9	0.109 7	0.100 6	0.099 7

2. 纵向对比评估

纵向对比评估是基于同一项目不相同年份间的实施效果对比分析视角评估黄河水权转让经济效果。测算得到鄂尔多斯市、阿拉善盟、包头市和乌海市内水权转让以及沈乌灌域间水权转让的经济效果后评估指标权重，结果如表4-1-23所示。

表4-1-23 各项目黄河水权转让经济效果后评估指标权重测算结果

评估指标	鄂尔多斯	阿拉善	包头	乌海	沈乌
新增工业总产值(E_{11})	0.099 1	0.333 5	0.097 5	0.102 7	0.108 7
新增工业利润(E_{12})	0.101 1	0.666 5	0.102 0	0.105 4	0.106 7
万元工业GDP用水量(E_{13})	0.103 0	0.099 4	0.098 7	0.097 0	0.103 3
灌区亩均灌溉成本(E_{21})	0.099 6	0.333 5	0.096 6	0.099 4	0.097 1

续表 4-1-23

评估指标	鄂尔多斯	阿拉善	包头	乌海	沈乌
灌区亩均收入(E_{22})	0.098 7	0.666 5	0.100 6	0.098 5	0.095 3
灌区农业生产总值(E_{23})	0.097 1	0.099 4	0.098 7	0.097 6	0.094 1
万吨粮食灌溉用水量(E_{24})	0.105 3	0.333 5	0.105 0	0.100 1	0.095 9
灌区水费收入(E_{31})	0.096 5	0.666 5	0.097 2	0.104 3	0.097 2
工程运行维护费用(E_{32})	0.099 5	0.099 4	0.098 3	0.099 9	0.105 7
资金管理效率(E_{33})	0.100 0	0.333 5	0.105 6	0.095 1	0.096 0

4.1.3.4 综合权重测算

在主观权重和客观权重测算的基础上,运用组合赋权法,分别测算得到黄河水权转让经济效果横向对比评估指标的综合权重和纵向对比评估指标的综合权重,结果如表 4-1-24 和表 4-1-25 所示。

表 4-1-24 黄河水权转让经济效果后评估指标综合权重(纵向对比评估)

评估指标	鄂尔多斯	阿拉善	包头	乌海	沈乌
新增工业总产值(E_{11})	17.77%	17.99%	17.69%	17.95%	18.25%
新增工业利润(E_{12})	13.83%	13.76%	13.87%	14.05%	14.11%
万元工业 GDP 用水量(E_{13})	8.23%	8.05%	8.01%	7.93%	8.24%
灌区亩均灌溉成本(E_{21})	9.71%	9.60%	9.56%	9.70%	9.59%
灌区亩均收入(E_{22})	9.15%	9.15%	9.24%	9.14%	8.98%
灌区农业生产总值(E_{23})	8.60%	8.67%	8.68%	8.63%	8.45%
万吨粮食灌溉用水量(E_{24})	8.11%	7.81%	8.10%	7.86%	7.64%
灌区水费收入(E_{31})	9.31%	9.46%	9.35%	9.70%	9.35%
工程运行维护费用(E_{32})	7.96%	8.00%	7.90%	7.98%	8.27%
资金管理效率(E_{33})	0.073 2	0.074 9	0.076 0	0.070 7	0.071 1

表 4-1-25 黄河水权转让经济效果后评估指标综合权重(横向对比评估)

评估指标	2016 年	2017 年	2018 年	2019 年	2020 年
新增工业总产值(E_{11})	18.60%	14.43%	7.61%	9.41%	9.25%
新增工业利润(E_{12})	18.82%	13.85%	7.70%	9.44%	9.45%
万元工业 GDP 用水量(E_{13})	18.23%	14.08%	7.71%	9.47%	9.51%
灌区亩均灌溉成本(E_{21})	18.13%	14.21%	7.81%	9.51%	9.45%
灌区亩均收入(E_{22})	18.17%	14.17%	7.87%	9.65%	9.20%
灌区农业生产总值(E_{23})	0.186 0	0.144 3	0.076 1	0.094 1	0.092 3

续表 4-1-25

评估指标	2016 年	2017 年	2018 年	2019 年	2020 年
万吨粮食灌溉用水量(E_{24})	18.82%	13.85%	7.70%	9.44%	9.45%
灌区水费收入(E_{31})	18.23%	14.08%	7.71%	9.47%	9.51%
工程运行维护费用(E_{32})	18.13%	14.21%	7.81%	9.51%	9.45%
资金管理效率(E_{33})	18.17%	14.17%	7.87%	9.65%	9.20%

4.1.3.5　综合评价模型

根据评估指标综合权重的测算结果，进一步得到黄河水权转让经济效果综合评价模型。

(1)计及横向对比评估的黄河水权转让经济效果综合评价模型为

$$\begin{aligned} \mathrm{HEE}_t &= W_{E_{1,t}} \circ V_{E_{1,t}} + W_{E_{2,t}} \circ V_{E_{2,t}} + W_{E_{3,t}} \circ V_{E_{3,t}} \\ &= W_{E_{1,t}} \circ (V_{E_{11}}, V_{E_{12}}, V_{E_{13}})_t^{\mathrm{T}} + W_{E_{2,t}} \circ (V_{E_{21}}, V_{E_{22}}, V_{E_{23}}, V_{E_{24}})_t^{\mathrm{T}} + \\ &\quad W_{E_{3,t}} \circ (V_{E_{31}}, V_{E_{32}}, V_{E_{33}})_t^{\mathrm{T}} \end{aligned} \tag{4-1-29}$$

式中：HEE_t 为计及横向对比评估的第 t 年黄河水权转让经济效果后评估值；$W_{E_{1,t}}$ 和 $V_{E_{1,t}}$ 分别为计及横向对比评估的第 t 年黄河水权转让相关水权受让企业经济效益评估指标的综合权重和评价数值；$W_{E_{2,t}}$ 和 $V_{E_{2,t}}$ 分别为计及横向对比评估的第 t 年黄河水权转让相关农牧业用水户经济效益评估指标的综合权重和评价数值；$W_{E_{3,t}}$ 和 $V_{E_{3,t}}$ 分别为计及横向对比评估的第 t 年黄河水权转让相关灌区管理单位经济效益评估指标的综合权重和评价数值。

(2)计及纵向对比评估的黄河水权转让经济效果综合评价模型为

$$\begin{aligned} \mathrm{LEE}_t &= W_{E_{1,i}} \circ V_{E_{1,i}} + W_{E_{2,i}} \circ V_{E_{2,i}} + W_{E_{3,i}} \circ V_{E_{3,i}} \\ &= W_{E_{1,i}} \circ (V_{E_{11}}, V_{E_{12}}, V_{E_{13}})_i^{\mathrm{T}} + W_{E_{2,i}} \circ (V_{E_{21}}, V_{E_{22}}, V_{E_{23}}, V_{E_{24}})_i^{\mathrm{T}} + \\ &\quad W_{E_{3,i}} \circ (V_{E_{31}}, V_{E_{32}}, V_{E_{33}})_i^{\mathrm{T}} \end{aligned} \tag{4-1-30}$$

式中：LEE_i 为计及纵向对比评估的 i 地区或项目黄河水权转让经济效果后评估值；$W_{E_{1,i}}$ 和 $V_{E_{1,i}}$ 分别为计及纵向对比评估的 i 地区或项目黄河水权转让相关水权受让企业经济效益评估指标的综合权重和评价数值；$W_{E_{2,i}}$ 和 $V_{E_{2,i}}$ 分别为计及纵向对比评估的 i 地区或项目黄河水权转让相关农业用水户经济效益评估指标的综合权重和评价数值；$W_{E_{3,i}}$ 和 $V_{E_{3,i}}$ 分别为计及纵向对比评估的 i 地区或项目黄河水权转让相关灌区管理单位经济效益评估指标的综合权重和评价数值。

4.1.4　生态效果评估

黄河水权转让生态效果评估充分运用区域水权转让前后生态要素监测成果，结合实际监测，运用统计分析、遥感反演等技术手段，通过前后对比分析的方法，从地下水、天然植被、土壤盐碱化及排水量和排盐量等方面分析评估水权转让前后灌区生态的变化。

4.1.4.1　地下水变化分析

地下水位的变化,主要通过收集区域已有地下水长观井自项目实施前5年至评估年的历年地下水位观测资料,通过前后对比法,分析地下水位随时间的变化情况,对不同年份的地下水埋深进行空间插值,分析不同地下水埋深占比变化情况。

4.1.4.2　天然植被变化分析

重点分析区域天然植被的面积和天然植被覆盖度,主要通过遥感影像,利用归一化植被指数(NDVI)计算获得区域植被覆盖度,以中国科学院LUCC分类体系对植被覆盖度的分类标准对覆盖度进行分类;最终利用前后对比和统计分析的方法,对水权转让实施前、现状区域天然植被覆盖度变化进行分析。

植被覆盖度利用植被指数NDVI估算获得,计算公式如下:

$$VFC = (NDVI - NDVI_{soil})/(NDVI_{veg} - NDVI_{soil}) \tag{4-1-31}$$

式中:$NDVI_{soil}$为完全是裸土或无植被覆盖区域的NDVI值;$NDVI_{veg}$为完全被植被所覆盖的像元的NDVI值,即纯植被像元的NDVI值,取一定置信度范围内的$NDVI_{max}(95\%) = NDVI_{veg}$和$NDVI_{min}(5\%) = NDVI_{soil}$。

根据中国科学院LUCC分类体系对植被覆盖度的分类标准:$5\% < VFC \leq 20\%$为低覆盖度,$20\% < VFC \leq 50\%$为中覆盖度,$VFC > 50\%$为高覆盖度。

4.1.4.3　土壤盐碱化分析

主要通过实地取样和实验室检测获取土壤盐分,并同时利用手持光谱仪采集不同样本的光谱信息;结合不同样本的光谱分析结果,运用遥感影像,结合智能算法(BP神经网络)建立反演模型,对不同程度盐碱化变化情况进行对比分析。

土壤含盐量是表征土壤盐碱化程度的主要指标之一。关于土壤含盐量的测定方法有很多种,包括土壤浸提液电导率法、八大离子总量法、电磁感应法、盐分传感器定位监测法等。其中,土壤浸提液电导率法测试土壤含盐量的方法相对简单,具有经济、快速和可靠性强等特点。以土壤浸提液电导率法测试土壤含盐量为例,首先测试所采集土样的土壤电导率,并选取部分样品测定土壤含盐量,通过建立土壤含盐量与电导率之间的EC换算方程,利用建立的回归方程,根据浸提液电导率快速确定所采集土样的土壤含盐量。

1. 水溶性盐分总量的测定(质量法)

(1)方法原理:取一定量的待测液蒸干后,再在105~110 ℃温度下进行烘干,称至恒重,称为“烘干残渣总量”。它包括水溶性盐类及水溶性有机质等的总和。用H_2O_2除去烘干残渣中的有机质后,即为水溶性盐质量。

(2)主要仪器:电热板、水浴锅、干燥器、瓷蒸发皿、分析天平(1/10 000)。

(3)试剂:①2% Na_2CO_3(2.0 g无水Na_2CO_3溶于少量水中,稀释至100 mL);②15%H_2O_2。

(4)操作步骤:吸出50 mL清晰待测液,放入已知质量的烧杯或瓷蒸发皿(W_1)中,移放在水浴上蒸干后,放入烘箱,在105~110 ℃温度下烘干4 h,取出后放在干燥器中冷却30 min,在分析天平上称重。再重复烘2 h,冷却,称至恒重(W_2),前后两次质量之差不得大于1 mg。计算烘干残渣总量。

在上述烘干残渣中滴加15%H_2O_2溶液,使残渣湿润,再放在沸水浴上蒸干,如此反复处理,直至残渣完全变白为止,再按上法烘干后,称至恒重(W_3),计算水溶性盐总量。

(5)结果计算:

$$水溶性盐总量\% = (W_3 - W_1) / W \times 100\% \tag{4-1-32}$$

式中:W 为与吸取浸出液相当的土壤样品重,g。

2. 土壤盐碱化程度划分

根据土壤含盐总量的差异,将土壤盐碱化程度一般分为非盐碱地、轻度盐碱地、中度盐碱地、重度盐碱地和盐碱地 5 级,划分标准见表 4-1-26。

表 4-1-26 不同盐碱化程度土壤划分标准

盐碱化程度	非盐碱地	轻度盐碱地	中度盐碱地	重度盐碱地	盐碱地
含盐量/(g/kg)	<1	1~2	2~4	4~10	>10

注:不同盐碱化程度土壤划分标准来源于吕贻忠、李保国主编的《土壤学实验》。

4.1.4.4 排水变化分析

主要针对逐年实测排水量及其排水水质,运用统计分析的方法进行前后对比。

排水量和排盐量指标值主要通过获得灌区逐年排水量实测值、排水矿化度实测值进行计算,并对比分析水权转让实施前后区域排水量和排盐量的变化。

4.1.4.5 BP 神经网络方法

土壤盐碱化分析采用 BP 神经网络方法进行分析。BP 神经网络方法是通过 BP 神经网络模型训练,建立基于 BP 神经网络模型的土壤盐分反演模型。本次采用误差反向传递学习算法(BP 算法),BP 神经网络结构及原理如图 4-1-1 所示。

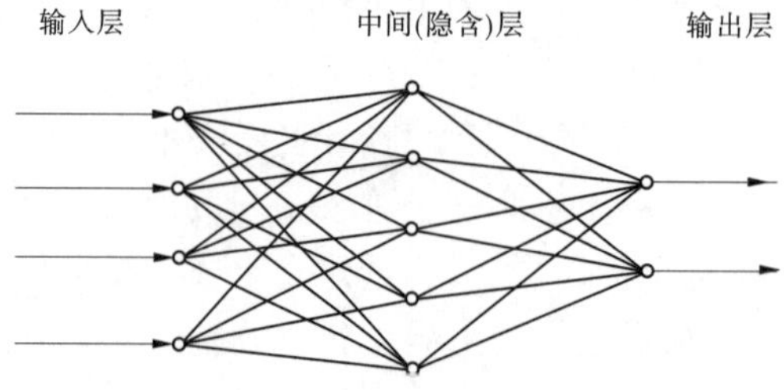

图 4-1-1 BP 神经网络模型

BP 算法不仅有输入层节点、输出层节点,还可有一个或多个隐含层节点。对于输入信号,要先向前传播到隐含层节点,经作用函数后,再把隐节点的输出信号传播到输出节点,最后给出输出结果。节点作用的激励函数通常选取 S 型函数,相应计算公式如下:

$$f(x) = \frac{1}{1 + e^{-x/Q}} \tag{4-1-33}$$

式中:Q 为调整激励函数形式的 Sigmoid 参数。

该算法的学习过程由正向传播和反向传播组成。在正向传播过程中,输入信息从输入层经隐含层逐层处理,并传向输出层。每一层神经元的状态只影响下一层神经元的状态。如果输出层得不到期望的输出,则转入反向传播,将误差信号沿原来的连接通道返回,通过修改各层神经元的权值,使得误差信号最小。

设含有 n 个节点的任意网络,各节点的特性为 Sigmoid 型。为简便起见,指定网络只有一个输出 y,任一节点 i 的输出为 O_i,并设有 N 个样本 $(x_k, y_k)(k=1,2,3,\cdots,N)$,对某一输入 x_k,网络输出为 y_k,节点 i 的输出为 O_{ik},节点 j 的输入为

$$\mathrm{net}_{jk} = \sum_i W_{ij} Q_{jk} \tag{4-1-34}$$

并将误差函数定义为

$$E = \frac{1}{2}\sum_{k=1}^{N}(y_k - \hat{y}_k)^2 \tag{4-1-35}$$

其中, $\hat{y}_k$ 为网络实际输出,定义为

$$\left.\begin{aligned} E_k &= (y_k - \hat{y}_k)^2 \\ \delta_{jk} &= \frac{\partial E_k}{\partial \mathrm{net}_{jk}} \\ Q_{jk} &= f(\mathrm{net}_{jk}) \end{aligned}\right\} \tag{4-1-36}$$

由此可得

$$\frac{\partial E_k}{\partial W_{jk}} = \frac{\partial E_k}{\partial \mathrm{net}_{jk}} \frac{\partial \mathrm{net}_{jk}}{\partial W_{ij}} = \frac{\partial E_k}{\partial \mathrm{net}_{jk}} Q_{jk} = \delta_{jk} O_{jk} \tag{4-1-37}$$

若 j 为输出节点,则

$$\left.\begin{aligned} O_{jk} &= \hat{y}_k \\ \delta_{jk} &= \frac{\partial E_k}{\partial \hat{y}_k} \frac{\partial \hat{y}_k}{\partial \mathrm{net}_{jk}} = -(y_k - \hat{y}_k) f'(\mathrm{net}_{jk}) \end{aligned}\right\} \tag{4-1-38}$$

若 j 不是输出节点,则有

$$\delta_{jk} = \frac{\partial E_k}{\partial \mathrm{net}_{jk}} = \frac{\partial E_k}{\partial O_{jk}} \frac{\partial O_{jk}}{\partial \mathrm{net}_{jk}} = \frac{\partial E_k}{\partial O_{jk}} f'(\mathrm{net}_{jk}) \tag{4-1-39}$$

$$\begin{aligned} \frac{\partial E_k}{\partial O_{jk}} &= \sum_m \frac{\partial E_k}{\partial \mathrm{net}_{mk}} \frac{\partial \mathrm{net}_{mk}}{\partial O_{jk}} \\ &= \sum_m \frac{\partial E_k}{\partial \mathrm{net}_{mk}} \frac{\partial}{\partial O_{jk}} \sum_i W_{mi} O_{ik} \\ &= \sum_m \frac{\partial E_k}{\partial \mathrm{net}_{mk}} \sum_i W_{mj} = \sum_m \delta_{mk} W_{mj} \end{aligned} \tag{4-1-40}$$

由此可得

$$\left.\begin{aligned} \delta_{jk} &= f'(\mathrm{net}_{jk}) \sum_m \delta_{mk} W_{mj} \\ \frac{\partial E_k}{\partial W_{ij}} &= \delta_{mk} O_{ik} \end{aligned}\right\} \tag{4-1-41}$$

如果有 M 层,而第 M 层仅含输出节点,第 1 层为输入节点,则 BP 算法为:

第 1 步,选取初始权值 W。

第 2 步,重复下述过程直至收敛:

(1)对于 $k=1\sim N$。

①计算 Q_{ik}、net_{ik} 和 $\hat{y}_k$ 的值(正向过程);

②对各层从 M 到 2 反向计算(反向过程)。

(2)对同一节点 $j\in M$,由式(4-1-41)计算 δ_{jk}。

第 3 步,修正权值。

从上述 BP 算法可以看出,BP 模型把一组样本的 I/O 问题变为一个非线性优化问题,它使用的是优化中最普通的梯度下降法。如果把神经网络看成输入到输出的映射,则这个映射是一个高度非线性映射。

4.2　黄河水权转让政策及实施过程评估方法

4.2.1　政策制度评估

政策制度评估是指依据一定的标准和程序,运用科学的方法,对政策制度的效益、效率、效果及价值进行综合判断与评价的行为,为公共政策和制度的延续、修正、终止和重新制定提供依据。广义的政策制度评估,分为对政策制度的事前评估、事中评估和事后评估三种类型。狭义的政策制度评估则专指事后评估,主要着眼于政策制度实施效果。规范类、指引类重大政策制度评估属于事中或事后评估的范畴,而意见类、方案类重大政策制度评估则大多属于事前评估。本研究的黄河水权转让政策制度评估属于事后评估,是项目持续性评价的重要内容。

4.2.1.1　政策制度评估方法的选择

1. 成本收益分析法

成本收益分析法即以货币单位为基础对政策制度的投入与产出进行估算。该评估方法以收益超过成本及社会净福利最大化作为评估标准,直接体现了开展政策制度评估的首要目标——提高财政资金的使用效率及公共部门提供公共产品的效率。作为基础的评价方式,成本收益法将“收益”与“成本”处理成同一量纲,可用于不同类型政策制度的横向比较,理论上可以确定不同政策制度成效的优劣次序。

2. 比较法

比较法主要将观测指标与基准或参照系相比较,以评估政策制度的成效。常用的基准包括:一是可比参照系;二是可接受的阈值;三是历史基准;四是其他可比较地区的水平。

3. 归因法

归因法评估试图在一个反事实(counter-factual)框架中证实,观测指标的变化是否真的由某项政策施行造成。事实指在某项政策(A)的影响下可观测到的某种状态或结果(B),反事实则是指在其他条件完全一样但不执行政策 A 时,可观测到的状态或结果(B′)。结果 B 与反事实结果(B′)之间的差异,就是政策 A 的确切因果影响。由于历史的不可回溯性,不可能同时观测到事实状态(B)和反事实状态(B′),解决方法是尽可能找到与待评估案例呈现强相似度的反事实案例,近似地完成反事实评估。归因法评估除要求对指标进行可靠测量外，还需要科学的研究设计和统计分析技术，通常还需要比非归因评估更多的观测数据。政府部门作为执行主体的政策评估主要使用非归因式评估方法。

4.2.1.2　黄河水权转让政策制度评估方法选择

在第3章中，黄河水权转让政策制度评估分为水权转让政策评价、制度建设与实施效果评估两个方面。设置政策与社会发展的契合度、制度建设的全面性、制度实施效果3个二级指标。

结合实际，黄河水权转让政策制度评估综合比较法与成本收益分析方法的基本精神，通过以下方法展开评估。

1. 座谈法

通过与各级水行政主管部门工作人员、水权交易管理机构工作人员、涉及水权转换的企业负责人等进行面对面座谈，收集水权转让政策制度执行情况的相关信息和资料，并进一步结合水权转让政策法规制定及其实施情况进行系统分析。

2. 实地调研法

选取水权转让典型工程项目，并对其节水改造工程的具体实施情况和效果进行现场查看，收集整理信息资料，在此基础上，结合水权转让市场和平台文件的出台情况进行实证研究。

3. 问卷调查法

科学设计水权转让政策制度实施情况调查问卷，对涉及水权转让的企业和农户进行问卷调查，了解水权转让制度宣传的普及性、水权转让制度的执行效果等。

4. 专家评估法

在以上4种方法的基础上，获取相关政策制度实施的具体信息资料后，由专家根据这些获得的信息进行评估。

4.2.2　节水工程建设及运行维护评估

项目的过程评价应对照立项评价或可行性研究报告时所预计的情况和实际执行的过程进行比较和分析，找出差别，分析原因。过程评价一般包括：项目的立项、准备和评估；项目内容和建设规模；工程进度和实施情况；配套设施和服务条件；受益者范围及其反映；项目的管理和机制；财务执行情况等。

4.2.2.1　过程评价的方法

过程评价的主要分析评价方法是对比法，即根据评价调查得到的项目实际情况，对照项目立项时所确定的直接目标和宏观目标，以及其他指标，找出偏差和变化，分析原因，得出结论和经验教训。对比法包括前后对比、有无对比和横向对比。

前后对比法是项目实施前后相关指标的对比，用以直接估量项目实施的相对成效。有无对比法是指在项目周期内“有项目”（实施项目）相关指标的实际值与“无项目”（不实施项目）相关指标的预测值对比，用以度量项目真实的效益、作用及影响。横向对比是同一行业内类似项目相关指标的对比，用以评价项目的绩效或竞争力。

4.2.2.2　节水工程建设及运行维护评估方法

节水工程建设及运行维护是黄河水权转让的重要基础性工作，是黄河水权转让成功的基石。节水工程建设及运行维护是水权转让过程评价的主要内容。对节水工程的评估分为工程建设和运行维护两个方面。

在工程建设方面，通过与各级水行政主管部门、灌区管理单位及工程建设管理单位等相关人员座谈，收集工程建设组织实施、相关管理办法和主要经验总结等材料，总结水权转让工程建设组织实施、工程建设过程中监督管理等方面取得的成功经验，梳理项目从可行性研究报告批复到工程建设实施、竣工验收等工程建设全过程中节水措施选择、工程规划方案落实、工程进度推进、建设投资到位和工程质量监管等方面存在的主要问题，针对突出问题开展现场调研，剖析原因。

在工程运行维护方面，通过与灌区管理单位、用水户协会等相关人员座谈，收集工程运行维护、用水管理等相关管理制度、办法和主要经验总结等材料，总结水权转让工程不同节水措施日常运行维护管理模式、运行维护责任划分和水权转让过程中取得的成功经验，梳理工程在水权转让期间管理方面存在的主要问题，分析问题产生的原因。

节水工程建设及运行维护评估采用同政策制度评估相同的方法开展。在座谈法、实地调研法、问卷调查法、统计分析法等基础上，获取相关政策制度实施的具体信息资料后，由专家根据这些获得的信息进行评估。

5 内蒙古黄河水权转让后评估案例研究

5.1 内蒙古黄河水权转让后评估案例概况

5.1.1 内蒙古黄河水权转让后评估范围

本案例中内蒙古黄河水权转让后评估范围是以水利部、黄委和内蒙古自治区水利厅批复的黄河水权转让项目为对象，涉及鄂尔多斯市、阿拉善盟、乌海市、巴彦淖尔市和包头市等。具体评估范围如下：

节水效果评估范围仅涉及已通过核验的水权转让工程所在灌区，具体范围包括鄂尔多斯市南岸灌区、阿拉善盟孪井滩灌区、包头市镫口扬水灌区和民族团结灌区、河套灌区丰济干渠灌域、乌海市新地灌区和巴音陶亥灌区以及盟市间水权转让试点河套灌区沈乌灌域（不含灌域内其他节水改造工程涉及范围）；经济效果和社会效果评估范围还涉及水权转让受让方企业及相应行政区；生态效果评估范围为鄂尔多斯市南岸灌区和河套灌区沈乌灌域。

5.1.2 内蒙古黄河水权转让概述

内蒙古黄河流域地区区域资源富集，是国家重要的能源和重化工基地，在我国西北地区具有重要的战略地位。根据黄河可供水量分配方案，内蒙古黄河可耗水指标为58.6亿m^3，2004年内蒙古将可耗水指标分配给沿黄的6个盟市，其中工业用水占4.65%，农业用水占92.83%，城镇供水占2.52%。一方面，内蒙古河套灌区农业用水水平低，灌溉水利用系数仅为0.4左右，灌溉用水浪费严重；另一方面，随着经济社会的不断发展，沿黄工业项目需水进一步大幅度增加，大量工业项目因无水指标而无法开展前期工作，水资源短缺成为内蒙古经济社会快速发展最重要的制约因素。2002年11月，内蒙古与黄委协商，提出由建设项目业主出资对引黄灌区进行节水工程改造，将灌区节约的水量指标有偿转换给工业建设项目使用，通过水权转换方式获得黄河取水指标的方案。内蒙古黄河水权转让主要分为盟市内水权转让阶段（2003~2013年）和盟市间水权转让阶段（2013~2016年）。

5.1.2.1 盟市内水权转让

2003年，内蒙古在黄河流域启动了盟市内水权转让工作，盟市内的水权转让主要是由盟市的地方人民政府主导进行，政府依据规划配置水权转让指标，同时组织前期工作的开展与灌区节水工程建设。盟市内水权转让工作共转让水权指标3.32亿m^3，为55个大型工业项目解决了取用水指标，为立项上马提供了保障。鄂尔多斯南岸灌区引黄耗水量从实施水权转让前的4.1亿m^3降为近年的2亿m^3左右；河套灌区引黄耗水量从21世纪初的53亿 m^3 降为近年的40亿 m^3 左右,水权试点取得了积极重要的成果。

5.1.2.2 盟市间水权转让

通过近10年盟市内水权转让工作,鄂尔多斯市黄河南岸、阿拉善盟孪井滩等灌区节水潜力已不大,仅剩下河套灌区拥有较为充裕的节水潜力。河套灌区是内蒙古自治区的用水大户,引黄水量占全区引黄总水量的80%,2013年巴彦淖尔河套灌区引黄用水量占地区总用水量的95.17%,灌溉用水量占地区总用水量的98.67%,而其灌溉水利用系数只有0.4左右,节水潜力巨大。在水利部和黄委的大力支持下,2013年,内蒙古在原有盟市内水权转换的基础上,开展了盟市间水权转让工作。盟市间水权转让工程分三期实施,转让工程完成后可转让水量3.6亿 m^3,减少超用水而挤占的黄河生态用水量约6亿 m^3,为内蒙古经济社会可持续发展提供水资源支撑。

5.1.3 内蒙古引黄灌区概况

内蒙古引黄灌区包括黄河南岸灌区、孪井滩扬水灌区、巴音陶亥灌区、镫口扬水灌区、民族团结灌区、河套灌区、麻地壕扬水灌区、大黑河灌区以及诸多沿黄小灌区等。西与乌兰布和沙漠相接,东抵蛮汉山,北起阴山脚下,南至鄂尔多斯台地边缘,属干旱、半干旱地区。其中涉及实施水权转让工程的灌区情况如下。

5.1.3.1 黄河南岸灌区

黄河南岸灌区是内蒙古自治区6个大型引黄灌区之一,由上游的自流灌区和下游的扬水灌区两部分组成,主要作物为玉米、葵花和小麦,属于国家及内蒙古自治区的重要商品粮食基地。灌区位于鄂尔多斯市北部,黄河右岸(南岸)鄂尔多斯台地和库布齐沙漠北缘之间的黄河冲积平原上。

灌区西起黄河三盛公水利枢纽工程,东至准格尔旗的十二连城,北临黄河右岸防洪大堤,南接库布齐沙漠边缘,呈东西狭长条带状分布,沿黄河东西长约412 km,南北宽2~40 km,由于受山洪沟和沙丘的阻隔,灌区呈不连续状。自流灌区和扬水灌区分别位于杭锦旗和达拉特旗境内。灌区共分为自流、扬水、井灌三个部分,现状灌溉面积139.62万亩,其中自流灌区32万亩(建设分干8.48万亩、牧业分干5万亩、总干渠上支渠控制18.52万亩),扬水灌区54.59万亩,井灌区53.03万亩。自流灌区现有总干渠1条,长148 km;分干渠2条,长39.65 km;支渠85条,长184.6 km。扬水灌区现有干渠43条,长407 km;支渠37条,长148.5 km。全灌区共有斗渠767条,长1 094 km。

黄委批复的黄河流域第一个水权转让试点工程即在黄河南岸灌区,鄂尔多斯市南岸灌区水权转让一期工程(简称"鄂尔多斯一期工程")于2005年3月开工建设,共有达电四期、鄂绒硅电、亿利化工、魏家峁电厂、大饭铺电厂、新奥煤化工等6个点对点单项节水改造工程实施,涉及昌汉白、牧业、巴拉亥、建设等4个自流灌区,主要节水改造工程为衬砌各级渠道。鄂尔多斯市引黄灌区水权转让暨现代农业高效节水工程(简称"鄂尔多斯二期工程")于2010年3月开工建设,节水改造工程包括渠道衬砌、喷滴灌、畦田改造和种植结构调整等节水措施。

5.1.3.2 孪井滩扬水灌区

孪井滩扬水灌区位于阿拉善盟东南部,东北与银川市相望,东南与青铜峡、中卫市相接,西与腾格里沙漠毗邻。孪井滩扬黄灌溉工程是1990年水利部批准兴建的生态农业开发项目,是自治区最大的高扬程提水工程。灌区设计规划面积为24.6万亩,设计灌溉面积为17.2万亩,有效灌溉面积为11.3万亩。孪井滩扬水工程与宁夏中卫市灌区共用北干渠引水口取用黄河水,从中卫市北干渠二号跌水处取水,经四级泵站扬水到孪井滩扬水灌区,总扬程为238 m,净扬程为208 m,设计流量为5 m^3/s,加大流量为6 m^3/s,工程1995年正式投入运行。

灌区设有支(干)渠、支渠、斗渠、农渠四级输配水渠道。其中,输水干渠4条,全长43.51 km;渡槽5处,总长1.99 km;涵闸等建筑物共26座,灌区设支干渠2条,总长20.5 km;支渠5条,总长26.83 km;斗渠61条,总长175.42 km。

2009年9月,孪井滩扬水灌区水权转让项目(以下简称"孪井滩灌区工程")乌斯太热电厂水权转让工程开工建设,主要节水改造工程是对孪井滩灌区内支、农渠进行防渗衬砌。2019年9月,庆华集团水权转让工程开始实施,节水改造工程由原批复灌区渠道防渗衬砌改为对孪井滩灌区2.4万亩农田进行滴灌改造。

5.1.3.3　巴音陶亥灌区

巴音陶亥灌区位于黄河中上游,是乌海市最大的扬水灌区。该灌区在乌海市海南区巴音陶亥乡境内。东靠鄂尔多斯市鄂托克旗,西临黄河与宁夏石嘴山市隔河相望,北至渡口村,南至都斯兔河,地形变化较大,总趋势由东北向西南倾斜。巴音陶亥灌区现有灌溉面积2.25万亩,灌溉方式为通过扬水泵站提黄河水进行灌溉。

一级扬水泵站建于1966年,装机容量1 085 kW,扬程19 m,总提水流量2.0 m^3/s。二级扬水泵站建于1968年,装机容量850 kW,扬程22 m。灌区输水渠道总长度171.593 km,其中:一级干渠1条,总长21.102 km;二级干渠3条,总长21.974 km;支渠82条,总长65.49 km;斗渠122条,总长44.707 km;农渠55条,总长18.32 km。渠系建筑物115座,其中分水闸、节制闸64座;桥30座;倒虹吸21座;建成渠系建筑物526座,主要包括桥涵、分水闸、节制闸。

2010年5月,黄委批复神华乌海煤焦化有限责任公司50万t/a以焦炉气为原料低压合成甲醇装置水权转让工程,其中巴音陶亥灌区节水改造工程于2013年4月开工建设,主要是对各级渠道进行防渗衬砌,配套建设闸、桥等设施。此外,乌海黄河灌区水权转让项目(以下简称"乌海灌区工程")还涉及对市域内新地灌区、乌达灌区等零星灌区的节水改造工程。

5.1.3.4　镫口扬水灌区

镫口扬水灌区位于大青山南麓土默川平原西部,在呼和浩特市和包头市之间,总土地面积191.80万亩,1966年前为自流灌溉,1966年后逐渐改建为大型扬水灌区,设计引黄灌溉面积116万亩。现状提水能力为50.0 m^3/s,主要承担包头市九原区、土右旗和呼和浩特市土左旗共21个乡镇的农田灌溉任务,是内蒙古自治区重要的粮食、经济作物产区。

灌区系黄河冲积平原,地形由西北向东南倾斜,土壤主要为沙壤土和壤土。现有总干渠1条,长18.05 km;干渠3条,长132.05 km;支渠89条,总长336 km,渠深1.7~3 m,设计流量50 m^3/s,加大流量60 m^3/s。其主要任务是为民生渠、跃进渠输水,其中:民生渠全长52.6 km,设计流量30 m^3/s,加大流量36 m^3/s,承担农田设计灌溉面积32万亩,同时还承担哈素海二级灌域 10 万亩农田灌溉和哈素海供水任务；跃进渠全长 59.85 km，设计流量 20 m^3/s，加大流量 23 m^3/s，承担农田设计灌溉面积 24 万亩任务。总干渠上有分水闸 1 座，民生渠、跃进渠各有干渠节制闸 8 座，干渠测流桥各 8 座；支渠分水闸 130 多座，支渠测流桥 100 多座。总干渠和民生渠均建有退洪闸和交叉涵洞。

5.1.3.5　民族团结灌区

民族团结灌区位于黄河左岸土默特川平原南部，东西长 50 km，南北宽 13 km，始建于 1952 年，1975 年增设民利扬水站，现状提水能力 25.3 m^3/s，灌区总土地面积为 74.7 万亩，耕地面积为 46.0 万亩，设计灌溉面积为 31.2 万亩，有效灌溉面积为 30.26 万亩。

灌区建成于 1958 年，1963 年由自流灌溉改为柴油机扬水灌溉，1966 年由柴油机扬水改为现在的电力扬水，1975 年增设民利扬水站，2013 年完成两座泵站更新改造。两站均系岸边临时浮动式泵船扬水站。浮船泵站现有钢船 14 艘，其中泵船 6 艘，变压器船 2 艘，驮管船 6 艘，机泵 24 台(套)，变压器容量 4 800 kVA，总动力 3 168 kW。灌区现有总干渠及干渠 4 条，长 110.54 km，已衬砌 57.59 km；支渠及干斗渠 22 条，长 128.8 km，支渠及以上建筑物 169 座。

2012 年 6 月，相继开工建设的包头黄河灌区水权转让一期工程(简称“包头一期工程”)华电土右电厂等 5 个项目实施地点位于镫口扬水灌区和民族团结灌区，主要节水改造措施为砌护渠道。

5.1.3.6　河套灌区

河套灌区位于黄河上中游内蒙古段北岸的冲积平原，引黄控制面积 1 743 万亩，现引黄有效灌溉面积为 861 万亩，农业人口 100 余万，是亚洲最大的一首制灌区和全国三个特大型灌区之一，也是最大的一首制自流灌区，距今已有 2 000 多年的发展历史。新中国成立之后，灌区开始进行大规模的改建、扩建和续建配套。1961 年，在黄河上建成三盛公拦河闸和总干渠引水枢纽，改多首引水为一首引水，开挖了总干渠及干渠、分干渠、支渠、斗渠、农渠、毛渠七级输配水渠道，并配套了相应的渠系建筑物；之后又相继建成总排干沟和干沟、分干沟、支沟、斗沟、农沟、毛沟七级排水系统。经过多年的建设，河套灌区灌溉面积由 1949 年的 300 万亩发展到现状的 860 万亩，成为国家和自治区重要的粮油生产基地。

河套灌区地处我国干旱的西北高原，降水量少，蒸发量大，属引水灌溉农业地区。河套灌区均由黄河三盛公枢纽引水。灌水渠系共设七级，即总干渠、干渠、分干渠、支渠、斗渠、农渠、毛渠。现有总干渠 1 条，全长 180.9 km，渠首设计流量 565 m^3/s，现状最大引水流量 520 m^3/s，是河套灌区输水的总动脉；干渠 13 条，全长 810.1 km；分干渠 46 条，全长 985.7 km；支渠 338 条，全长 2 522.9 km；斗渠、农渠、毛渠共 85 522 条，全长 46 136 km。排水系统与灌水系统相对应，亦设有七级。现有总排干沟 1 条，全长 260.3 km；干沟 12 条，全长 501.0 km；分干沟 64 条，全长 1 031 km；支沟 346 条，全长 1 943.9 km；斗沟、农沟、毛沟共 17 322 条，全长 10 534 km。灌区现有各类灌排建筑物 13.25 万座，其中支渠(沟)级别以上骨干灌排建筑物 18 038 座(不包括总干渠、总排干沟建筑物)。

2010 年 12 月实施的大中矿业水权转换节水改造工程(简称“大中矿业工程”)位于

河套灌区丰济干渠灌域，主要通过对丰济干渠进行防渗衬砌，并配套建设各类渠系建筑物，节约引黄水量。2014 年 1 月开始实施的盟市间水权转让沈乌灌域试点工程(简称“沈乌试点工程”)位于河套灌区沈乌灌域，主要节水改造工程包括渠道防渗衬砌、畦田改造、畦灌改地下水滴灌等措施，在压减超用水基础上节约水量用于盟市间转让。

5.1.4 内蒙古黄河水权转让工程

2003 年 4 月，黄委对内蒙古自治区开展黄河水权转让试点工作进行批复。2005 年 4 月，黄委印发内蒙古自治区水权转换总体规划审查意见，规划旨在解决沿黄地区迅速发展的工业需水与地区水资源短缺的矛盾，在内蒙古黄河地表水分水指标下，通过对用水大户、效率低的农业灌溉设施加以节水改造，节约农业灌溉用水，在确保农业发展前提下将多余水量通过水权有偿转换的方式转让给企业，解决沿黄地区工业发展水资源短缺问题。

自 2003 年开展黄河水权转让工作以来，自治区先后在引黄灌区共实施了鄂尔多斯一期工程、鄂尔多斯二期工程、孪井滩灌区工程、乌海灌区工程、大中矿业工程、包头一期工程等盟市内水权转让工程，以及盟市间水权转让沈乌试点工程。

5.1.4.1 鄂尔多斯一期工程

2003 年 4 月，黄委对达拉特发电厂四期扩建工程水权转让项目进行批复，标志着作为黄河流域第一个水权转让试点工程正式实施。鄂尔多斯市黄河南岸灌区一期水权转让节水工程位于鄂尔多斯市杭锦旗巴拉贡镇、呼和木独镇和吉日嘎朗图镇境内，涉及昌汉白、牧业、巴拉亥、建设等 4 个自流灌区，涉及灌溉面积 32 万亩。

1. 工程批复情况

2003 年 6 月，黄委批复的总体规划明确鄂尔多斯市黄河南岸灌区通过渠道衬砌节水改造，2010 年可转换水量 1.30 亿 m^3。2003 年 8 月至 2006 年 10 月，黄委先后批复了达电四期、鄂绒硅电、亿利化工、魏家峁电厂、大饭铺电厂、新奥煤化工等 6 个点对点单项实施和通过融资统一实施的剩余节水工程的水权转让可行性研究报告，实施的节水改造工程主要包括衬砌各级渠道 1 321.635 km，其中总干渠 116.13 km、分干渠 47.2 km、支渠 193.935 km、斗渠 316.94 km、农渠 592.43 km、毛渠 55 km，并配套建设各级渠道建筑物，批复可节约水量 1.38 亿 m^3。

在节水工程设计过程中，各个节水工程在考虑渠道实际运行和不降低节水效果的情况下，对节水工程量进行了适当调整，内蒙古自治区水利厅对节水工程的初设和变更设计均进行了批复，批复可节约水量 1.41 亿 m^3。

2. 工程建设情况

鄂尔多斯一期工程于 2005 年 3 月开工建设，2007 年 12 月全面完工，历时 34 个月，项目总投资 70 184.38 万元。在节水改造工程实施中后期，鄂尔多斯市水利局结合当地开展的一些“土地整理”“农业示范区”等项目的同步实施情况，在不降低设计批复工程节水效果的情况下，改变了一些渠道的位置、数量和长度。实际完成工程量为：总干渠衬砌长度 133.124 km、分干渠 32.46 km、支渠 217.6 km、斗渠 296.112 km、农渠 772.925 km，毛渠 24.72 km。衬砌段落内续建配套各级渠系建筑物 51 125 座。2010 年 1 月通过了内蒙古自治区水利厅组织的竣工验收,综合评定该工程质量等级为合格。

3. 节水核验情况

2011 年 8 月,黄委上中游局对鄂尔多斯南岸灌区一期水权转让节水工程进行了现场核查和实地量测复核;2011 年 9 月,黄委会同内蒙古自治区水利厅对鄂尔多斯一期工程节水改造工程进行了现场核验;2012 年 3 月,黄委出具核验意见,据测算成果一期水权转让节水工程节水量为 1.469 亿 m^3,核定能够满足可行性研究报告批复节水量要求。

4. 水权转让情况

鄂尔多斯市一期工程可转让水指标控制在 1.30 亿 m^3。据统计,截至 2021 年 4 月已配置项目 64 个,共配置水量 12 973.3 万 m^3/a,剩余 26.7 万 m^3/a。其中,已取得取水许可证项目 32 个(黄委发证 15 个、水利厅发证 3 个、市水利局发证 14 个),发证许可水量 8 647.06 万 m^3/a;已审批未发证项目 10 个(黄委审批 5 个、市水利局审批 5 个),审批水量 2 715.45 万 m^3/a;另有 2 个项目已进行技术审查尚未许可,论证水量 66.48 万 m^3/a;其他尚未取得取水许可审批的项目 19 个,拟配置水量 1 544.31 万 m^3/a。详见表 5-1-1。

5.1.4.2　鄂尔多斯二期工程

鄂尔多斯市水权转让二期工程位于鄂尔多斯市黄河南岸灌区的杭锦旗和达拉特旗境内,涉及昌汉白、牧业、巴拉亥、建设、独贵特拉等 5 个自流灌域,以及中和西、恩格贝、昭君、展旦召、王爱召、树林召、白泥井、吉格斯太等 8 个扬水灌域,总灌溉面积 94.2 万亩。

1. 工程批复情况

2009 年 8 月,黄委批准了《鄂尔多斯市引黄灌区水权转换暨现代农业高效节水工程规划》;同年 10 月黄委批准了项目可行性研究报告;2014 年 4 月,黄委批准了项目调整方案。工程实施后,通过渠道衬砌、喷灌、滴灌、畦田改造等项措施节约水量 12 368.6 万 m^3,可转让水量为 9 960 万 m^3。

2009 年 10 月至 2013 年 11 月,内蒙古自治区水利厅分 12 批次对鄂尔多斯二期工程节水改造工程设计方案进行批复,工程主要建设内容为:新建一级扬水泵站 10 座,新建二、三级泵站 10 座,衬砌各类渠道 673.56 km,配套渠系建筑物 9 755 座,实施喷灌 8.58 万亩、大田滴灌 20.18 万亩,地下水大棚滴灌 1.75 万亩,畦田改造 45.02 万亩,井渠结合灌溉面积 14.28 万亩,节水改造总面积 90.91 万亩,对灌区进行信息化建设。工程批复总投资为 215 758.81 万元。

2. 工程建设情况

鄂尔多斯二期工程于 2010 年 3 月开工建设,2016 年 12 月完成渠道衬砌、喷滴灌、畦田改造等节水措施,2017 年 4 月通过内蒙古自治区水利厅组织的竣工验收,综合评定该工程质量等级为合格。工程实际完成的主要工程量为:衬砌干渠 122.34 km(不含扬水灌区改自流新建渠道 13.127 km),支渠 221.31 km,斗渠 750.48 km;新建 11 座一级泵站,10 座二级和三级泵站,配套渠系建筑物 9 755 座;完成喷灌 9.71 万亩、大田滴灌 20.2 万亩,地下水大棚滴灌 1.75 万亩,畦田改造 44.16 万亩。工程实际完成投资 156 529.54 万元,其中水权转换各年度项目完成 145 062.54 万元,其他配套现代农牧业示范项目、高效节水灌溉等项目完成投资 11 467 万元。

表 5-1-1 鄂尔多斯一期水权转让指标配置及审批情况

序号	旗区	企业或项目名称	配置水量/(万 m^3/a)	状态	审批文件	取水许可证号
1	达旗	亿利化学工业有限公司 4×200 MW 空冷机组	280	投产	内水资许决〔2018〕27 号	取水(蒙)字〔2019〕第 004 号
2	达旗	亿利化学工业有限公司 40 万 t/a 聚氯乙烯、40 万 t/a 烧碱	605	投产	内水资许决〔2020〕11 号	B150621S2021-0002
3	达旗	内蒙古荣信化工有限公司 60 万 t 煤制甲醇及转化烯烃	554.2	投产	内水资〔2013〕126 号	B150621S2020-0001
4	达旗	新奥煤化工 60 万 t/a 甲醇、40 万 t/a 二甲醚项目	641.6	投产	黄水调便〔2005〕21 号	取水(国黄)字〔2016〕第 411046 号
5	达旗	亿利洁能股份有限公司达拉特分公司 64 万 t 电石项目	9.88	投产	鄂水许决〔2018〕7 号	取水(鄂)字〔2018〕第 001 号
6	达旗	内蒙古亿利冀东水泥有限责任公司日产 2 500 t 熟料新型干法水泥项目	8.98	投产	鄂水许决〔2018〕24 号	取水(鄂)字〔2018〕第 067 号
7	达旗	兴辉陶瓷生产项目 4 条生产线项目	1.5	投产	鄂水许决〔2018〕127 号	取水(鄂)字〔2018〕第 100 号
8	达旗	内蒙古盛德源化工有限公司 25 万 t 二甲醚及 10 万 t 多聚甲醛配套项目	22.48	投产	鄂水许决〔2019〕002 号	取水(鄂)字〔2019〕第 014 号
9	准旗	北方魏家峁煤电有限责任公司 2×660 MW 超临界空冷机组	333.3	投产	黄水调〔2015〕437 号	取水(国黄)字〔2018〕第 411080 号
10	准旗	奈伦集团股份有限公司 30 万 t 合成氨、52 万 t 尿素	217.5	投产	黄水调〔2009〕87 号	取水(国黄)字〔2018〕第 411061 号
11	准旗	久泰能源 100 万 t 甲醇、10 万 t 二甲醚	528.81	投产	黄水调〔2008〕47 号	取水(国黄)字〔2013〕第 41002 号
12	准旗	内蒙古伊东煤炭集团干馏煤年产 60 万 t 甲醇 10 万 t 等循环项目	485.6	投产	黄水调〔2008〕55 号	取水(国黄)字〔2015〕第 411043 号
13	准旗	伊泰煤制油一期 16 万 t 成品柴油	283.53	投产	黄水调〔2008〕56 号	取水(国黄)字〔2015〕第 411042 号
14	准旗	大饭铺电厂 2×300 MW 机组工程	221	投产	黄水调〔2006〕9 号	取水(国黄)字〔2015〕第 411045 号

续表 5-1-1

序号	旗区	企业或项目名称	配置水量/(万 m^3/a)	状态	审批文件	取水许可证号
15	准旗	中科合成油内蒙古有限公司年产 4.8 万 t(一期 1.2 万 t)煤制油催化剂	14.6	投产	黄水调〔2016〕108 号	取水(国黄)字〔2017〕第 411048 号
16	准旗	内蒙古珠江投资有限公司青春塔矿井及选煤厂 600 万 t/a	31.46	投产	黄许可〔2017〕438 号	取水(国黄)字〔2018〕第 411060 号
17	杭锦旗	鄂尔多斯国泰化工有限公司年产 40 万 t 甲醇项目	291.55	投产	内水资〔2013〕60 号	取水(鄂)字〔2018〕第 012 号
18	杭锦旗	新杭能源责任有限公司 60 万 t/a 草酸技改乙二醇项目	415.8	投产	黄许可决〔2018〕69 号	取水(国黄)字〔2019〕第 411086 号
19	杭锦旗	亿鼎生态农业开发有限公司 60 万 t/a 合成氨、104 万 t/a 尿素项目	481.2	投产	黄许可决〔2018〕71 号	取水(国黄)字〔2019〕第 411085 号
20	鄂旗	鄂绒硅电 4×330 MW 机组工程	1 736	投产	黄水调〔2004〕4 号	取水(国黄)字〔2015〕第 411001 号
21	鄂旗	鄂绒联合化工 60 万 t 合成氨	574.96	投产	黄水调〔2013〕324 号	
22	鄂旗	鄂绒联合化工 104 万 t 尿素	324.46	投产	黄水调〔2013〕326 号	
23	鄂旗	蒙西发电厂 1×300 MW 循环流化床空冷机组	19.1	投产	黄水调〔2010〕54 号	取水(鄂)字〔2018〕第 102 号
24	鄂旗	君正能源化工有限公司 60 万 t 烧碱、60 万 t 聚氯乙烯(一期 30 万 t)	427	投产	黄水调〔2016〕237 号	取水(国黄)字〔2018〕第 411077 号
25	鄂旗	君正能源化工有限公司 2×330 MW 低热值煤发电项目	136	投产	黄水调〔2015〕276 号	取水(国黄)字〔2017〕第 411051 号
26	鄂旗	星光煤炭集团华誉煤焦化有限公司 100 万 t 捣固焦项目	140.7	投产	鄂水许决〔2018〕120 号	取水(鄂)字〔2018〕第 094 号
27	鄂旗	神华蒙西华瑞化工 8 万 t/a 苯加氢	10	投产	鄂水许决〔2019〕001 号	取水(鄂)字〔2019〕第 009 号
28	鄂旗	内蒙古鄂尔多斯华冶煤焦化有限公司 100 万 t 捣固焦项目	38.28	投产	鄂水许决〔2019〕007 号	取水(鄂)字〔2019〕第 008 号

续表 5-1-1

序号	旗区	企业或项目名称	配置水量/(万 m^3/a)	状态	审批文件	取水许可证号
29	鄂旗	鄂尔多斯市双欣化学工业有限公司60万t/a碳化钙联产60万t/a氧化钙项目	60	投产	鄂水许决〔2019〕28号	取水(鄂)字〔2019〕第019号
30	东胜	鄂尔多斯市源盛光电有限责任公司第5.5代AM-OLED有机发光显示器件项目	274.59	投产	鄂水许决〔2020〕17号	取水(鄂)字〔2020〕第008号
31	鄂旗	内蒙古德晟智能制造有限公司40万t优特钢棒材及15万t热轧无缝钢管	29.67	投产	鄂水许决〔2019〕18号	C150624S2021-0024
32	鄂旗	蒙西水泥股份有限公司水泥、熟料生产项目	29.95	投产	鄂水许决〔2020〕18、19号	C150624S2021-0008
33	鄂前旗	内蒙古宏利达煤焦精细化工有限公司年产100万t焦炭	1	投产	鄂水许决〔2020〕28号	C150623S2021-0016
34	鄂前旗	国电双维上海庙煤电公司2×1 000 MW空冷超超发电机组	293.76	在建	黄水调〔2016〕259号	
35	准旗	久泰能源内蒙古有限公司60万t烯烃(30万t聚乙烯、30万t聚丙烯)	316.78	投产	黄水调〔2014〕192号	取水(国黄)字〔2020〕第411093号
36	准旗	伊泰集团二期年产200万t煤基合成油	450	在建	黄水调〔2015〕323号	
37	准旗	中国电力投资集团公司80万t煤制烯烃项目	840.89	在建	黄水调〔2015〕437号	
38	杭锦旗	安德利化工	3.08	投产	鄂水许决〔2019〕003号	
39	鄂旗	鄂尔多斯市双欣化学工业有限公司日产3 000 t新型干法水泥熟料生产线	15	投产	已审查	
40	鄂旗	内蒙古双欣节能科技有限公司年产52.5万t电石	51.48	投产	已审查	
41	鄂旗	内蒙古华泽装备制造有限公司新建20万t高端精密铸造项目	10	在建	鄂水许决〔2020〕45号	

续表 5-1-1

序号	旗区	企业或项目名称	配置水量/（万 m^3/a）	状态	审批文件	取水许可证号
42	鄂旗	内蒙古华泽装备制造有限公司新建 20 万 t 高端精密锻造项目	58.3	在建	鄂水许决〔2020〕44 号	
43	达旗	内蒙古默锐能源材料有限公司 76 500 t/d 高端化学品及能源材料项目	10	在建	鄂水许决〔2020〕38 号	
44	鄂旗	鄂托克旗红缨煤焦化有限责任公司 100 万 t 捣固焦项目	150	投产	鄂水许决〔2020〕31 号	
小计			11 428.99			
45	鄂旗	神华蒙西煤化股份公司 70 万 t 捣固焦项目(焦化一厂)	50	投产		
46	鄂旗	蒙西鄂尔多斯铝业 20 万 t 粉煤灰提取氧化铝	30	投产		
47	鄂旗	鄂尔多斯市蓝天白云环保材料公司粉煤灰生产 1 万 t 聚合氯化铝	1	投产		
48	鄂旗	内蒙古鄂尔多斯电力冶金集团股份有限公司 54 万 t 合成氨 95 万 t 尿素	144	投产		
49	达旗	鄂尔多斯市陶尔斯陶瓷有限责任公司 150 万 m^2 高档抛光砖项目	1	投产		
50	达旗	内蒙古鑫一冶金有限责任公司年产 5 万 t 高碳铬铁项目	0.4	投产		
51	准旗	久泰能源(鄂尔多斯)有限公司 50 万 t 煤制乙二醇(三期)	485.7	在建		
52	准旗	内蒙古易高新型碳材料有限公司 1 万 t 碳材料及配套工程项目	60	缓建		
53	杭锦旗	鄂尔多斯市绿丰环保科技 5 万 t 氯化石钠、10 万 t 聚合氯化铝	15	前期		

续表 5-1-1

序号	旗区	企业或项目名称	配置水量/(万 m^3/a)	状态	审批文件	取水许可证号
54	鄂前旗	内蒙古上海庙鄂西物流有限责任公司 5 000 万 t 煤炭配送项目	2	投产		
55	鄂前旗	鄂托克前旗内蒙古兴源碳材科技有限公司高性能无压烧结碳化硅材料及陶瓷制品循环经济项目	1	在建		
56	达旗	内蒙古索能硅材料科技有限公司碳化硅晶体材料科技示范项目	0.2	在建		
57	达旗	内蒙古建能兴辉陶瓷有限公司年产 2 160 万 m^2 新型节能发泡墙体系列陶瓷砖项目	3	已投产		
58	达旗	内蒙古金沙布地恒通光电科技有限公司 1 000 t 高品质光电通讯新材料项目	1	在建		
59	达旗	内蒙古恒星化学有限公司年产 12 万 t 高性能有机硅聚合物项目	160	在建		
60	准旗	内蒙古骏成新能源科技有限公司年产 900 t 碳纳米管及 1.8 万 t 锂离子电池导电剂项目	0.25	停建		
61	鄂旗	鄂托克旗内蒙古蒙西矿业有限公司技改扩建年产 100 万 t 捣固焦联产 10 万 t 甲醇项目	100	在建		
62	鄂旗	内蒙古伊晨环境材料有限公司蒙西分公司工业固体废弃物高植化利用	5	前期		
63	达旗	鄂尔多斯市路泰新材料科技发展有限公司公路建筑新材料研发生产销售项目	1	在建		
64	乌审旗	内蒙古宝丰煤基新材料有限公司年产 260 万 t 煤制烯烃示范项目	483.76	前期		
小计			1 544.31			
合计			12 973.3			

3. 节水核验情况

2017 年 9 月,黄委会同内蒙古自治区水利厅对鄂尔多斯二期工程节水改造工程进行了现场核验;2018 年 9 月,黄委出具核验意见,据测算,鄂尔多斯二期工程节水能力为 13 519.5 万 m^3,对比了工程实施前后实际引水数据,项目区 2017 年实际节约引黄耗水量 11 702 万 m^3,折算后的可转让水量约为 9 752 万 m^3,综合考虑二期工程实施后的可转让水量为 9 320 万 m^3,其中自流灌区转让水量 6 520 万 m^3,扬水灌区转让水量 2 800 万 m^3。

4. 水权转让情况

根据鄂尔多斯二期工程核验意见,二期工程可转让水量按 9 320 万 m^3。据统计,截至 2021 年 4 月已配置项目 26 个,共配置水量 9 319.92 万 m^3,剩余 0.08 万 m^3。其中,已取得取水许可证项目 19 个(黄委发证 6 个、市水利局发证 13 个),发证许可水量 5 986.26 万 m^3;已审批未发证项目 2 个(黄委审批 1 个、市水利局审批 1 个),审批水量 911.92 万 m^3;其他尚未取得取水许可审批的项目 5 个,拟配置水量 2 421.74 万 m^3。详见表 5-1-2。

5.1.4.3　孪井滩灌区工程

黄委 2005 年 4 月批复的《内蒙古自治区水权转换总体规划报告》提出孪井滩灌区可转换水量 1 200 万 m^3,近期可转换水量 600 万 m^3,其中分配乌斯太热电厂 263 万 m^3、庆华集团 337 万 m^3。

1. 工程批复情况

2005 年 4 月,黄委对《孪井滩扬水灌区向乌斯太热电厂 2×300 MW 空冷发电供热机组工程水权转换可行性研究报告》进行了审查,同意乌斯太电厂通过对孪井滩扬水灌区节水改造获得水权,具体措施是对灌区 17.33 km 支渠和 249 km 农渠进行防渗衬砌,减少渠道渗漏水量 319 万 m^3。在节水工程建设过程中,阿拉善盟水务局统筹考虑当地农业开发项目对部分水权转让节水工程建设位置、规模进行了调整。乌斯太热电厂水权转让工程初步设计和设计变更报告分别于 2007 年 7 月和 2013 年 10 月通过内蒙古自治区水利厅批复,概算总投资 2 784.99 万元。

2015 年 12 月,黄委对重新编制的《孪井滩扬水灌区向庆华集团 200 万 t 焦化项目水权转换可行性研究报告》进行了审查,同意节水改造工程改为对孪井滩扬水灌区 24 579 亩农田进行渠灌改滴灌建设,另新建沉沙池 3 座、引水渠 3 条 200 m,引水渠进水闸 3 座,可减少灌区耗水量 439.792 万 m^3。内蒙古自治区水利厅于 2017 年 5 月对工程进行了批复,概算总投资 5 201.28 万元。

2. 工程建设情况

乌斯太热电厂节水改造工程于 2009 年 9 月开工建设,2013 年 4 月完工,节水改造工程建设完成五支渠、十一支渠和十二支渠防渗衬砌渠段 11.584 km,农渠 307.04 km 的防渗衬砌,审计审定完成投资 1 850.83 万元。节水工程于 2013 年 12 月通过内蒙古自治区水利厅组织的竣工验收。乌斯太热电项目节水工程实施后,孪井滩灌区又通过其他项目投资,将灌区控制灌溉范围内的斗渠及以下部分全部改造为滴灌,包括了乌斯太热电厂节水工程涉及的 3 条支渠控制灌溉范围。

庆华集团水权转让工程于 2019 年 9 月开工建设,主要对孪井滩灌区 2.4 万亩农田进行滴灌改造,设计节水量为 440.35 万 m^3。工程主要措施是新建首部泵房 3 座,沉沙池 3

表 5-1-2 鄂尔多斯二期水权转让指标配置及审批情况

序号	旗区	企业或项目名称	配置水量/(万 m^3/a)	状态	审批文件	取水许可证号
1	鄂旗	双欣资源集团 11 万 t 高分子聚乙烯醇	263.46	投产	黄水调〔2010〕25 号	取水(国黄)字〔2018〕第 411073 号
2	鄂旗	内蒙古双欣环保材料股份有限公司一期 3 万 t 特种纤维项目	9.54	投产	鄂水许决〔2019〕29 号	取水(鄂)字〔2019〕第 020 号
3	鄂旗	内蒙古普瑞芬环保科技有限公司环保型煤基活性炭洁能技改项目	10	投产	鄂水许决〔2019〕31 号	取水(鄂)字〔2019〕第 021 号
4	鄂旗	内蒙古普瑞芬环保科技有限公司 30 万 t 煤洁净加工及 2 万 t 煤基活性炭	10	投产	鄂水许决〔2019〕30 号	取水(鄂)字〔2019〕第 021 号
5	鄂旗	内蒙古鄂尔多斯多晶硅业有限公司年产 8 000 t 高纯度低耗能多晶硅材料技术改造项目	287.52	投产	鄂水许决〔2018〕136 号	取水(鄂)字〔2019〕第 005 号
6	鄂旗	内蒙古鄂尔多斯电力冶金氯碱化工分公司 40 万 tPVC、30 万 t 烧碱项目	443.77	投产	内水资许决〔2018〕26 号	取水(蒙)字〔2019〕第 003 号
7	鄂旗	内蒙古鄂尔多斯电力冶金电石渣综合利用 2 500 t/d 熟料新型干法水泥生产线	7.87	投产	鄂水许决〔2018〕137 号	取水(鄂)字〔2019〕第 006 号
8	鄂旗	内蒙古鄂尔多斯电力冶金集团股份有限公司氯碱化工分公司 60 万 t 电石项目	59.62	投产	鄂水许决〔2018〕138 号	取水(鄂)字〔2019〕第 007 号
9	鄂旗	神华蒙西煤化股份有限公司年产捣固焦 96 万 t、甲醇 10 万 t	240	投产	黄水调〔2011〕69 号	取水(国黄)字〔2019〕第 411078 号
10	准旗	内蒙古蒙泰不连沟煤业有限责任公司大路 2×300 MW 煤矸石热电厂	188.47	投产	黄水调〔2013〕473 号	取水(国黄)字〔2018〕第 411069 号
11	准旗	国电内蒙古晶阳能源有限公司多晶硅项目 3 000 t	444.4	投产	黄水调〔2014〕338 号	取水(国黄)字〔2018〕第 411063 号
12	准旗	西北能源化工公司(皖北)一期 20 万 t 甲醇	201.86	投产	内水资〔2013〕124 号	取水(鄂)字〔2018〕第 015 号
13	准旗	三维煤化科技有限公司 20 万 t 甲醇	203.65	投产	内水资〔2014〕19 号	取水(鄂)字〔2018〕第 014 号
14	准旗	内蒙古易高煤化科技有限公司 24 万 t/a 合成气制乙二醇	278.88	投产	鄂水许决〔2018〕126 号	取水(鄂)字〔2018〕第 105 号

续表 5-1-2

序号	旗区	企业或项目名称	配置水量/(万 m^3/a)	状态	审批文件	取水许可证号
15	乌审旗	中天合创能源有限责任公司煤炭深加工示范项目	2 141.4	投产	黄水调〔2016〕191 号	取水(国黄)字〔2018〕第 411057 号
16	鄂前旗	内蒙古恒坤化工有限公司年产捣固焦 96 万 t、甲醇 10 万 t	62.5	投产	内水资〔2013〕123 号	取水(鄂)字〔2018〕第 025 号
17	鄂前旗	鄂前旗权辉商贸有限公司焦炉煤气制甲烷	76.66	投产	鄂水许决〔2018〕125 号	取水(鄂)字〔2018〕第 097 号
18	杭锦旗	伊泰化工有限责任公司 120 万 t/a 精细化学品	1 029.22	投产	黄水调〔2014〕297 号	取水(国黄)字〔2018〕第 411065 号
19	杭锦旗	内蒙古伊泰宁能精细化工有限公司 50 万 t 费托烷烃精细分离项目	27.44	投产	鄂水许决〔2020〕005 号	C150625S2021-0005
小计			5 986.26			
20	准旗	伊泰集团二期年产 200 万 t 煤基合成油	888	在建	黄水调〔2015〕323 号	
21	杭锦旗	内蒙古伊诺新材料有限公司 2 万 t 费托烷烃制高碳醇项目	23.92	在建	鄂水许决〔2020〕16 号	
22	鄂前旗	内蒙古恒坤化工有限公司 260 万 t 捣固焦联产 2×1.2 亿 Nm^3 天然气项目(一期)	160.84	在建		
23	鄂前旗	内蒙古华星能源有限公司 40 亿 m3 煤制气项目	949.84	前期		
24	鄂旗	鄂绒集团 54 万 t 合成氨 95 万 t 尿素二期	57.22	投产		
25	鄂旗	鄂绒集团 40 万 tPVC 二期	144	投产		
26	乌审旗	内蒙古宝丰煤基新材料有限公司年产 260 万 t 煤制烯烃示范项目	1 109.84	前期		
小计			3 333.66			
合计			9 319.92			

座，卧式离心泵23套及配套过滤、供电等设备，铺设PVC管材，配置阀门井、检查井及完善田间管网等。

3. 节水核验情况

2014年10月，黄委会同内蒙古自治区水利厅对乌斯太热电厂水权转让工程进行核验，并出具核验意见，水权转让工程节水能力374万 m^3，实现可行性研究报告批复的319万 m^3 的节水规模。

4. 水权转让情况

乌斯太热电厂2×300 MW机组工程于2015年12月通过黄委组织的取水许可核验，2016年1月取得黄委核发的取水许可证，年许可水量263万 m^3。

2013年9月，黄委以黄水调〔2013〕470号文批复庆华集团200万t焦化项目水资源论证报告书，批复项目生产年取黄河地表水336.6万 m^3，通过黄河水权转让方式获得取水权，后按程序办理取水许可申请书。详见表5-1-3。

表5-1-3　阿拉善盟孪井滩灌区水权转让指标分配情况

序号	行政区名称	企业或项目名称	工程节水量/（万 m^3/a）	规划配置水量/（万 m^3/a）	项目审批水量/（万 m^3/a）	项目进展	审批文件
1	阿左旗	乌斯太热电厂2×300 MW机组工程	319.00	263	263.0	投产	取水(国黄)字〔2016〕第411003号
2	阿左旗	庆华集团200万t焦化项目	440.35	337	336.6	—	(国黄)申字〔2013〕第00039号
共计			759.35	600	599.6		

5.1.4.4　乌海灌区工程

自2006年黄委审批《华电乌达电厂二期2×600 MW空冷机组工程水权转换可行性研究报告》后，乌海市已规划或实施在乌达灌区、海勃湾新地灌区和海南巴音陶亥灌区实施渠道衬砌、田间节水工程，节约农业灌溉水量转让华电乌达电厂、神华乌海煤焦化、东源低热值电厂等项目。

1. 工程批复情况

根据水权转让总体规划，乌海市沿黄灌区可转让水量1 020万 m^3。2006年4月，黄委对《华电乌达电厂二期2×600 MW空冷机组工程水权转换可行性研究报告》进行了审查，同意通过对乌达引黄灌区进行节水改造，衬砌干渠9.7 km、支渠31 km、斗渠42.9 km、农渠110 km，以及重建渠系配套建筑物及必要交通、测流设施，节约引黄水量570万 m^3，满足华电乌达电厂项目转让水量491万 m^3 的需求。

2010年5月，黄委对《神华乌海煤焦化有限责任公司50万t/a以焦炉气为原料低压合成甲醇装置水权转换可行性研究报告》进行了审查，同意通过对乌海市海勃湾新地灌区和海南巴音陶亥灌区的7条干渠50.16 km、21条支渠15.13 km和216条斗渠63.71

km 进行防渗衬砌,配套建设闸、桥等设施,可节约引黄水量 526.83 万 m^3(其中新地灌区 192.85 万 m^3、巴音陶亥灌区 333.98 万 m^3),满足甲醇项目转让水量 421.3 万 m^3 的需求。后期考虑征地问题,新地灌区将原设计渠道衬砌变更为管道输水,由一级泵站一次性提水供至二级干渠末,工程初步设计及变更设计分别于 2012 年 12 月和 2014 年 12 月通过内蒙古自治区水利厅的批复,概算总投资 5 575.9 万元。

2015 年 7 月,黄委对《内蒙古东源科技有限公司 2×330 MW 低热值煤自备电厂水资源论证报告》进行批复,同意项目年取黄河干流地表水 274.15 万 m^3,黄河取水指标通过对乌达区被海勃湾枢纽淹没等规模置换的 1.53 万亩灌区采取节水措施的途径获得。等规模转换耕地后可节约水量 407 万 m^3,满足项目 274.15 万 m^3 的用水需求。

2. 工程建设情况

神华乌海甲醇项目涉及的海勃湾新地灌区节水改造工程于 2013 年 11 月开工建设,2015 年 11 月完工;海南巴音陶亥灌区节水改造工程于 2013 年 4 月开工建设,2016 年 10 月完工。

3. 节水核验情况

乌海市已完成海勃湾新地灌区和海南巴音陶亥灌区节水改造工程建设,乌海市海南区水利局委托相关单位对巴音陶亥灌区节水效果进行跟踪评估。截至 2021 年尚未进行节水工程核验。

4. 水权转让情况

2006 年 12 月,黄委批复华电乌达电厂二期 2×600 MW 空冷机组工程水资源论证报告书,批复年取水量 491 万 m^3;2010 年 11 月,黄委批复神华乌海煤焦化 50 万 t/a 低压合成甲醇项目水资源论证报告书,批复项目生产年取黄河地表水 421.3 万 m^3,通过黄河水权转让方式获得取水权,后按程序办理取水许可申请书;2015 年 7 月,黄委对东源科技 2×330 MW 低热值煤自备电厂水资源论证报告进行批复,同意项目年取黄河干流地表水 274.15 万 m^3。详见表 5-1-4。

表 5-1-4　乌海市黄河灌区水权转让指标分配情况

序号	行政区名称	企业或项目名称	规划节水量/(万 m^3/a)	项目审批水量/(万 m^3/a)	实际配置水量/(万 m^3/a)	项目进展	审批文件
1	乌达区	华电乌达电厂二期 2×600 MW 空冷机组工程	570	491	0	取消	黄水调资便〔2006〕36 号
2	海南区	神华乌海煤焦化 50 万 t/a 低压合成甲醇项目	526.83	421.3	421.3	投产	(国黄)申字〔2014〕第 00038 号
3	乌达区	内蒙古东源科技 2×330 MW 低热值煤自备电厂	407	274.15	274.15	在建	(国黄)申字〔2016〕第 00008 号
共计			1 503.83	1 186.45	695.45		

5.1.4.5　大中矿业工程

丰济干渠位于河套灌区东部，从总干渠第三分水枢纽引水，干渠全长 98.65 km，控制面积 148.5 万亩，现灌面积 79.31 万亩，管理单位为五原义长管理局丰济渠管理所。丰济干渠承担着五原县、乌拉特中旗、牧羊海农场、原种场等部分村、镇及两个农场的灌溉任务。2008 年，内蒙古大中矿业有限责任公司拟通过投资建设丰济干渠节水改造工程，减少渠道损失水量，用于企业生产用水。

1. 工程批复情况

根据内蒙古自治区水权转让总体规划，巴彦淖尔河套灌区可转让水量 6 100 万 m^3，其中近期可用于转让水量为 4 000 万 m^3。2008 年 4 月，黄委对《内蒙古河套灌区向大中矿业有限公司水权转换可行性研究报告》进行了审查，同意通过对丰济干渠 20.162 km 和北边分干渠 5.628 km 进行防渗衬砌，并配套建设各类渠系建筑物，可节约引黄水量 2 254 万 m^3，满足大中矿业书记沟等四个铁矿采选项目转让水量 1 915 万 m^3 的需求。由于城市规划变动，批复中的北边渠失去了灌溉功能，北边渠节水改造工程变更。2008 年 12 月和 2012 年 5 月内蒙古自治区水利厅分别对项目初步设计和变更设计进行了批复，工程批复总投资 10 319.11 万元。

2. 工程建设情况

内蒙古大中矿业有限责任公司水权转让节水改造工程分四批实施，首批工程于 2010 年 12 月开工建设，于 2013 年 4 月全部完工，总工期 654 d。实际完成渠道防渗衬砌长度 23.547 km，重建丰济干渠衬砌段内直口渠进水闸 40 座、维修直口渠进水闸 3 座，重建生产桥 1 座、维修 1 座，重建直口渠量水建筑物 43 座、重建干渠测流桥 4 座、重建丰济过总排干渡槽 1 座。完成建设投资 9 953.99 万元。2014 年 5 月，内蒙古自治区水利厅组织对水权转让节水工程进行了竣工验收，并印发了竣工验收鉴定书，综合评定该工程质量等级为合格。

3. 节水核验情况

2014 年 10 月，黄委会同内蒙古自治区水利厅对内蒙古大中矿业有限责任公司水权转让节水改造工程进行核验，并出具核验意见，水权转让工程节水能力 2 394 万 m^3，实现可行性研究报告批复的 2 254 万 m^3 的节水规模。

4. 水权转让情况

2008 年 8 月，黄委批复内蒙古大中矿业有限责任公司书记沟等四个铁矿采选工程水资源论证报告书，批复项目生产用黄河地表水 1 914.7 万 m^3，通过黄河水权转让方式获得取水权，2016 年办理取水许可申请书。受扩建工程建设规模下降，以及生产工艺改良因素影响，大中矿业需水规模降低，自取得黄河水权指标后，生产用水仍采用当地地表水，一直未使用黄河水。

为实现黄河内蒙段黄河水资源的科学、高效利用和优化配置，在内蒙古自治区水利厅积极协调下，2020 年 9 月，巴彦淖尔市人民政府分别和乌海市人民政府、阿拉善盟行政公署在巴彦淖尔市乌拉特中旗签署转让黄河水权闲置水指标协议，共转让巴彦淖尔市黄河干流 1 300 万 m^3 的水资源使用权，其中转让给乌海市 900 万 m^3，阿拉善盟 400 万 m^3。转让期限从 2020 年 9 月 27 日开始，至 2041 年 4 月 13 日终止。详见表 5-1-5。

表 5-1-5 河套灌区大中矿业水权转让指标分配情况表

序号	行政区名称	项目名称或单位	工程节水量/(万 m^3/a)	项目审批水量/(万 m^3/a)	配置(交易)水量/(万 m^3/a)	项目进展	审批文件
1	巴彦淖尔市	大中矿业书记沟 230 万 t 铁矿项目	2 254	753. 6	0	停建	(国黄)申字〔2016〕第 00019 号
2	巴彦淖尔市	大中矿业五份子 150 万 t 铁矿项目		383. 4	0	停建	
3	巴彦淖尔市	大中矿业四方 150 万 t 硫铁矿项目		598. 3	0	停建	
4	巴彦淖尔市	大中矿业宝盛 80 万 t 铁矿项目		179. 4	0	停建	
小计	巴彦淖尔市		2 254	1 914. 7	0		
5	乌海市	乌海市人民政府			900	交易完成	DEBW2020092701
6	阿拉善盟	阿拉善盟人民政府			400	交易完成	DEBW2020092702
共计			2 254	1 914. 7	1 300		

5.1.4.6 包头一期工程

包头市黄河灌区建于20世纪六七十年代,灌区工程和设施由于长期运行普遍老化失修,渠道过流能力不足且渗漏损失较大,加之田间工程配套差,严重制约着灌区农业生产的发展。同时,随着包头市经济的快速发展,新上工业项目无新增取水许可指标,导致包头市快速增长的工业受到了极大的制约。因此,包头市于2011年开展了黄河灌区水权转让一期工程,通过实施农业节水和水权有偿转让以解决区域供用水矛盾。

1. 工程批复情况

2011年9月,黄委批复了《包头市黄河灌区水权转让一期工程规划报告》,提出由用水企业出资对包头镫口扬水灌区和民族团结灌区范围内部分干渠、支渠及以下渠道砌护,相应配套建设各级渠系建筑物。一期工程节水量 8 141 万 m^3,其中磴口扬水灌区 4 638 万 m^3,民族团结扬水灌区 3 503 万 m^3;一期工程完成后可转让水权指标为 6 800 万 m^3,其中磴口扬水灌区 3 850 万 m^3,民族团结扬水灌区 2 950 万 m^3。

黄委先后批复了包头水权转让一期工程涉及包头华电土右电厂等5个工业项目水权转让可行性研究报告,共需实施节水工程主要包括衬砌干渠 99. 26 km,支斗渠 1 254. 24 km,工程节水量为 4 060. 84 万 m^3,可转让水量 3 500. 55 万 m^3。在节水工程设计过程中,包头市水务局统筹考虑土地整理项目、农业开发项目、小型水利项目等建设,对部分水权转让节水工程建设位置、规模进行了适当调整。内蒙古自治区水利厅对节水工程的初设和变更设计均进行了批复。

2. 工程建设情况

包头一期水权转让工程按水权转让项目分五批实施,自 2012 年 6 月相继开工建设,至2017年11月全面竣工。2019~2020年,内蒙古自治区水利厅先后对5个项目砌护工程进行了工程竣工鉴定批复(包含水权转让项目与其他资金项目),共完成砌护干渠85.041 km(其中水权转让工程63.851 km,下同),支斗渠522.927 km(213.907 km),农渠153.03 km(26.09 km)。根据竣工验收鉴定书,5个项目水权转让质量总体达到设计各项指标,工程质量等级鉴定为合格。工程采用节水工程整体实施方式,实行单方水投资一个标准价,累计收缴水权转让资金4.95亿元,其中5个项目完成节水工程建设投资2.645 2亿元。

3. 节水核验情况

2021年3月,黄委会同内蒙古自治区水利厅对包头水权转让一期工程涉及的包头华电土右电厂等5个黄河水权转让项目节水改造工程进行了现场核验。5个水权转让项目节水工程的理论节水能力为4 293万 m^3,复核节水量为4 137万 m^3,其中镫口扬水灌区1 354万 m^3、民族团结灌区2 783万 m^3,年可转让水量暂按不超过3 447万 m^3 控制。

4. 水权转让情况

包头一期工程规划阶段拟向包头华电土右电厂等7个项目配置水权转让水权6 800万 m^3,后期实施水权转让工程的项目共6项,目前除包头市大青山应急生态取水工程水权转让节水工程尚未建设完成外,其他项目已通过工程竣工验收和节水核验。

截至2020年底,黄委已审批涉及包头一期水权转让工程项目9项,审批水量共计4 890.08万 m^3,扣除节水工程尚未完工的大青山应急生态取水工程项目后,审批水量为2 590.08万 m^3;考虑包头市对区域水权项目调整情况,包头一期水权转让工程共配置水量4 554.33万 m^3,扣除节水工程尚未完工的大青山应急生态取水工程项目后,审批水量为2 254.33万 m^3,未超过5个水权转让节水工程年可转让水量3 447万 m^3 控制要求。详见表5-1-6。

5.1.4.7 跨盟市水权转让工程

2006年2月,内蒙古自治区人民政府下发《关于进一步调整黄河用水结构有关事宜的通知)》(内政〔2006〕59号),要求通过水权转换的方式从河套灌区农业指标中调整出3.6亿 m^3 水量作为其他盟市发展后备水源。2014年6月,水利部印发了《关于开展水权试点工作的通知》(水资源〔2014〕222号),将内蒙古自治区列为全国七个水权试点省(区)之一。2014年12月,水权试点方案批复印发,试点任务是通过在河套灌区沈乌灌域开展节水工程,在巴彦淖尔市、鄂尔多斯市、阿拉善盟三盟市探索开展盟市间水权转让、建立健全水权交易平台、开展水权交易制度和探索相关改革。试点期限为2014年7月至2017年11月。

1. 工程批复情况

根据内蒙古自治区河套灌区跨盟市水权转让规划,河套灌区规划节水量9.24亿 m^3,转让水量4.2亿 m^3,其中跨盟市转让水量3.6亿 m^3。盟市间水权转让工程分三期建设,其中一期为试点工程。河套灌区沈乌灌域地处乌兰布和沙漠东北部,是乌兰布和灌域的主要灌溉区域,具有引水口独立、空流渠段长、渗漏损失大、用水效率低、便于计量等特点,易实现“可计算、可考核、可控制”的基本要求,因此盟市间水权转让试点工程选择在沈乌灌域。

表 5-1-6　包头市黄河灌区一期水权转让指标分配情况

序号	行政区名称	企业或项目名称	规划配置水量/(万 m^3/a)	项目审批水量/(万 m^3/a)	调整配置水量/(万 m^3/a)	项目进展	审批文件
1	土右旗	包头华电土右电厂 2×600 MW 发电项目	538	328.4	328.4	投产	(国黄)申字〔2013〕第 00004 号
2	土右旗	神华神东电力土右 2×300 MW 空冷机组发电项目	23.28	19.4	19.4	投产	(国黄)申字〔2010〕第 00012 号
3	东河区	包头铝业有限公司 2×330 MW 热电联产项目	564	182	182	投产	黄许可决〔2018〕3 号
4	九原区	包头海平面 40 万 t/a PVC 联产工程项目	846.15	846.15	200	调整	(国黄)申字〔2015〕第 00001 号
5	土右旗	泛海能源包头有限公司 180 万 t/a 煤制甲醇项目	1 533	1 189.6	0	停建	(国黄)申字〔2011〕第 00010 号
6	九原区	包头市大青山应急生态取水工程	1 995.57	2 300	2 300	在建	(国黄)申字〔2012〕第 00036 号
7	土右旗	蒙汉实业 PVC 工程水权转让项目	1 300		0	停建	
8	固阳县	蒙能包头固阳热电厂 2×350 MW 工程项目		[185.97]	[185.97]	投产	黄水调〔2015〕344 号
9	土右旗	内蒙古土默特右旗电厂一期 2×1 000 MW 工程		[343.64]	0	停建	(国黄)申字〔2016〕第 00026 号
10	九原区	包头常铝北方铝业有限责任公司		24.53	24.53	投产	黄许可决〔2018〕5 号
11	九原区	神华包头项目烯烃工程项目			1 500	投产	
12	九原区	神华包头煤制烯烃改扩建项目			[731]	在建	
共计			6 800	4 890.08	4 554.33		

注:方括号表示该水量从包头市大青山水源工程中调剂,该项目水权转让工程尚未完工。

2014 年 4 月,黄委印发盟市间水权转让河套灌区沈乌灌域试点工程可行性研究报告批复意见,主要节水改造工程包括防渗衬砌渠道 693 条,衬砌总长度 1 390.65 km,畦田改造 67.399 万亩,畦灌改地下水滴灌总面积 4.98 万亩。工程规划节水量 2.348 9 亿 m^3,在压减超用水基础上有 1.44 亿 m^3 节水量可用于盟市间转让,转让水权指标 1.20 亿 m^3。节水工程实施过程中部分工程已由其他农业开发项目建设,工程设计方案进行了优化,2017~2018 年内蒙古自治区水利厅和巴彦淖尔水务局分别进行了批复,变更后的工程概算总投资 180 326.27 万元。

2. 工程建设情况

跨盟市水权转让沈乌灌域试点工程于 2014 年 1 月开工,2017 年 12 月主体工程完工,2018 年 4 月节水工程全面建成。内蒙古自治区水利厅于 2018 年 11 月出具竣工验收鉴定书,认为试点工程已按批复完成全部建设任务,工程质量合格。工程完成衬砌斗及以上渠道共计 521 条,衬砌总长度 893.804 km,渠道建筑物 13 651 座,完成畦田改造 65.378 万亩;整治田间工程渠道 3 786.58 km,实施滴灌面积 12.756 万亩,工程完成总投资 157 641.12 万元。

3. 节水核验情况

2018 年 11 月,黄委对项目用水及实施效果跟踪监评进行验收,按照评估验收结果,沈乌灌域试点工程节水能力 25 233 万 m^3,其中一期工程的节水能力为 21 996 万 m^3,由其他项目投资建设的渠道衬砌工程的节水能力为 3 238 万 m^3,达到可行性研究报告批复的规划节水目标要求。

4. 水权转让情况

跨盟市水权转让沈乌灌域试点工程可转让水权指标 1.2 亿 m^3,按照政府主导、市场运作、水行政主管部门动态管理的原则,通过水权交易的方式将用水指标分配给鄂尔多斯市和阿拉善盟、乌海市等地用水企业。2014 年至 2021 年 4 月,内蒙古自治区水储中心、河套灌区管理总局和用水企业三方签订的转让水权合同共 84 份,其中鄂尔多斯市 28 家企业,平均每年共转让水量 6 575.55 万 m^3;阿拉善盟 20 家企业,年共转让水量 2 380 万 m^3;乌海市 36 家企业,年共转让水量 3 044.45 万 m^3。年可转让水权指标 1.2 亿 m^3 已全部配置完毕,详见表 5-1-7。

内蒙古引黄灌区水权转让工程涉及灌区、投资、水量及工程其他情况对应关系详见表 5-1-8。

表 5-1-7 跨盟市一期水权转让指标分配情况

序号	地区	合同编号	企业名称	分配水量/(万 m^3/a)	进展情况
1	鄂尔多斯市	2014-008-01	山东能源内蒙古盛鲁电力有限公司	303.51	已投产
2	鄂尔多斯市	2017-003	内蒙古京泰发电有限责任公司	195.7	已投产
3	鄂尔多斯市	2017-004	内蒙古汇能集团长滩发电有限公司	214.4	已投产

续表 5-1-7

序号	地区	合同编号	企业名称	分配水量/(万 m^3/a)	进展情况
4	鄂尔多斯市	2017-032	内蒙古美力坚科技化工有限公司(补充合并量)	61.74	已投产
5	鄂尔多斯市	2018-013	科领环保股份有限公司	7.55	已投产
6	鄂尔多斯市	2018-021	鄂尔多斯市联博化工有限责任公司	7	已投产
7	鄂尔多斯市	2018-019	内蒙古德克斯科技有限责任公司	6	已投产
8	鄂尔多斯市	2018-016	神华亿利能源有限责任公司	135	已投产
9	鄂尔多斯市	2018-015	内蒙古京泰发电有限责任公司	120	已投产
10	鄂尔多斯市	2016-004	内蒙古京能双欣发电有限公司	200	已投产
11	鄂尔多斯市	2017-028	内蒙古君正能源化工集团股份有限公司	260	已投产
12	鄂尔多斯市	2017-021	内蒙古中古矿业有限责任公司	300	已投产
13	鄂尔多斯市	2017-023	内蒙古北方蒙西发电有限责任公司	100	已投产
14	鄂尔多斯市	2017-027	内蒙古德晟金属制品有限责任公司	98.8	已投产
15	鄂尔多斯市	2017-022	蒙西水泥股份有限公司	20	已投产
16	鄂尔多斯市	2017-005	内蒙古美力坚科技化工有限公司(补充合并量)	100	已投产
17	鄂尔多斯市	2017-030	内蒙古鑫旺再生资源有限公司	160	已投产
18	鄂尔多斯市	2017-033	内蒙古鄂尔多斯电力冶金集团股份有限公司	300	已投产
19	鄂尔多斯市	2017-029	内蒙古美力坚科技化工有限公司(补充合并量)	40	已投产
20	鄂尔多斯市	2016-003	内蒙古荣信化工有限公司	800	在建
21	鄂尔多斯市	2017-031	鄂托克旗建元煤焦化有限责任公司	200	在建
22	鄂尔多斯市	2014-003	内蒙古北控京泰能源发展有限公司	2 050	在建
23	鄂尔多斯市	2017-016	华能内蒙古长城发电有限公司	263.6	在建
24	鄂尔多斯市	2017-001	内蒙古华夏朱家坪电力有限公司	210.48	在建
25	鄂尔多斯市	2021-001	建投国电准格尔旗能源有限公司	217.65	在建
26	鄂尔多斯市	2018-002	内蒙古华星新能源有限公司	72.92	在建
27	鄂尔多斯市	2019-011	内蒙古德晟金属制品有限公司	51.2	在建
28	鄂尔多斯市	2018-014	久泰能源(准格尔)有限公司	80	在建
小计	鄂尔多斯市			6 575.55	
29	阿拉善盟	2014-005	内蒙古晨宏力化工集团有限责任公司	100	已投产
30	阿拉善盟	2014-006	内蒙古金石镁业有限公司	200	已投产

续表 5-1-7

序号	地区	合同编号	企业名称	分配水量/(万 m^3/a)	进展情况
31	阿拉善盟	2014-007	内蒙古庆华集团腾格里精细化工有限公司	40	已投产
32	阿拉善盟	2017-010	内蒙古新亚化工有限公司	10	已投产
33	阿拉善盟	2017-009	内蒙古利元科技有限公司	18	已投产
34	阿拉善盟	2017-017	内蒙古诚信永安有限责任公司	30	已投产
35	阿拉善盟	2017-011	内蒙古中盐氯碱化工有限公司	150	已投产
36	阿拉善盟	2017-012	内蒙古兰太实业股份有限公司	50	已投产
37	阿拉善盟	2017-014	内蒙古泰兴泰丰化工有限公司	100	已投产
38	阿拉善盟	2017-018	内蒙古灵圣作物科技有限公司	90	已投产
39	阿拉善盟	2018-024	内蒙古能源发电投资集团有限公司乌斯太热电厂	100	已投产
40	阿拉善盟	2017-013	内蒙古庆华集团腾格里精细化工有限公司	100	停建
41	阿拉善盟	2017-015	阿拉善盟孪井滩示范区水务有限责任公司	102	在建
42	阿拉善盟	2017-019	阿拉善经济开发区产业发展有限公司	80	未投产
43	阿拉善盟	2018-023	阿拉善盟水务投资有限公司	200	未投产
44	阿拉善盟	2018-025	阿拉善经济开发区产业发展有限公司	300	未投产
45	阿拉善盟	2018-022	阿拉善盟乌兰布和基础设施建设投资管理运营有限公司	50	未投产
46	阿拉善盟	2016-005	阿拉善盟孪井滩示范区水务有限责任公司	100	未投产
47	阿拉善盟	2016-002	阿拉善盟水务投资有限公司	400	未投产
48	阿拉善盟	2016-006	阿拉善盟水务投资有限公司	160	未投产
小计	阿拉善盟			2 380	
49	乌海市	2017-008	内蒙古蒙电华能热电股份有限公司乌海发电厂	413	已投产
50	乌海市	2017-026	内蒙古恒业成有机硅有限公司	202.73	已投产
51	乌海市	2017-006	内蒙古乌海化工有限公司	289.9	已投产
52	乌海市	2017-024	内蒙古家景镁业有限公司(甲醇厂)	100	已投产
53	乌海市	2017-007	内蒙古乌海亚东精细化工有限公司	60	已投产
54	乌海市	2017-025	内蒙古东源科技有限公司	224	已投产
55	乌海市	2017-028	内蒙古君正能源化工集团股份有限公司	398	已投产

续表 5-1-7

序号	地区	合同编号	企业名称	分配水量/(万 m^3/a)	进展情况
56	乌海市	2017-020	内蒙古美方煤焦化有限公司	100	已投产
57	乌海市	2018-004	乌海市天斯图洗煤有限公司	5	已投产
58	乌海市	2018-005	乌海德晟晟越洗煤有限公司	20	已投产
59	乌海市	2018-006	乌海市天众煤业有限责任公司	5	已投产
60	乌海市	2018-007	乌海市广纳洗煤有限公司	15	已投产
61	乌海市	2018-008	乌海市科兆洗煤有限公司	5	已投产
62	乌海市	2018-009	内蒙古源宏精细化工有限公司	10	已投产
63	乌海市	2018-010	内蒙古元正精细化工有限责任公司	12	已投产
64	乌海市	2018-012	卡博特恒业成高性能材料(内蒙古)有限公司	13	已投产
65	乌海市	2018-011	乌海市天宇能源有限公司	15	已投产
66	乌海市	2018-028	乌海市榕鑫能源实业有限责任公司	100	已投产
67	乌海市	2018-031	乌海市华资煤焦化有限公司	100	已投产
68	乌海市	2018-032	乌海市蒙金冶炼有限公司	14.45	已投产
69	乌海市	2018-026	乌海市四菱冶炼有限公司	10	已投产
70	乌海市	2018-033	乌海市广宇化工冶金有限公司	20	已投产
71	乌海市	2018027	乌海市宏阳焦化有限责任公司	100	已投产
72	乌海市	2018-029	内蒙古家景镁业有限公司	40	已投产
73	乌海市	2019-003	内蒙古佳瑞米精细化工有限公司	2.27	已投产
74	乌海市	2019-010	内蒙古华电乌达热电有限公司	40	已投产
75	乌海市	2018-003	乌海市海勃湾区城市建设投融资有限责任公司	100	未投产
76	乌海市	2018-030	国家能源集团煤焦化有限责任公司	200	未投产
77	乌海市	2019-004	中瑞(内蒙古)药业有限公司	10	未投产
78	乌海市	2019-005	内蒙古联群化工科技有限公司	4	未投产
79	乌海市	2019-006	内蒙古宜达化学科技有限公司	3	未投产
80	乌海市	2019-008	内蒙古东源科技公司	40	未投产
81	乌海市	2019-007	内蒙古英莱化工公司	3	未投产
82	乌海市	2019-009	乌海市中联化工有限公司	70.1	未投产
83	乌海市	2021-002	内蒙古广聚新材料有限责任公司	200	未投产
84	乌海市	2021-003	乌海市浙蒙海热电有限公司	100	未投产
小计	乌海市			3 044.45	
合计				12 000	

表 5-1-8 内蒙古引黄灌区水权转让工程实施情况统计

水权转让项目	鄂尔多斯一期工程	鄂尔多斯二期工程	包头一期工程	孪井滩灌区工程（乌斯太热电）	大中矿业工程	乌海灌区工程（神华乌海）	盟市间沈乌试点工程
工程所在地区	鄂尔多斯市	鄂尔多斯市	包头市	阿拉善盟	巴彦淖尔市	乌海市	巴彦淖尔市
涉及灌区	黄河南岸灌区	黄河南岸灌区	镫口土右扬水灌区、民族团结扬水灌区	孪井滩扬水灌区	河套灌区（丰济干渠）	巴音陶亥灌区、新地灌区、乌达灌区	河套灌区（沈乌灌域）
节水工程类型	渠道衬砌	渠道衬砌、田间节水、设施农业	渠道衬砌、田间节水	渠道衬砌	渠道衬砌	渠道衬砌、管道输水、田间节水	渠道衬砌、田间节水
工程建设时间	2005 年 3 月	2010 年 3 月	2012 年 6 月	2009 年 9 月	2010 年 12 月	2013 年 11 月	2014 年 1 月
工程完成时间	2007 年 12 月	2016 年 12 月	2017 年 11 月	2013 年 4 月	2013 年 4 月	2015 年 11 月	2017 年 12 月
竣工验收时间	2010 年 9 月	2017 年 4 月	2019~2020 年	2013 年 12 月	2014 年 5 月	—	2018 年 11 月
节水核验时间	2011 年 9 月	2017 年 9 月	2021 年 3 月	2014 年 10 月	2014 年 10 月	—	2018 年 11 月
工程总投资/亿元	7.018 4	15.652 9	2.645 2	0.278 5	0.995 4	0.557 6	15.764 1
规划节水量/万 m^3	13 800	9 748	3 428	319	2 254	527	23 489
工程节水能力/万 m^3	14 690	10 835	4 137	374	2 394	—	25 233
水权转让水量/万 m^3	13 000	9 320	3 447	263	1 915	421	12 000
水权转让或水权交易价格	4.3~6.76 元/(m^3·a) 剩余指标配置：6.18 元/(m^3·a)	16.79 元/(m^3·a)	7.67 元/(m^3·a)	10.59 元/(m^3·a)	5.20 元/m^3 [盟市间交易 1.275 元/(m^3·a)]	13.24 元/(m^3·a)	1.03 元/(m^3·a)（水权交易）
水权转让类型	盟市内	盟市内	盟市内	盟市内	盟市内/盟市间	盟市内	盟市间
受益企业或地区	鄂尔多斯市	鄂尔多斯市	包头市	乌斯太热电厂	大中矿业有限责任公司/乌海市、阿拉善盟	神华乌海能源有限责任公司	鄂尔多斯市、阿拉善盟、乌海市

5.2 内蒙古黄河水权转让实施效果后评估

5.2.1 内蒙古黄河水权转让节水工程节水效果评估

5.2.1.1 灌区用水分析

1. 南岸灌区

1)用水指标

工程实施前,南岸灌区黄委和地方共发放许可取水量为 55 144 万 m³。其中,自流灌区取水量为 41 000 万 m³,扬水灌区杭锦旗为 6 214 万 m³,达拉特旗为 7 930 万 m³。一、二期工程全部实施后,鄂尔多斯市水权转让一、二期工程可转让水量全部出让,南岸灌区许可取水量为 28 722 万 m³,其中自流灌区(含节水改造后并入的原杭锦旗扬水灌区)和达拉特旗扬水灌区保留许可取水量分别为 24 152 万 m³ 和 4 570 万 m³。如表 5-2-1 和图 5-2-1 所示。

表 5-2-1 南岸灌区工程实施前后取水许可量变化情况

阶段	许可水量/万 m³			
	自流灌区	扬水灌区		合计
		杭锦旗	达拉特旗	
工程实施前	41 000	6 214	7 930	55 144
一、二期工程全部实施后	24 152		4 570	28 722

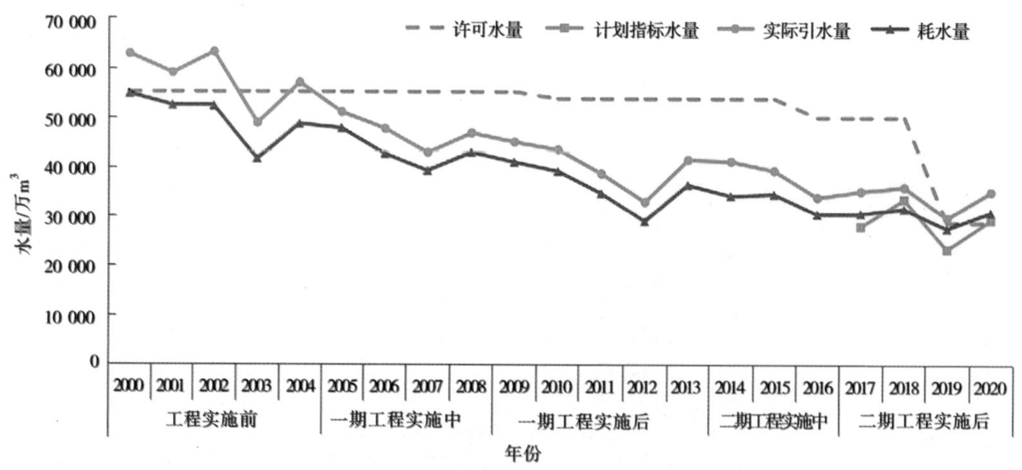

图 5-2-1 南岸灌区取用水量变化统计

2017~2020 年,南岸灌区年度计划指标水量平均值为 28 487 万 m³,占许可水量的 72.38%,其中:2018 年计划指标水量最多,为 33 444 万 m³,占许可水量的 66.90%;2019

年计划用水指标最少，为 23 323 万 m³，占许可水量的 81.20%。如表 5-2-2 所示。

表 5-2-2 南岸灌区年计划指标水量统计

年份	计划指标水量/万 m³	占许可水量比例/%
2017	27 939	55.89
2018	33 444	66.90
2019	23 323	81.20
2020	29 240	101.80
平均	28 487	72.38

2）引水量

如图 5-2-1 和表 5-2-3 所示，南岸灌区的实际引水量呈逐年下降的变化趋势。因 2003 年的引水量数据异常，去掉该年数据后，2000~2020 年灌区年均引水量为 44 135 万 m³；工程实施前（2000~2004 年）灌区年均引水量为 60 525 万 m³，一期工程实施后（2009~2013 年）灌区年均引水量为 40 355 万 m³，比工程实施前（2000~2004 年）减少了 20 170 万 m³；二期工程实施后（2017~2020 年）灌区年均引水量为 33 969 万 m³，比工程实施前（2000~2004 年）减少了 26 556 万 m³，比一期工程实施后（2009~2013 年）减少了 6 386 万 m³。随着工程运行，灌区引水量呈下降趋势，年度引水量由工程实施前的大部分年份超出许可水量变为个别年份超出许可水量；但工程实施后，灌区年度引水量仍超出计划指标水量。

表 5-2-3 南岸灌区工程实施前后引水量变化统计

阶段	年份	引水量/万 m³	排水量/万 m³	耗水量/万 m³
工程实施前	2000	62 860	8 157	54 703
	2001	59 025	6 642	52 383
	2002	63 211	11 000	52 211
	2003	48 865	7 270	41 595
	2004	57 002	8 369	48 633
	2000~2004 年平均（去掉 2003 年数据）	60 525	8 542	51 983
一期工程实施中	2005	51 039	3 287	47 752
	2006	47 741	5 142	42 599
	2007	42 958	3 721	39 237
	2008	46 866	3 982	42 884

续表 5-2-3

阶段	年份	引水量/万 m^3	排水量/万 m^3	耗水量/万 m^3
一期工程实施后	2009	45 090	4 125	40 965
	2010	43 544	4 404	39 140
	2011	38 694	4 032	34 662
	2012	32 972	3 955	29 017
	2013	41 477	5 122	36 355
	2009~2013 年平均	40 355	4 328	36 028
二期工程实施中	2014	41 167	7 021	34 146
	2015	39 279	4 806	34 473
	2016	33 895	3 447	30 448
二期工程实施后	2017	35 132	4 540	30 592
	2018	35 989	4 474	31 515
	2019	29 734	2 197	27 537
	2020	35 021	4 186	30 835
	2017~2020 年平均	33 969	3 849	30 120
2000~2020 年平均（去掉 2003 年数据）		44 135	5 130	39 004

3）排水量

南岸灌区排水量自 2000 年以来呈下降趋势。去掉 2003 年数据，2000~2020 年灌区年均排水量为 5 130 万 m^3，其中：2002 年灌区排水量较大，为 11 000 万 m^3；2019 年灌区排水量较小，为 2 197 万 m^3。工程实施前（2000~2004 年，去掉 2003 年数据）灌区年均排水量为 8 542 万 m^3，一期工程实施后（2009~2013 年）灌区年均排水量为 4 328 万 m^3，二期工程实施后（2017~2020 年）灌区年均排水量为 3 849 万 m^3。南岸灌区排水情况详见图 5-2-2 和表 5-2-3。

4）耗水量

根据灌区历年引水量、排水量统计分析，工程实施前（2000~2004 年，去掉 2003 年数据）灌区年均耗水量为 51 983 万 m^3，一期工程实施后（2009~2013 年）灌区年均耗水量为 36 028 万 m^3，比工程实施前（2000~2004 年）减少了 15 955 万 m^3，即一期工程实施后灌区年均耗水量减少 15 955 万 m^3；二期工程实施后（2017~2020 年）灌区年均耗水量 30 120 万 m^3，比工程实施前（2000~2004 年）减少了 21 863 万 m^3，即二期工程实施后灌区年均耗水量减少了 21 863 万 m^3；其中，2020 年的灌区耗水量为 30 835 万 m^3，较工程实施前（2000~2004 年）减少了 21 148 万 m^3，即 2020 年南岸灌区的实际耗水量减少了 21 148 万 m^3。

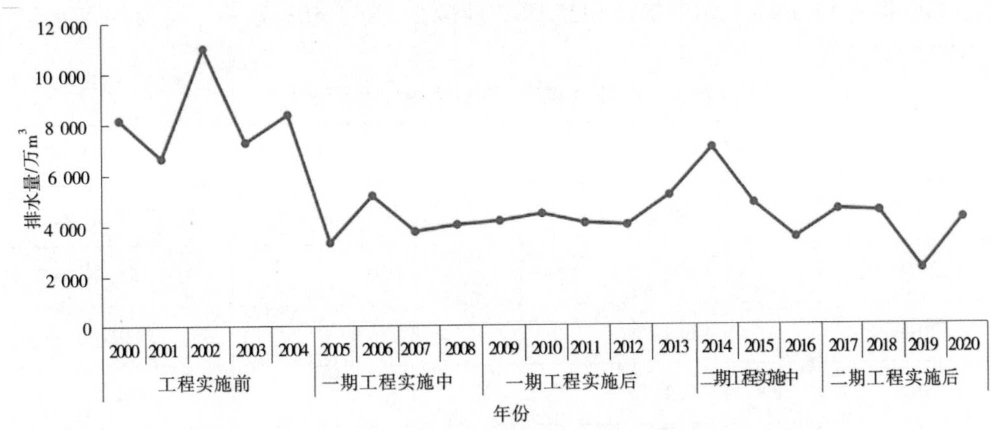

图 5-2-2　南岸灌区工程实施前后排水量变化统计

工程实施前后南岸灌区历年耗水量情况详见图 5-2-1 和表 5-2-4。

表 5-2-4　工程实施前后南岸灌区历年耗水量情况

阶段	年份	实际耗水量/万 m^3	耗水减少量/万 m^3
工程实施前	2000~2004 年平均（去掉 2003 年数据）	51 983	—
一期工程实施后	2009	40 965	11 018
	2010	39 140	12 843
	2011	34 662	17 321
	2012	29 017	22 966
	2013	36 355	15 628
	2009~2013 年平均	36 028	15 955
二期工程实施后	2017	30 592	21 391
	2018	31 515	20 468
	2019	27 537	24 446
	2020	30 835	21 148
	2017~2020 年平均	30 120	2 1863

2. 李井滩灌区

1）用水指标

李井滩灌区 2004~2015 年许可水量为 5 000 万 m^3，2016~2020 年许可水量为 4 681 万 m^3。如表 5-2-5 和图 5-2-3 所示，2017~2020 年，李井滩灌区年度分配计划指标水量平均为 4 253 万 m^3，占许可水量 90.85%，其中：2019 年计划指标水量最多，为 5 275 万 m^3，超出许可水量 12. 69%；2017 年计划指标水量最少，为 3 503 万 m³，仅为许可水量的 74. 83%。

表 5-2-5　李井滩灌区年计划指标水量统计

年份	许可水量/万 m³	计划指标水量/万 m³	占许可水量比例/%
2017	4 681	3 503	74. 83
2018	4 681	4 030	86. 09
2019	4 681	5 275	112. 69
2020	4 681	4 202	89. 77
平均	4 681	4 253	90. 85

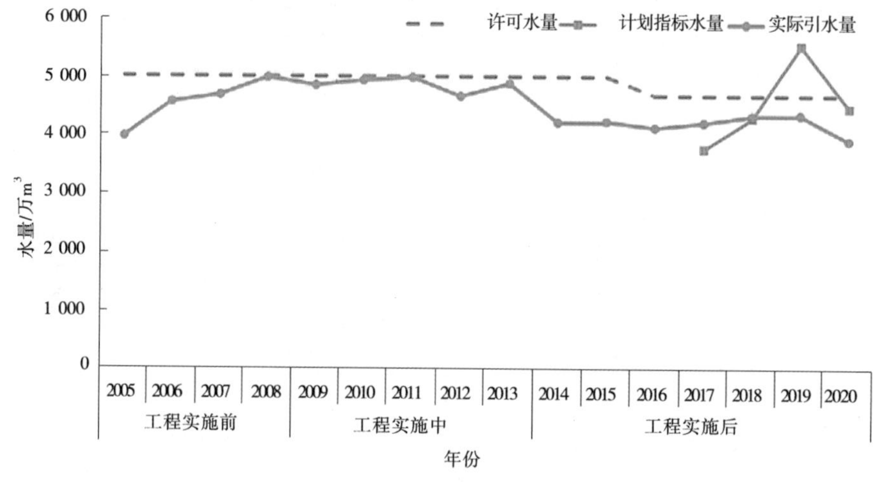

图 5-2-3　李井滩灌区取用水量变化统计

2）引水量

如图 5-2-3 所示，随着工程的实施，李井滩灌区的实际引水量呈下降趋势。如表 5-2-6 所示，工程实施前（2005～2008 年）灌区年均引水量为 4 551 万 m³；自工程开始实施以来，2009～2020 年灌区年均引水量为 4 477 万 m³，其中工程实施后（2014～2020 年）灌区年均引水量为 4 202 万 m³。与许可水量相比，在工程实施前后李井滩灌区的实际引水量均在取水许可量范围内；工程实施后的 2017～2020 年，李井滩灌区的实际引水量大部分年份低于计划指标水量。

3. 丰济灌域

1）用水指标

自 2010 年试点工程实施以来，丰济灌域年均计划指标水量在工程实施后（2010～2020 年）明显低于工程实施前（2006～2009 年）的年均计划指标水量，2006～2009 年年均计划指标水量为 34 744 万 m^3,2010~2020 年年均计划指标水量为 29 686 万 m^3,工程实施后(2014~2020 年)的年均计划指标水量为 28 977 万 m^3。如表 5-2-7 和图 5-2-4 所示。

表 5-2-6　工程实施前后黄河孪井滩灌区的引水量变化统计

阶段	年份	实际引水量/万 m^3
工程实施前	2005	3 976
	2006	4 565
	2007	4 684
	2008	4 981
	2005~2008 年平均	4 551
工程实施中	2009	4 850
	2010	4 933
	2011	4 984
	2012	4 666
	2013	4 881
工程实施后	2014	4 221
	2015	4 238
	2016	4 134
	2017	4 219
	2018	4 337
	2019	4 351
	2020	3 915
工程实施后	2014−2020 年平均	4 202
	2009~2020 年平均	4 477

表 5-2-7　工程实施前后丰济灌域的引水量变化

阶段	年份	计划指标水量/万 m^3	实际引水量/万 m^3
工程实施前	2006	40 655	47 670
	2007	36 128	48 771
	2008	33 511	42 002
	2009	28 682	53 510
	2006~2009 年平均	34 744	47 988
工程实施中	2010	30 836	45 771
	2011	29 916	43 841
	2012	31 868	34 370
	2013	31 091	40 566
工程实施后	2014	27 183	38 992
	2015	29 337	28 633
	2016	26 807	31 300
	2017	25 693	31 077
	2018	32 026	33 171
	2019	33 940	32 661
	2020	27 852	36 534
	2014~2020 年平均	28 977	33 195
2010~2020 年平均		29 686	36 083

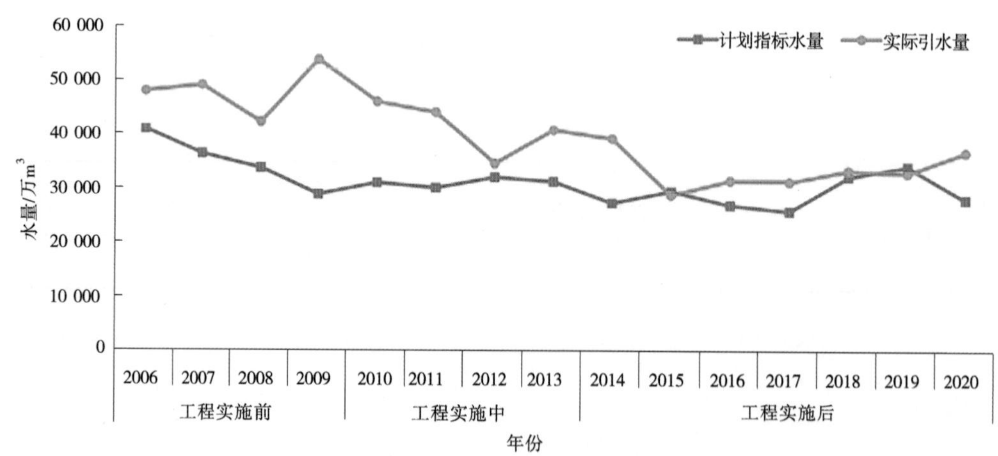

图 5-2-4　工程实施前后丰济灌域的用水量变化统计

2)引水量

如图5-2-4和表5-2-7所示,除了2015年和2019年,丰济灌域在工程实施前后的实际引水量均超计划指标水量。工程实施前(2006~2009年),丰济灌域年均引水量为47 988万 m^3,年均超计划指标水量13 244万 m^3;自工程实施至工程实施后(2010~2020年),丰济灌域年均引水量为36 083万 m^3,年均超计划指标水量6 397万 m^3;工程实施后(2014~2020年),丰济灌域年均引水量为33 195万 m^3,年均超计划指标水量4 218万 m^3。

4.镫口+民族灌域

1)用水指标

镫口扬水灌区许可水量为26 000万 m^3;民族团结灌区总计发放许可水量11 990万 m^3,其中黄委许可水量7 000万 m^3,地方许可水量4 990万 m^3。

2017~2020年,镫口扬水灌区年度分配计划指标水量平均为16 301万 m^3,占许可水量的62.70%,其中:2018年计划指标水量最多,为17 786万 m^3,占许可水量的68.41%;2017年计划指标水量最少,仅占许可水量的52.11%。如图5-2-5和表5-2-8所示。

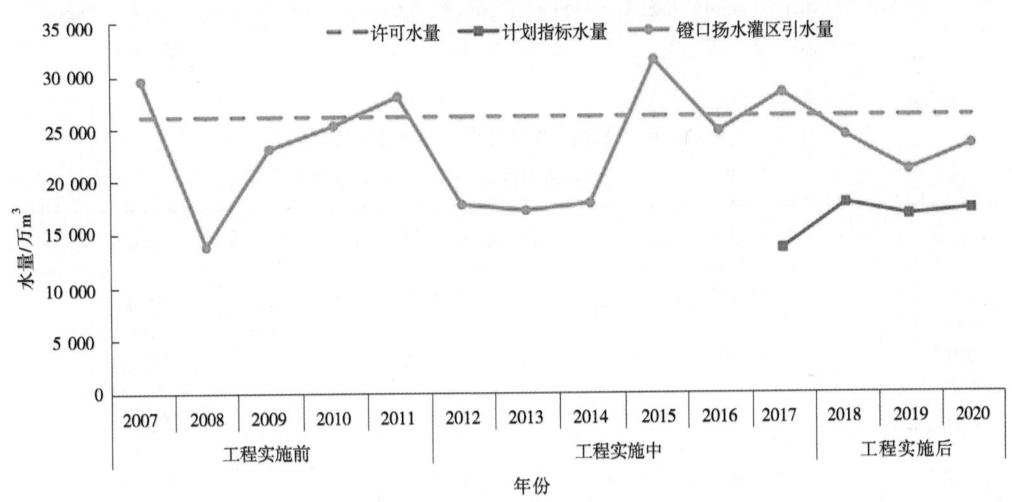

图5-2-5 镫口扬水灌区取用水量变化统计

表5-2-8 镫口扬水灌区年计划指标水量统计

年份	许可水量/万 m^3	计划指标水量/万 m^3	占许可水量比例/%
2017	26 000	13 549	52.11
2018	26 000	17 786	68.41
2019	26 000	16 672	64.12
2020	26 000	17 196	66.14
平均	26 000	16 301	62.70

2017~2020年民族团结灌区年度分配计划指标水量平均为12 733万 m^3,超出许可水

量6.19%,其中:2020年计划指标水量最多,为15 244万 m^3,超出许可水量的27.14%;2018年计划指标水量也超出许可水量,超出13.90%;2017年计划指标水量最少,仅为许可水量的88.97%。如图5-2-6和表5-2-9所示。

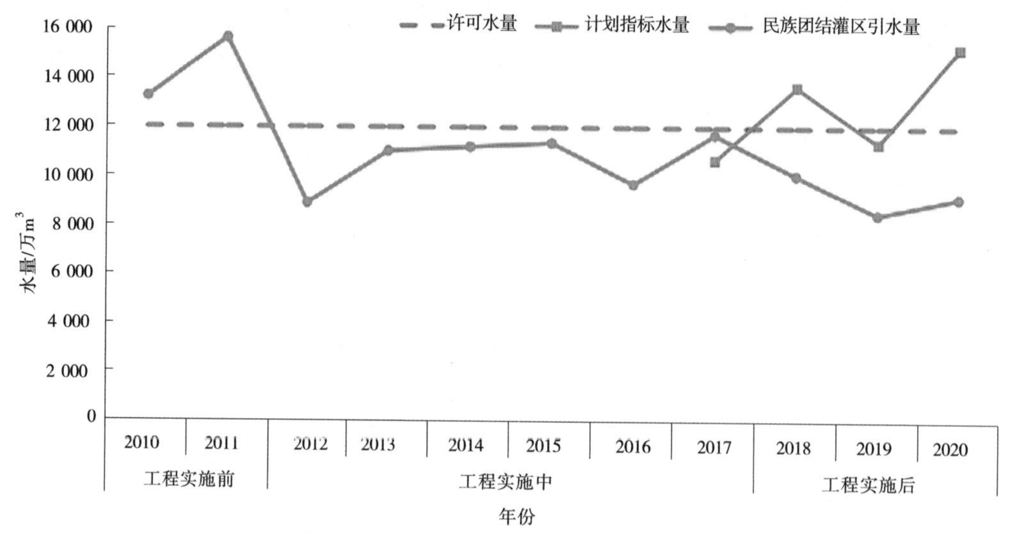

图5-2-6 民族团结灌区取用水量变化统计

表5-2-9 民族团结灌区年计划指标水量统计

年份	许可水量/万 m^3	计划指标水量/万 m^3	占许可水量比例/%
2017	11 990	10 668	88.97
2018	11 990	13 657	113.90
2019	11 990	11 362	94.76
2020	11 990	15 244	127.14
平均	11 990	12 733	106.19

2)引水量

镫口扬水灌区用水量受降水量、灌溉面积、节水措施的实施及种植结构等不同因素的影响,年际间引水量有较大的波动。如表5-2-10所示,工程实施前(2007~2011年)灌区年均引水量为23 828万 m^3,其中2007年和2011年灌区年引水量超许可水量;随着工程的实施,2012~2020年灌区年均引水量为22 779万 m^3,其中2015年和2017年灌区引水量超许可水量;工程实施后(2018~2020年)灌区年均引水量为22 789万 m^3,在取水许可指标未核减的情况下,灌区年引水量均低于许可水量,但仍明显超出计划指标水量。

表 5-2-10　工程实施前后镫口扬水灌区的引水量变化统计

阶段	年份	镫口扬水灌区引水量/万 m^3
工程实施前	2007	29 389
	2008	13 760
	2009	22 981
	2010	25 150
	2011	27 861
	2007~2011 年平均	23 828
工程实施中	2012	17 687
	2013	17 110
	2014	17 797
	2015	31 274
	2016	24 587
	2017	28 185
工程实施后	2018	24 178
	2019	20 902
	2020	23 287
	2018~2020 年平均	22 789
2012~2020 年平均		22 779

民族团结灌区引用水量同样受降水量、灌溉面积、节水措施的实施及种植结构等不同因素的影响,年际间引水量波动较大。但从图 5-2-6 中可以看出,整体上民族团结灌区总引水量有明显下降趋势。如表 5-2-11 所示,工程实施前(2010~2011 年)灌区年均引水量为 14 432 万 m^3;随着工程的实施,2012~2020 年灌区年均引水量为 10 166 万 m^3;工程实施后(2018~2020 年)灌区年均引水量为 9 207 万 m^3。工程实施后,灌区引水由工程实施前的超出许可水量变为低于许可水量,且明显低于计划指标水量。

表 5-2-11　工程实施前后民族团结灌区的引水量变化统计

阶段	年份	民族团结灌区引水量/万 m^3
工程实施前	2010	13 236
	2011	15 627
	2010~2011 年平均	14 432

续表 5-2-11

阶段	年份	民族团结灌区引水量/万 m^3
工程实施中	2012	8 883
	2013	11 023
	2014	11 199
	2015	11 366
	2016	9 695
	2017	11 703
工程实施后	2018	10 043
	2019	8 453
	2020	9 125
	2018~2020 年平均	9 207
2012~2020 年平均		10 166

5. 盟市间水权转让项目

1)用水指标

沈乌灌域的许可水量为 45 000 万 m^3。2009~2020 年年均计划指标水量为 36 569 万 m^3,比许可水量少 8 431 万 m^3,占许可水量的 81.27%。其中:2019 年灌域分配的水量最多,为 41 074 万 m^3,比许可水量少 3 926 万 m^3,占许可水量的 91.28%;2017 年灌域分配的水量最少,为 30 943 万 m^3,比许可水量少 14 057 万 m^3,占许可水量的 68.76%。如图 5-2-7 和表 5-2-12 所示。

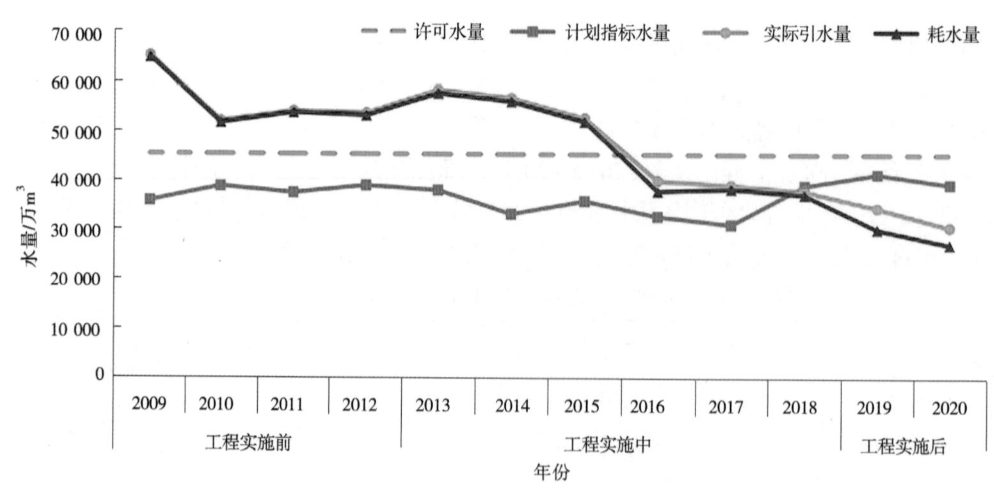

图 5-2-7　沈乌灌域取用水量变化统计

2014 年试点工程实施以来,灌域年均计划指标水量(2014~2020 年)明显低于工程实施前(2009~2012 年)的年均计划指标水量,2009~2012 年平均计划指标水量为 37 519 万 m^3,占许可水量的 83.38%;2014~2020 年平均计划指标水量为 35 856 万 m^3,占许可水量的 79.68%。如表 5-2-12 所示。

表 5-2-12 沈乌灌域年计划指标水量统计

阶段	年份	计划指标水量/万 m^3	减少水量/万 m^3	占许可水量比例/%
工程实施前	2009	35 622	9 378	79.16
	2010	38 517	6 483	85.59
	2011	37 235	7 765	82.74
	2012	38 702	6 298	86.00
	2009~2012 年平均	37 519	7 481	83.38
工程实施中	2013	37 761	7 239	83.91
	2014	33 012	11 988	73.36
	2015	35 629	9 371	79.18
	2016	32 555	12 445	72.34
	2017	30 943	14 057	68.76
	2018	38 742	6 258	86.09
工程实施后	2019	41 074	3 926	91.28
	2020	39 039	5 961	86.75
2014~2020 年平均		35 856	9 144	79.68
2009~2020 年平均		36 569	8 431	81.27

2)引水量

如图 5-2-7 和表 5-2-13 所示,自 2014 年试点工程开始实施,灌域年引水量呈逐年下降趋势。工程实施前(2009~2012 年)灌域年均引水量为 55 868 万 m^3,农业灌溉引水量占比 100%;工程实施后(2019~2020 年)灌域年均引水量为 32 393 万 m^3,比工程实施前(2009~2012 年)减少了 23 475 万 m^3,农业灌溉引水量占比 90.14%。2009~2020 年灌域年均引水量为 47 598 万 m^3,农业灌溉引水量占比为 98.25%,其中:2009 年灌域引水量最多,为 64 773 万 m^3,2020 年灌域引水量最少,为 30 467 万 m^3。另外,工程实施前,沈乌灌域引水量明显超出许可水量和计划指标水量,随着试点工程实施运行,自 2018 年起,沈乌灌域引水量明显低于许可水量和计划指标水量,特别是工程全面运行的近两年,灌域引水量均低于水权转让后的许可水量。

表 5-2-13　沈乌灌域近年引水量变化统计

阶段	年份	灌域引水量/万 m^3	农业灌溉引水量/万 m^3	农业灌溉引水占比/%
工程实施前	2009	64 773	64 773	100
	2010	51 674	51 674	100
	2011	53 720	53 720	100
	2012	53 306	53 306	100
	2009~2012 年平均	55 868	55 868	100
工程实施中	2013	57 942	57 942	100
	2014	56 340	56 340	100
	2015	52 344	52 344	100
	2016	39 742	39 195	98.62
	2017	38 867	38 867	100
	2018	37 680	37 680	100
工程实施后	2019	34 319	30 586	89.12
	2020	30 467	27 814	91.29
	2019~2020 年平均	32 393	29 200	90.14
2009~2020 年平均		47 598	47 020	98.25

3）排水量

从 2014 年试点工程实施以来沈乌灌域排水量情况看，2014~2020 年，灌域平均排水量为 863 万 m^3，其中除 2016 年因降雨量较大，灌域排水量明显偏大，2020 年排水量较大，为 863 万 m^3；2019 年排水量最小，为 558 万 m^3。但由于 2012 年排水沟道清淤，2014~2020 年灌域年均排水量明显大于工程实施前（2009~2012 年）年均排水量 398 万 m^3。去掉 2016 年排水量数据，灌域 2009~2020 年年均排水量为 617 万 m^3。沈乌灌域排水情况详见表 5-2-14 和图 5-2-8。

表 5-2-14　沈乌灌域年耗水量变化统计

阶段	年份	农业灌溉引水量/万 m^3	排水量/万 m^3	耗水量/万 m^3
工程实施前	2009	64 773	356	64 417
	2010	51 674	371	51 303
	2011	53 720	351	53 369
	2012	53 306	515	52 791
	2009~2012 年平均	55 868	398	55 470
工程实施中	2013	57 942	731	57 211
	2014	56 340	722	55 618
	2015	52 344	767	51 577
	2016	39 195	1 579	37 616
	2017	38 867	780	38 087
	2018	37 680	775	36 905
工程实施后	2019	30 586	558	30 028
	2020	27 814	863	26 951
2014~2020 年平均		40 404	863	39 541
2009~2020 年平均（去掉 2016 年数据）		—	617	—

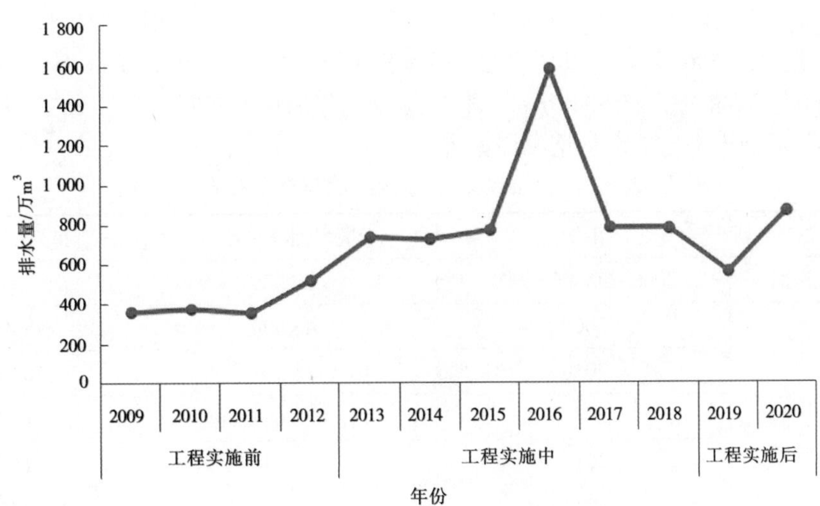

图 5-2-8　沈乌灌域年排水量变化统计

4) 耗水量

根据灌域历年引水量、排水量统计分析,工程实施前(2009~2012年)灌域年均耗水量为55 470万m³,工程实施后(2019~2020年)灌域年均耗水量为28 490万m³,比工程实施前(2009~2012年)减少了26 981万m³,即工程实施后灌区年均耗水量减少26 981万m³。其中:2019年的灌域耗水量为30 028万m³,较工程实施前(2009~2012年)减少了25 442万m³,即2019年沈乌灌域的实际耗水量减少了25 442万m³;2020年的灌域耗水量为26 951万m³,较工程实施前(2009~2012年)减少了28 519万m³,即2020年沈乌灌域的实际耗水量减少了28 519万m³。工程实施前后沈乌灌域历年耗水量情况详见图5-2-7和表5-2-15。

表5-2-15 试点工程实施前后沈乌灌域耗水量情况

阶段	年份	实际耗水量/万m³	耗水减少量/万m³
工程实施前	2009~2012年平均	55 470	—
工程实施后	2019	30 028	25 442
	2020	26 951	28 519
	2019~2020年平均	28 490	26 981

5.2.1.2 节水效果评估

1. 节水量分析

1) 南岸灌区

根据灌区历年引水量统计分析,去掉2003年数据,一期工程实施前(2000~2004年)南岸灌区年均引水量为60 525万m³,一期工程实施后(2009~2013年)灌区年均引水量为40 355万m³,比工程实施前(2000~2004年)减少了20 170万m³,即一期工程实施后年均实际节水量为20 170万m³。二期工程实施后(2017~2020年)灌区年均引水量为33 969万m³,比工程实施前(2000~2004年)减少了26 556万m³,即二期工程实施后年均实际节水量为26 556万m³。其中:2020年的灌区引水量为35 021万m³,较工程实施前(2000~2004年)减少了25 504万m³,即2020年南岸灌区的实际节水量为25 504万m³。工程实施前后南岸灌区节水量情况详见表5-2-16。

表5-2-16 工程实施前后南岸灌区节水量情况

阶段	年份	实际引水量/万m³	实际节水量/万m³
工程实施前	2000~2004年平均	60 525	—
一期工程实施后	2009	45 090	15 435
	2010	43 544	16 981
	2011	38 694	21 831
	2012	32 972	27 553
	2013	41 477	19 048
	2009~2013年平均	40 355	20 170

续表 5-2-16

阶段	年份	实际引水量/万 m^3	实际节水量/万 m^3
二期工程实施后	2017	35 132	25 393
	2018	35 989	24 536
	2019	29 734	30 791
	2020	35 021	25 504
	2017～2020 年平均	33 969	26 556

2）孪井滩灌区

水权转让工程实施 7 年以来，灌区引水量较工程实施前均明显减少。2014～2020 年灌区年均引水量为 4 202 万 m^3，较工程实施前年均引水量 4 551 万 m^3 减少了 349 万 m^3，即工程实施后孪井滩灌区年均节水量为 349 万 m^3。其中，2020 年灌区的引水量最少，为 3 915 万 m^3，较工程实施前年均引水量减少了 636 万 m^3，即 2020 年灌区的实际节水量为 636 万 m^3；2019 年灌区的引水量最多，为 4 351 万 m^3，较工程实施前年均引水量减少了 200 万 m^3。工程实施前后孪井滩灌区节水量情况详见表 5-2-17。

表 5-2-17　工程实施前后孪井滩灌区节水量情况

阶段	年份	实际引水量/万 m^3	实际节水量/万 m^3
工程实施前	2005～2008 年平均	4 551	—
工程实施后	2014	4 221	330
	2015	4 238	313
	2016	4 134	417
	2017	4 219	332
	2018	4 337	214
	2019	4 351	200
	2020	3 915	636
	2014～2020 年平均	4 202	349

3）丰济灌域

丰济灌域在工程实施前（2006～2009 年）年均引水量为 47 988 万 m^3，工程实施后（2014～2020 年）年均引水量为 33 195 万 m^3，较工程实施前年均引水量减少了 14 793 万 m^3，即工程实施后丰济灌域年均实际节水量为 14 793 万 m^3。其中：2015 年丰济灌域的引水量最少，为 28 633 万 m^3，较工程实施前引水量减少了 19 355 万 m^3，即 2015 年丰济灌域的实际节水量为 19 355 万 m^3；2014 年丰济灌域的引水量最多，为 38 992 万 m^3，较工程实施前引水量减少了 8 996 万 m^3，即 2014 年丰济灌域的实际节水量为 8 996 万 m^3。工程实施前后丰济灌域节水量情况详见表 5-2-18。

表 5-2-18　工程实施前后丰济灌域节水量情况

阶段	年份	实际引水量/万 m^3	实际节水量/万 m^3
工程实施前	2006~2009 年平均	47 988	—
工程实施后	2014	38 992	8 996
	2015	28 633	19 355
	2016	31 300	16 688
	2017	31 077	16 911
	2018	33 171	14 817
	2019	32 661	15 327
	2020	36 534	11 454
	2014~2020 年平均	33 195	14 793

4) 镫口+民族灌域

水权转让工程实施 3 年来,镫口+民族灌域引水量较工程实施前均明显减少。2018~2020 年灌域年均引水量为 31 996 万 m^3,较工程实施前年均引水量 40 937 万 m^3 减少了 8 941 万 m^3,即工程实施后灌域年均节水量为 8 941 万 m^3。其中:2019 年灌域的引水量最少,为 29 355 万 m^3,较工程实施前年均引水量减少了 11 582 万 m^3,即 2019 年灌域的实际节水量为 11 582 万 m^3;2018 年灌域的引水量最多,为 34 221 万 m^3,较工程实施前年均引水量减少了 6 716 万 m^3。工程实施前后镫口+民族灌域节水量情况详见表 5-2-19。

表 5-2-19　工程实施前后镫口+民族灌域节水量情况

阶段	年份	实际引水量/万 m^3	实际节水量/万 m^3
工程实施前	2010~2011 年平均	40 937	—
工程实施后	2018	34 221	6 716
	2019	29 355	11 582
	2020	32 412	8 525
	2018~2020 年平均	31 996	8 941

5) 盟市间水权转让项目

试点工程实施前(2009~2012 年),沈乌灌域年均农业灌溉用水量为 55 868 万 m^3,平均超许可水量 10 868 万 m^3。自 2014 年试点工程实施至 2020 年,灌域年均农业灌溉用水量为 40 404 万 m^3,较试点工程实施前年均农业灌溉用水量减少了 15 464 万 m^3。工程实施后(2019~2020 年)年均农业灌溉用水量为 29 200 万 m^3,较工程实施前年均农业灌溉用水量减少了 26 668 万 m^3,即工程实施后年均实际节水量为 26 668 万 m^3。其中,2020 年的灌域农业灌溉用水量最少,为 27 814 万 m^3,较工程实施前年均灌溉用水量减少了 28 054 万 m^3,即 2020 年灌域实际节水量为 28 054 万 m^3。试点工程实施前后沈乌灌域节水量情况详见表5-2-20。

表5-2-20 试点工程实施前后沈乌灌域节水量情况

阶段	年份	农业灌溉用水量/万 m^3	实际节水量/万 m^3
工程实施前	2009～2012年平均	55 868	—
工程实施中	2013	57 942	—
	2014	56 340	—
	2015	52 344	—
	2016	39 195	—
	2017	38 867	—
	2018	37 680	—
工程实施后	2019	30 586	25 282
	2020	27 814	28 054
	2019～2020年平均	29 200	26 668
2014～2020年平均		40 404	15 464

2. 节水量与节水目标对比分析

1) 南岸灌区

对比工程实施后南岸灌区年度实际节水量与工程规划批复节水量(简称规划节水目标)和核验工程节水能力(简称节水能力),可以发现:2017～2020年,南岸灌区年均实际节水量为26 556万 m^3,超出了工程规划节水目标23 548万 m^3 和节水能力25 525万 m^3,灌区年均实际节水量占工程规划节水目标的112.77%、占工程节水能力的104.04%。从灌区年度实际节水情况看,工程实施后的4年中,灌区每年实际节水量均超出工程规划节水目标。其中:2019年超出最多,占工程规划节水目标的130.76%、占工程节水能力的120.63%;2018年超出最少,占工程规划节水目标的104.20%。如表5-2-21和图5-2-9所示。

表5-2-21 南岸灌区实际节水量与工程节水目标对比分析

年份	灌区节水量/万 m^3	工程规划节水目标/万 m^3	灌区节水量占工程规划节水目标的比例/%	工程节水能力/万 m^3	灌区节水量占工程节水能力的比例/%
2017	25 393	23 548	107.84	25 525	99.48
2018	24 536		104.20		96.12
2019	30 791		130.76		120.63
2020	25 504		108.31		99.92
2017～2020年平均	26 556		112.77		104.04

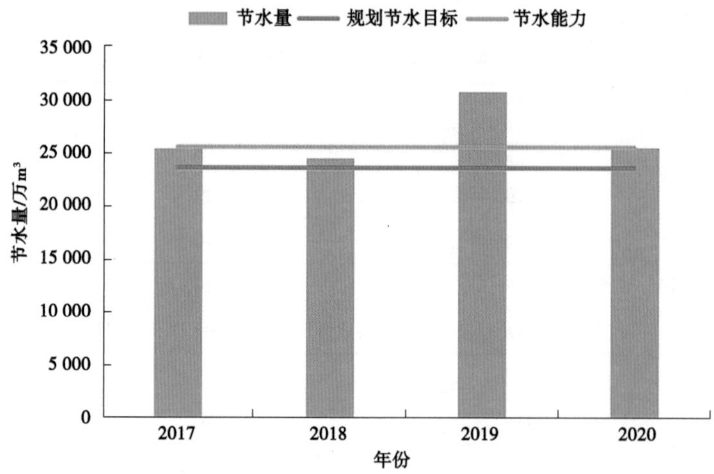

图 5-2-9　南岸灌区实际节水量与工程节水目标对比

2)李井滩灌区

对比工程实施后李井滩灌区年度实际节水量与工程规划节水目标和节水能力,可以发现:2014~2020 年,李井滩灌区年均实际节水量为 349 万 m^3,超出了工程规划节水目标 319 万 m^3 和节水能力 274 万 m^3,灌区年均实际节水量占工程规划节水目标的 109.45%、占工程节水能力的 127.42%。从灌区年度实际节水情况看,工程实施后的 7 年中,灌区有 4 年的实际节水量均超出工程规划节水目标,其中:2020 年超出最多,灌区年度实际节水量占工程规划节水目标的 199.37%、占工程节水能力的 232.12%;2014 年超出最少,灌区年度实际节水量占工程规划节水目标的 103.45%、占工程节水能力的 120.44%。灌区有 3 年的实际节水量未达到工程规划节水目标,分别为 2015 年、2018 年和 2019 年,其中:2015 年灌区实际节水量占工程规划节水目标的 98.43%、占工程节水能力的 114.60%;2018 年灌区实际节水量占工程规划节水目标的 67.40%、占工程节水能力的 78.47%;2019 年灌区实际节水量占工程规划节水目标的 62.70%、占工程节水能力的 72.99%。如图 5-2-10 和表 5-2-22 所示。

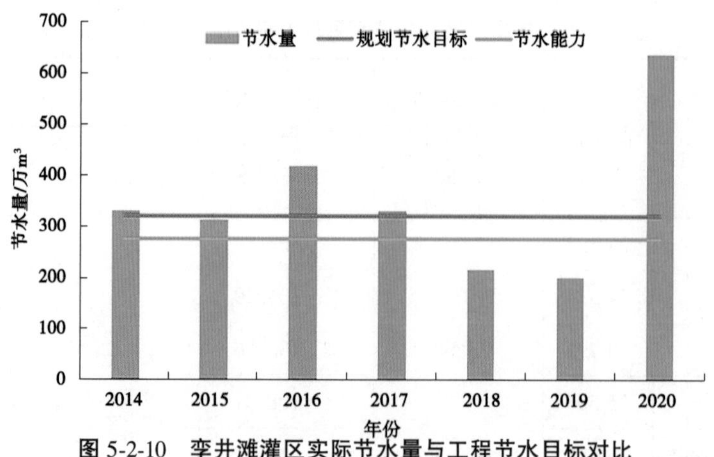

图 5-2-10　李井滩灌区实际节水量与工程节水目标对比

表 5-2-22 李井滩灌区实际节水量与工程节水目标对比分析

年份	灌区节水量/万 m^3	工程规划节水目标/万 m^3	灌区节水量占工程规划节水目标的比例/%	工程节水能力/万 m^3	灌区节水量占工程节水能力的比例/%
2014	330	319	103.45	274	120.44
2015	314		98.43		114.60
2016	417		130.72		152.19
2017	332		104.08		121.17
2018	215		67.40		78.47
2019	200		62.70		72.99
2020	636		199.37		232.12
2014~2020 年平均	349		109.45		127.42

3) 丰济灌域

对比工程实施后丰济灌域年度实际节水量与工程规划节水目标和节水能力,可以发现:2014~2020 年,丰济灌域年均实际节水量为 14 793 万 m^3,超出了工程规划节水目标 2 254 万 m^3 和节水能力 2 394 万 m^3,灌域年均实际节水量占工程规划节水目标的 656.30%、占工程节水能力的 617.92%。从灌域年度实际节水情况看,工程实施后的 7 年中,灌域每年的实际节水量均超出工程规划节水目标。其中:2015 年超出最多,灌域年度实际节水量占工程规划节水目标的 858.70%、占工程节水能力的 808.48%;2014 年超出最少,灌域年度实际节水量占工程规划节水目标的 399.11%、占工程节水能力的 375.77%。如图 5-2-11 和表 5-2-23 所示。

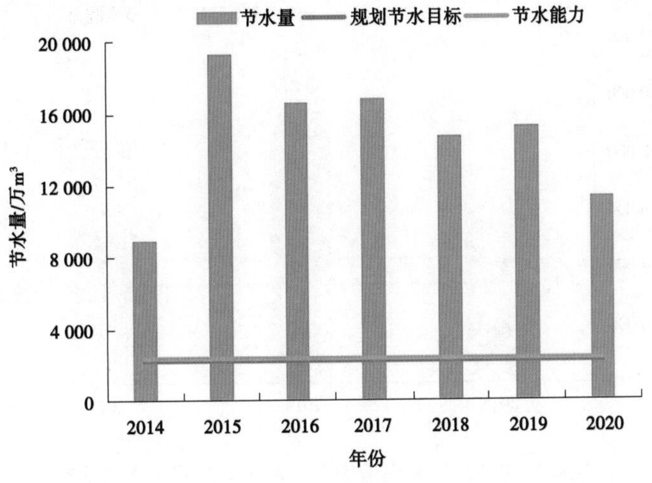

图 5-2-11 丰济灌域实际节水量与工程节水目标对比

表 5-2-23　丰济灌域实际节水量与工程节水目标对比分析

年份	灌域节水量/万 m^3	工程规划节水目标/万 m^3	灌域节水量占工程规划节水目标的比例/%	工程节水能力/万 m^3	灌域节水量占工程节水能力的比例/%
2014	8 996	2 254	399.11	2 394	375.77
2015	19 355		858.70		808.48
2016	16 688		740.37		697.08
2017	16 911		750.27		706.39
2018	14 817		657.36		618.92
2019	15 327		679.99		640.23
2020	11 454		508.16		478.45
2014~2020 年平均	14 793		656.30		617.92

4）镫口+民族灌域

对比工程实施后镫口+民族灌域年度实际节水量与工程规划节水目标和工程节水能力，可以发现：2018~2020 年，灌域年均实际节水量为 8 941 万 m^3，超出了工程规划节水目标 3 428 万 m^3 和工程节水能力 4 137 万 m^3，灌域年均实际节水量占工程规划节水目标的 260.82%、占工程节水能力的 216.12%。从灌域年度实际节水情况看，工程实施后的 3 年中，灌域每年的实际节水量均超出工程规划节水目标。其中：2019 年超出最多，灌域年度实际节水量占工程规划节水目标的 337.86%、占工程节水能力的 279.96%；2018 年超出最少，灌域年度实际节水量占工程规划节水目标的 195.92%、占工程节水能力的 162.34%。如图 5-2-12 和表 5-2-24 所示。

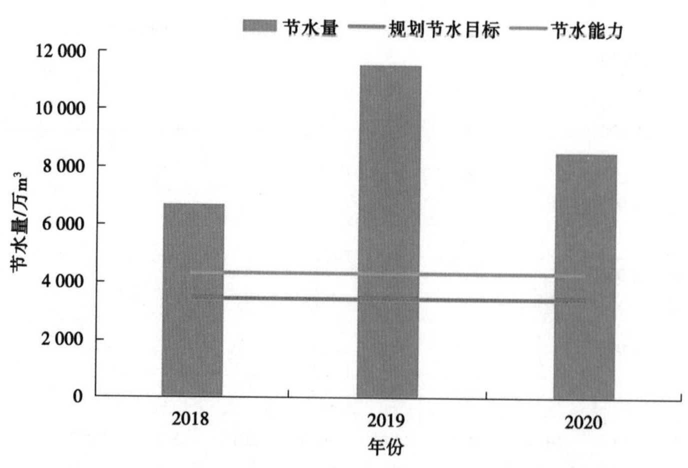

图 5-2-12　镫口+民族灌域实际节水量与工程节水目标对比

表 5-2-24　镫口+民族灌域节水量与工程节水目标对比分析

年份	灌域节水量/万 m^3	工程规划节水目标/万 m^3	灌域节水量占工程规划节水目标的比例/%	工程节水能力/万 m^3	灌域节水量占工程节水能力的比例/%
2018	6 716	3 428	195.92	4 137	162.34
2019	11 582		337.86		279.96
2020	8 525		248.69		206.07
2018~2020 年平均	8 941		260.82		216.12

5)沈乌灌域

对比工程实施后沈乌灌域年度实际节水量与工程规划节水目标和节水能力,可以发现:2019~2020 年,沈乌灌域年均实际节水量为 26 668 万 m^3,超出了工程规划节水目标 23 489 万 m^3 和工程节水能力 25 233 万 m^3,灌域年均实际节水量占工程规划节水目标的 113.53%、占工程节水能力的 105.69%。从灌域年度实际节水情况看,工程实施后的 2 年中,灌域每年的实际节水量均超出工程规划节水目标。其中:2020 年超出最多,灌域年度实际节水量占工程规划节水目标的 119.43%、占工程节水能力的 111.18%;2019 年超出最少,灌域年度实际节水量占工程规划节水目标的 107.63%、占工程节水能力的 100.19%。具体如图 5-2-13 和表 5-2-25 所示。

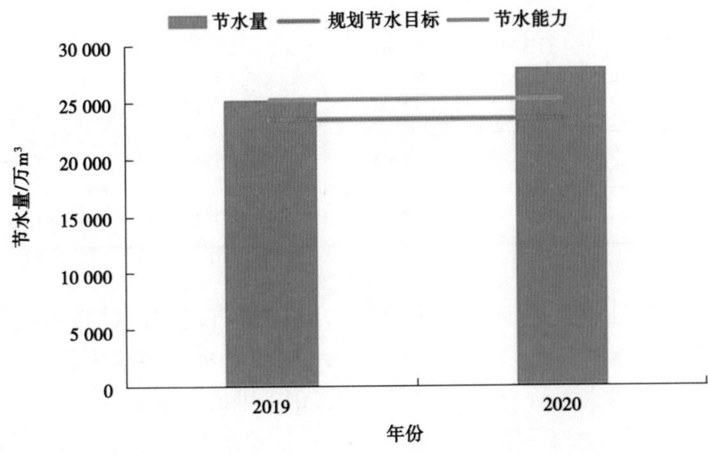

图 5-2-13　沈乌灌域实际节水量与工程节水目标对比

表 5-2-25　沈乌灌域节水量与工程节水目标对比分析

<table>
<tr><th>年份</th><th>灌域节水量/万 m³</th><th>工程规划节水目标/万 m³</th><th>灌域节水量占工程规划节水目标的比例/%</th><th>工程节水能力/万 m³</th><th>灌域节水量占工程节水能力的比例/%</th></tr>
<tr><td>2019</td><td>25 282</td><td rowspan="3">23 489</td><td>107.63</td><td rowspan="3">25 233</td><td>100.19</td></tr>
<tr><td>2020</td><td>28 054</td><td>119.43</td><td>111.18</td></tr>
<tr><td>2019~2020 年平均</td><td>26 668</td><td>113.53</td><td>105.69</td></tr>
</table>

6）综合分析

综合上述各水权转让项目涉及灌区节水量分析，内蒙古自治区已核验的水权转让项目涉及灌区总体节水量基本呈现逐渐增大趋势。截止到 2020 年，已核验的水权转让项目涉及灌区年均节水量总量为 77 307 万 m^3，其中 2019 年灌区年度实际节水量最大，达 83 182 万 m^3。详见表 5-2-26。

表 5-2-26　已核验水权转让项目涉及灌区 2014~2020 年实际节水量统计

年份	南岸灌区	李井滩灌区	丰济灌域	镫口+民族灌域	沈乌灌域	合计
2014	—	330	8 996	—	—	9 326
2015	—	314	19 355	—	—	19 669
2016	—	417	16 688	—	—	17 105
2017	25 393	332	16 911	—	—	42 636
2018	24 536	215	14 817	6716	—	46 284
2019	30 791	200	15 327	11 582	25 282	83 182
2020	25 504	636	11 454	8 525	28 054	74 173
年平均	26 556	349	14 793	8 941	26 668	77 307

根据批复的可行性研究报告，截止到 2020 年，内蒙古自治区已核验的 6 个水权转让项目节水工程规划节水目标总量为 53 038 万 m^3；根据各项目节水工程核验意见，已核验的 6 个水权转让项目节水工程总体节水能力从 2014 年的 2 668 万 m^3 增加到 2020 年的 57 563 万 m^3。各项目节水工程的规划节水目标和核验的节水能力统计详见表 5-2-27。

表 5-2-27 已核验水权转让项目节水工程规划节水目标和节水能力统计

年份	鄂尔多斯一、二期	乌斯太热电	大中矿业	包头一期	沈乌试点	合计
工程规划节水目标/万 m^3						
2014	—	319	2 254	—	—	2 573
2015	—	319	2 254	—	—	2 573
2016	—	319	2 254	—	—	2 573
2017	23 548	319	2 254	—	—	26 121
2018	23 548	319	2 254	3 428	—	29 549
2019	23 548	319	2 254	3 428	23 489	53 038
2020	23 548	319	2 254	3 428	23 489	53 038
年平均	23 548	319	2 254	3 428	23 489	53 038
工程节水能力/万 m^3						
2014	—	274	2 394	—	—	2 668
2015	—	274	2 394	—	—	2 668
2016	—	274	2 394	—	—	2 668
2017	25 525	274	2 394	—	—	28 193
2018	25 525	274	2 394	4 137	—	32 330
2019	25 525	274	2 394	4 137	25 233	57 563
2020	25 525	274	2 394	4 137	25 233	57 563
年平均	25 525	274	2 394	4 137	25 233	57 563

对比 6 个水权转让项目节水工程实施后涉及灌区年度实际节水量与节水工程规划节水目标和工程节水能力，可以发现：6 个水权转让项目涉及灌区年均节水量总量为 77 307 万 m^3，明显超出了各水权转让项目工程年均规划节水目标总量 53 038 万 m^3 和年均工程节水能力总量 57 563 万 m^3，分别占工程年均规划节水目标、年均节水能力总量的 145.76%、134.30%。与工程规划节水目标相比，2014~2020 年 7 年中，6 个水权转让项目节水工程实施后涉及灌区年度实际节水总量均超出节水工程的整体规划节水目标，年度实际节水总量占规划节水目标的比例范围为 139.85%~764.44%。与核验的工程节水能力相比，2014~2020 年 7 年中，6 个水权转让项目节水工程实施后涉及灌区年度实际节水总量均超出工程节水能力，年度实际节水量占工程节水能力的比例范围为 128.85%~737.22%。水权转让项目节水工程实施后涉及灌区年度实际节水量占节水工程规划节水目标和工程节水能力的比例情况详见表 5-2-28 和图 5-2-14。

表 5-2-28　已核验水权转让项目涉及灌区节水量占工程节水目标比例情况

年份	南岸灌区	孪井滩灌区	丰济灌域	镫口+民族灌域	沈乌灌域	合计
灌区节水量占工程规划节水目标的比例/%						
2014	—	103.45	399.11	—	—	362.46
2015	—	98.43	858.70	—	—	764.44
2016	—	130.72	740.37	—	—	664.79
2017	107.83	104.08	750.27	—	—	163.22
2018	104.19	67.40	657.36	195.92	—	156.63
2019	130.76	62.70	679.99	337.86	107.63	156.83
2020	108.30	199.37	508.16	248.69	119.43	139.85
年平均	112.77	109.45	656.28	260.82	113.53	344.03
灌区节水量占工程节水能力的比例/%						
2014	—	120.44	375.77	—	—	349.55
2015	—	114.60	808.48	—	—	737.22
2016	—	152.19	697.08	—	—	641.12
2017	99.48	121.17	706.39	—	—	151.23
2018	96.12	78.47	618.92	162.34	—	143.16
2019	120.63	72.99	640.23	279.96	100.19	144.51
2020	99.92	232.12	478.45	206.07	111.18	128.85
年平均	104.04	127.42	619.90	216.12	105.69	327.95

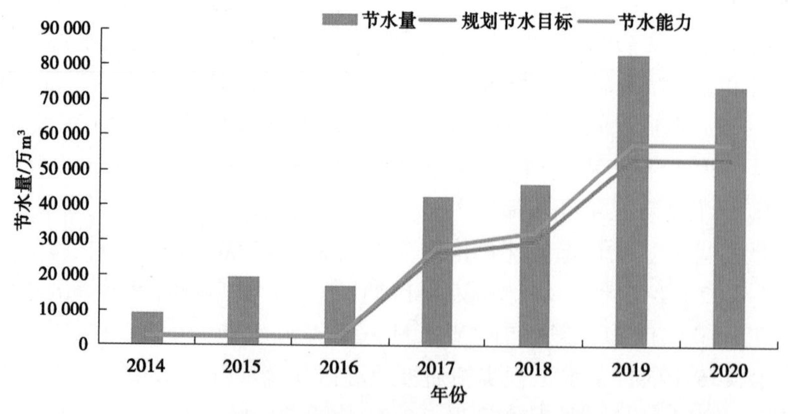

图 5-2-14　6 个水权转让项目涉及灌区总节水量与工程节水目标对比

从各个水权转让项目情况看,各水权转让项目涉及的灌区年均实际节水量占工程规划节水目标和工程节水能力的比例分别介于109.45%~656.28%、104.04%~617.92%,其中,除鄂尔多斯一、二期项目涉及的南岸灌区、乌斯太热电项目涉及的孪井滩灌区、沈乌试点涉及的沈乌灌域的节水量与规划节水目标和工程节水能力比较接近外,其他项目涉及灌区节水量均超出工程规划节水目标和工程节水能力较多,超出最多的为大中矿业项目涉及的丰济灌域,灌域实际节水量为工程规划节水目标和工程节水能力的6倍多。如图5-2-15所示。

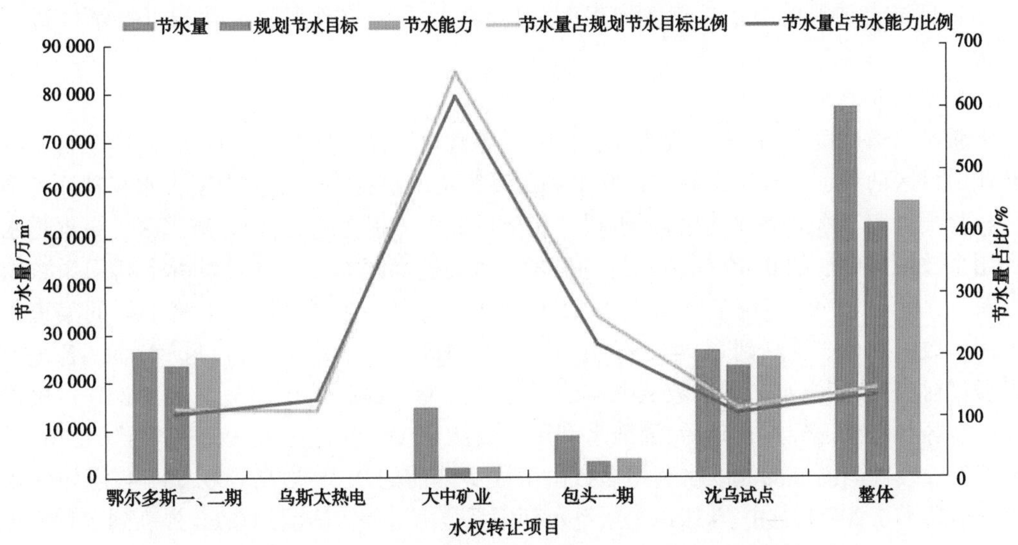

图5-2-15 水权转让项目涉及灌区年均节水量占比情况

综合上述分析,可以看出,水权转让项目涉及的灌区年均节水量均超出了其节水工程的规划节水目标和节水能力。造成灌区实际节水量大于工程规划节水目标和工程节水能力的主要原因是,目前已实施的水权转让项目节水工程未配置独立用水情况监测设施,本次分析只能借用灌区实际生产管理中距离节水工程最近的引水计量点的数据。由于水权转让项目节水工程实施以来,目前已核验的6个项目涉及的灌区在引水计量点控制范围内均有其他项目投资实施的节水工程,因此本次分析的实际节水量不仅包括水权转让项目节水工程产生的节水量,还包括其他节水工程的节水量及近年来灌区加强管理减少的引水量。

根据现场调查了解的情况,自水权转让项目节水工程实施以来,目前已核验的6个项目涉及的灌区中,南岸灌区和沈乌灌域实施的水权转让项目节水工程规模较大,基本集中连片,由其他项目投资实施的节水工程较少,灌区节水量基本可以代表水权转让项目节水工程的节水效果;而其他灌区(域)在引水计量点控制范围内由其他项目投资实施的节水工程规模均较大,灌区(域)引水量减少主要受其他项目节水工程的影响。特别是盟市内水权转让项目均为点对点的模式,除鄂尔多斯一、二期项目外,其他4个盟市内水权转让项目节水工程规模较小且分布较分散,引水计量点控制范围内由其他项目投资实施的节水工程规模和产生的节水量明显大于水权转让项目节水工程,从而造成灌区节水量远超出了水权转让项目节水工程的规划节水目标和节水能力,例如:包头一期、乌斯太热电和大中矿业项目节水工程的节水量仅占到灌区(域)计量点引用水量的5%~8%,节水工程的节水量对用水量的影响甚微,计量点用水变化主要受其他因素影响。

鉴于目前无法获取其他项目节水工程的节水量相关资料及因加强管理减少的引水量数据,除南岸灌区和沈乌灌域外,其他灌区(域)节水量基本不能反映水权转让项目节水工程本身产生的节水效果。所以,本次节水效果评估时,仅对鄂尔多斯一、二期项目和沈乌试点项目的节水目标实现程度,以及涉及灌区的节水稳定性和可持续性进行分析。

3. *灌溉效率*

通过渠道衬砌、实施畦田改造、滴灌、喷灌等水权转让项目节水工程实施,内蒙古水权转让项目区的渠道水利用系数和田间水利用系数均明显提高。根据内蒙古水权转让各项目核验报告和节水效果评估报告,水权转让项目节水工程实施后,孪井滩灌区支渠渠道水利用系数由衬砌前的0.85提高到衬砌后的0.98,提高了0.13,农渠渠道水利用系数由0.707提高至0.945,提高了0.238(见表5-2-29);大中矿业项目涉及丰济干渠的渠道水利用系数由0.893提高到0.944,平均提高了0.051(见表5-2-30);镫口扬水灌区各级渠道经过衬砌后,灌溉水利用系数从0.406提高到0.681,提高了0.275(见表5-2-31);民族团结灌区各级渠道经过衬砌后,灌溉水利用系数从0.320提高到0.696,提高了0.376(见表5-2-32);沈乌灌域的灌溉水利用系数由工程实施前的0.38提高到0.584 4,灌域灌水效率提高了0.204 4,其中:斗级以上渠系水利用系数由工程实施前的0.60提高到工程实施后的0.806 3,渠道输水效率提高了0.206 3;田间水利用系数由工程实施前的0.75提高到工程实施后的0.873 2,田间灌溉效率提高0.123 2(见表5-2-33)。由此可见,内蒙古水权转让项目的实施有效地提高了各项目区的灌溉效率。

表5-2-29　孪井滩灌区渠道水利用系数变化情况

渠道级别	工程实施前	工程实施后	提高值
支渠	0.85	0.98	0.13
农渠	0.707	0.945	0.238

表5-2-30　丰济干渠渠道水利用系数变化情况

衬砌前	年份	2008	2009	2010	—	平均
	渠道水利用系数	0.893	0.89	0.897	—	0.893
衬砌后	年份	2013	2014	2015	2016	平均
	渠道水利用系数	0.946	0.942	0.944	0.943	0.944

表 5-2-31 镫口扬水灌区渠道水利用系数

项目	渠道水利用系数					渠系水利用系数	灌溉水利用系数
	干渠	分干渠	支渠	斗渠	农渠		
衬砌前	0.94	0.79	0.88	0.89		0.582	0.406
衬砌后	0.95	0.92	0.94	0.95	0.97	0.757	0.681
提高值	0.01	0.13	0.06	0.06		0.175	0.275

表 5-2-32 民族团结灌区渠道水利用系数

项目	渠道水利用系数					渠系水利用系数	灌溉水利用系数
	干渠	分干渠	支渠	斗渠	农渠		
衬砌前	0.90	0.78	0.80	0.82		0.460	0.320
衬砌后	0.96	0.93	0.94	0.95	0.97	0.773	0.696
提高值	0.06	0.16	0.14	0.13		0.313	0.376

表 5-2-33 试点工程实施前后沈乌灌域灌溉效率变化情况

项目	工程实施前	工程实施后	提高值
斗级以上渠系水利用系数	0.60	0.806 3	0.206 3
渠系水利用系数(含农毛渠)	0.50	0.669 2	0.169 2
田间水利用系数	0.75	0.873 2	0.123 2
灌溉水利用系数	0.38	0.584 4	0.204 4

4.节水目标实现程度

近年来,鄂尔多斯一、二期项目和沈乌试点项目节水目标实现程度如表 5-2-34 所示。

表 5-2-34 节水目标实现程度分析

年份	鄂尔多斯一、二期项目			沈乌试点项目		
	节水目标实现程度/%		灌区计划指标水量/万 m^3	节水目标实现程度/%		灌域计划指标水量/万 m^3
	与工程规划节水目标比	与工程节水能力比		与工程规划节水目标比	与工程节水能力比	
2017	107.83	99.48	27 939	—	—	—
2018	104.19	96.12	33 444	—	—	—
2019	130.76	120.63	23 323	107.63	100.19	41 074
2020	108.30	99.92	29 240	119.43	111.18	39 039
年平均	112.77	104.04	28 487	113.53	105.69	40 057

1)鄂尔多斯一、二期项目

从工程实施后鄂尔多斯一、二期项目涉及的南岸灌区年度实际节水量与工程规划节水目标、节水能力对比分析结果可知:与工程规划节水目标比,工程实施后的4年中,灌区年均节水量占工程规划节水目标的比例为112.77%,即节水目标实现程度为112.77%。各年度节水目标实现程度介于104.19%~130.76%。与工程节水能力比,工程实施后的4年中,灌区年均节水量占工程节水能力的比例为104.04%,即节水目标实现程度为104.04%。各年度节水目标实现程度介于96.12%~120.63%。

2)沈乌试点项目

从工程实施后沈乌试点项目涉及的灌域年度实际节水量与工程规划节水目标、节水能力对比分析结果可知:与工程规划节水目标比,工程实施后的2年中,灌域年均节水量占工程规划节水目标的比例为113.53%,即节水目标实现程度为113.53%。各年度节水目标实现程度介于107.63%~119.43%。与工程节水能力比,工程实施后的2年中,灌域年均节水量占工程节水能力的比例为105.69%,即节水目标实现程度为105.69%。各年度节水目标实现程度介于100.19%~111.18%。

从上述分析发现,水权转让项目实施后,鄂尔多斯一、二期项目部分年份和沈乌试点项目所有年份的节水目标实现程度超过了100%,分析其原因,主要与灌区(域)年度分配计划指标有关。从图5-2-16、图5-2-17可以看出,水权转让项目节水目标实现程度均随灌区年度计划指标水量的减小而增大,由此可见,灌区的节水量在一定程度上还受相关管理单位对灌区引水量的控制的影响。从而说明,加强灌区引水量的管控是保障水权转让项目节水达标的必要手段之一。

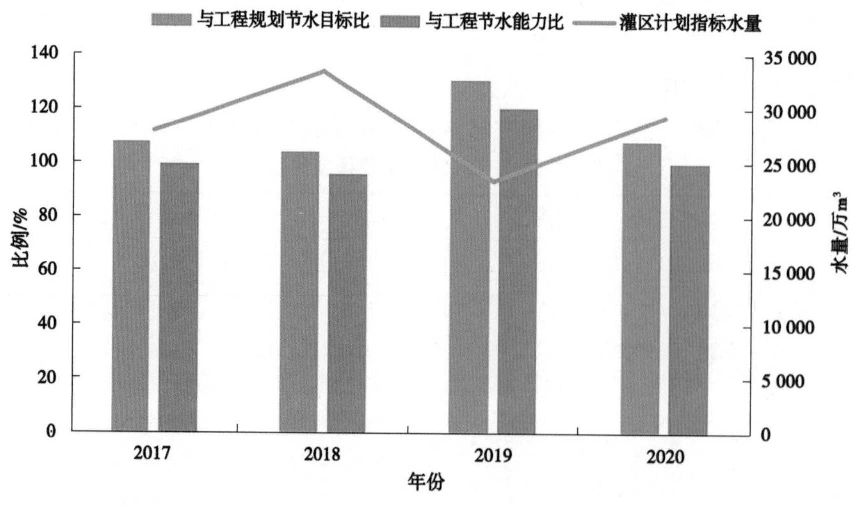

图5-2-16 鄂尔多斯一、二期项目年度节水目标实现程度与灌区计划指标水量变化情况

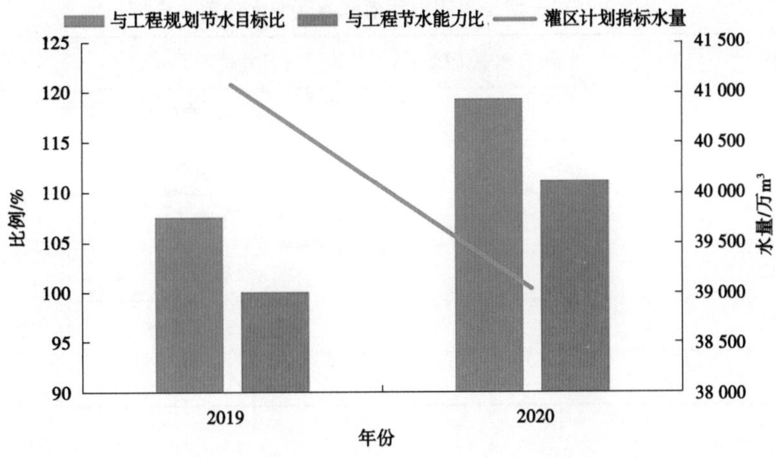

图 5-2-17 沈乌试点项目年度节水目标实现程度与灌区计划指标水量变化情况

5. 节水的稳定性

1）南岸灌区

（1）一期工程（2009～2013 年）。鄂尔多斯一期工程实施后至二期工程实施前（2009～2013 年）这 5 年中，南岸灌区年节水量介于 15 435 万～27 553 万 m^3，年际间变化较大。根据节水的稳定性公式，2009～2013 年南岸灌区年节水量的变异系数 K_{js} 值为 0.471。如图 5-2-18 和表 5-2-35 所示。

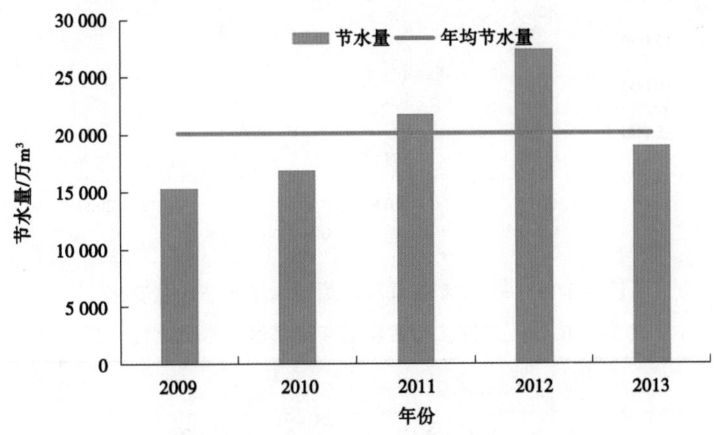

图 5-2-18 一期工程实施后南岸灌区节水量变化

表 5-2-35 一期工程实施后南岸灌区节水稳定性分析

年份	实际节水量/万 m^3	差值/万 m^3	K_{js}
2009	15 435	-4 735	0.471
2010	16 981	-3 189	
2011	21 831	1 661	
2012	27 553	7 383	
2013	19 048	-1 122	
2009~2013 年平均	20 170	—	—

(2)一、二期工程节水的稳定性(2017~2020 年)。从水权转让节水工程实施后灌区节水情况看,二期工程实施后(2017~2020 年)的 4 年,南岸灌区年节水量介于 24 536 万~30 791 万 m^3,年际间变化较小。根据节水的稳定性公式,2017~2020 年南岸灌区年节水量的变异系数 K_{js} 值为 0.183。具体如图 5-2-19 和表 5-2-36 所示。

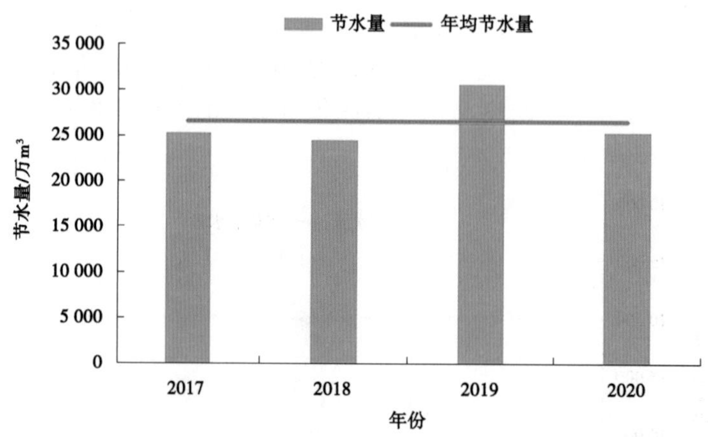

图 5-2-19 一、二期工程实施后南岸灌区节水量变化

表 5-2-36 一、二期工程实施后南岸灌区节水稳定性分析

年份	实际节水量/万 m^3	差值/万 m^3	K_{js}
2017	25 393	-1 163	0.183
2018	24 536	-2 020	
2019	30 791	4 235	
2020	25 504	-1 052	
2017~2020 年平均	26 556	—	—

综合分析，随着二期工程的全面运行，南岸灌区年节水量的变异系数 K_{js} 值变小，表明在工程全面运行后，灌区的节水稳定性提高。

2）沈乌灌域

沈乌灌域规划基准年（2009～2012 年）年均农业灌溉引水量为 55 868 万 m^3，工程实施后（2019～2020 年）灌域年均农业灌溉引水量为 29 200 万 m^3，灌域年均节水量为 26 668 万 m^3，其中 2019 年节水量为 25 282 万 m^3，2020 年节水量为 28 054 万 m^3。根据节水的稳定性公式，2019～2020 年灌域年节水量的变异系数 K_{js} 值为 0.052。如图 5-2-20 和表 5-2-37 所示。

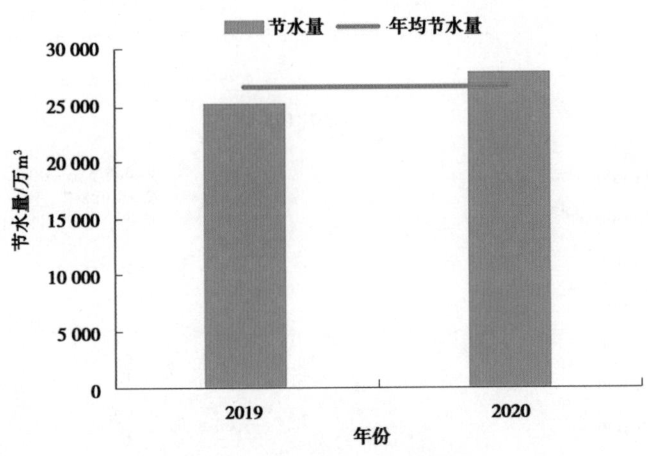

图 5-2-20 沈乌灌域节水量变化

表 5-2-37 沈乌灌域节水稳定性分析

年份	实际节水量/万 m^3	差值/万 m^3	K_{js}
2019	25 282	−1 386	0.052
2020	28 054	1 386	
2019～2020 年平均	26 668	—	—

6. 节水的可持续性

水权转让实施后南岸灌区和沈乌灌域历年实际节水量变化如表 5-2-38 所示，根据灌区历年实际节水量和节水工程实施后年份得出灌区历年节水量随年份变化的线性回归关系，如图 5-2-21 所示。

表 5-2-38 水权转让项目涉及灌区节水量统计

灌区	实际节水量/万 m^3			
	2017 年	2018 年	2019 年	2020 年
南岸灌区	25 393	24 536	30 791	25 504
沈乌灌域	—	—	25 282	28 054

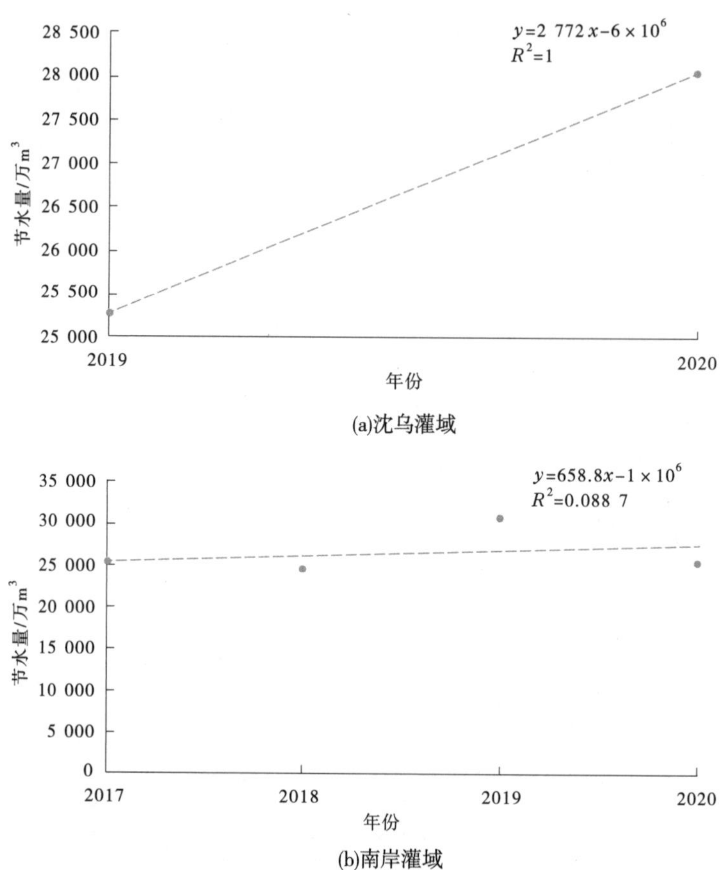

图 5-2-21　水权转让项目涉及灌区节水的可持续性分析

从水权转让项目节水涉及灌区工程实施后的年度实际节水量变化情况看，鄂尔多斯一、二期项目涉及南岸灌区年度实际节水量变化均呈现出上升趋势，由此可见，南岸灌区的节水可持续性较好；沈乌试点项目节水工程全面运行仅有 2 年时间，线性回归分析不能全面反映沈乌灌域节水量的整体变化趋势，但从沈乌灌域 2019～2020 年的节水量来看，沈乌灌域 2020 年的节水量要大于 2019 年的节水量，且节水量呈现出上升趋势，说明沈乌灌域节水的可持续性较好。

7. 节水措施的适应性

根据水权转让项目节水工程实施情况，目前已核验的 6 个水权转让项目采取的节水措施主要为渠道防渗衬砌和渠系建筑物配套（简称渠道衬砌）、畦田改造、地面灌改滴灌（简称滴灌）、地面灌改喷灌（简称喷灌）等。其中，渠道衬砌采用的方式包括预制混凝土板（简称砼板）和模袋混凝土（简称模袋）两种；滴灌主要包括黄河水畦灌改滴灌、黄河水畦灌改地下水滴灌、地下水畦灌改滴灌、设施农业等类型。

1)典型工程调查情况

本次实地调查的典型工程共55处,其中渠道35段,覆盖了干渠、分干渠、支渠、斗渠和农渠5种渠道级别,包括了砼板和模袋两种衬砌方式,使用年限为3~16年;田间工程20处,包括了喷灌和滴灌的各种类型。同时走访了73户农户,调查对田间节水工程的满意度。详见表5-2-39~表5-2-41,实地调查典型工程分布见图5-2-22~图5-2-24。

表5-2-39　典型调查渠道统计　单位:段

渠道级别	南岸灌区	沈乌灌域	合计
干渠	9	2	11
分干渠	2	6	8
支渠	5	2	7
斗渠	4	4	8
农渠	1	0	1
合计	21	14	35

表5-2-40　田间工程典型调查单元统计　单位:处

类别	南岸灌区	沈乌灌域	合计	备注
畦田改造	3	3	6	
喷灌	2	0	2	
滴灌	6	6	12	其中1处为设施农业
合计	11	9	20	

表5-2-41　实地调查农户统计　单位:户

类别	南岸灌区	沈乌灌域	合计
畦田改造	13	9	22
喷灌	5	0	5
滴灌	26	20	46
合计	44	29	73

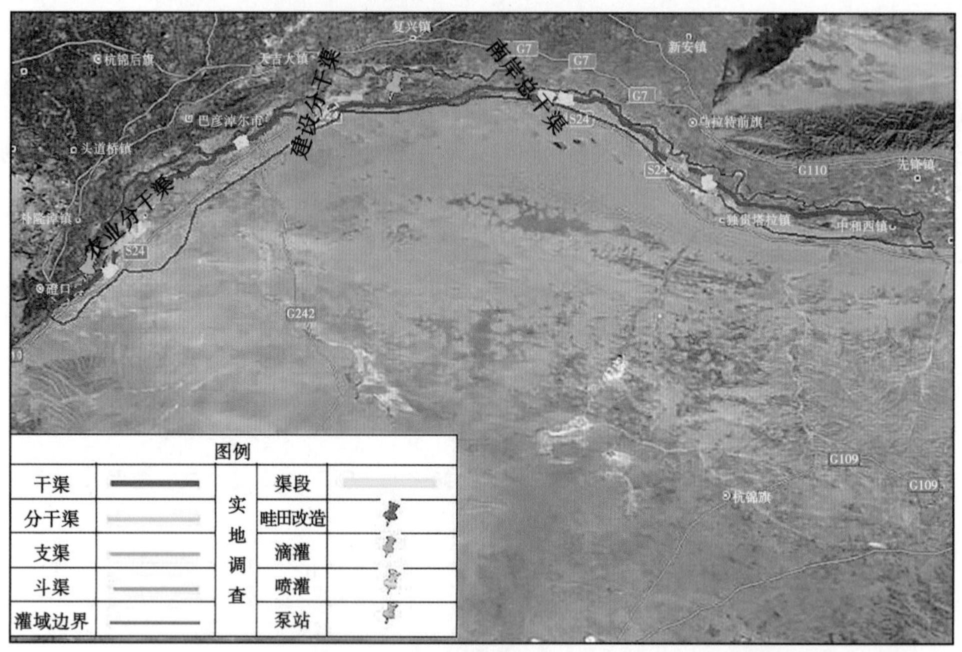

图 5-2-22　杭锦旗南岸灌区实地调查渠道和田间工程分布示意图

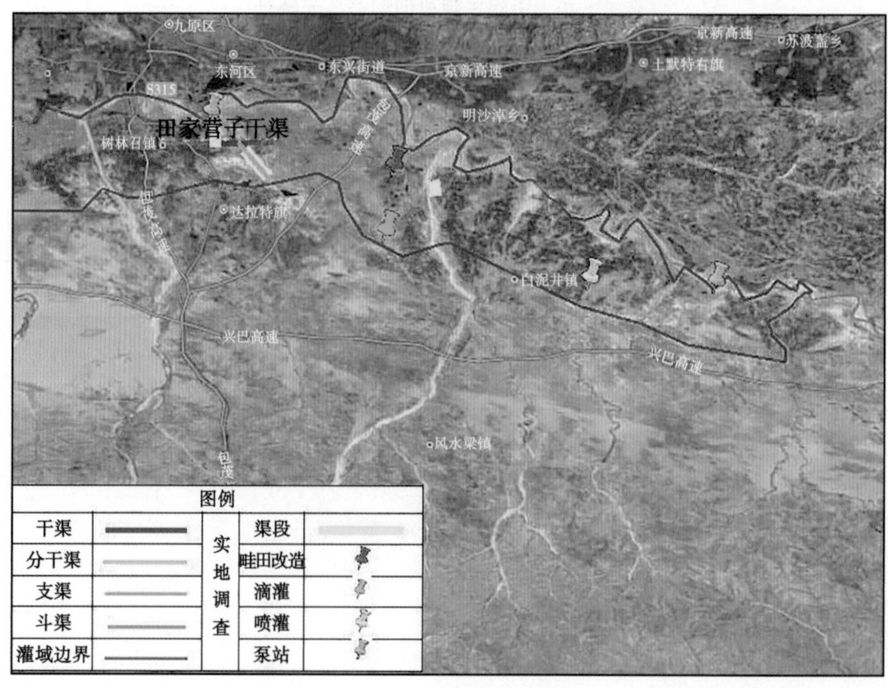

图 5-2-23　达拉特旗南岸灌区实地调查渠道和田间工程分布示意图

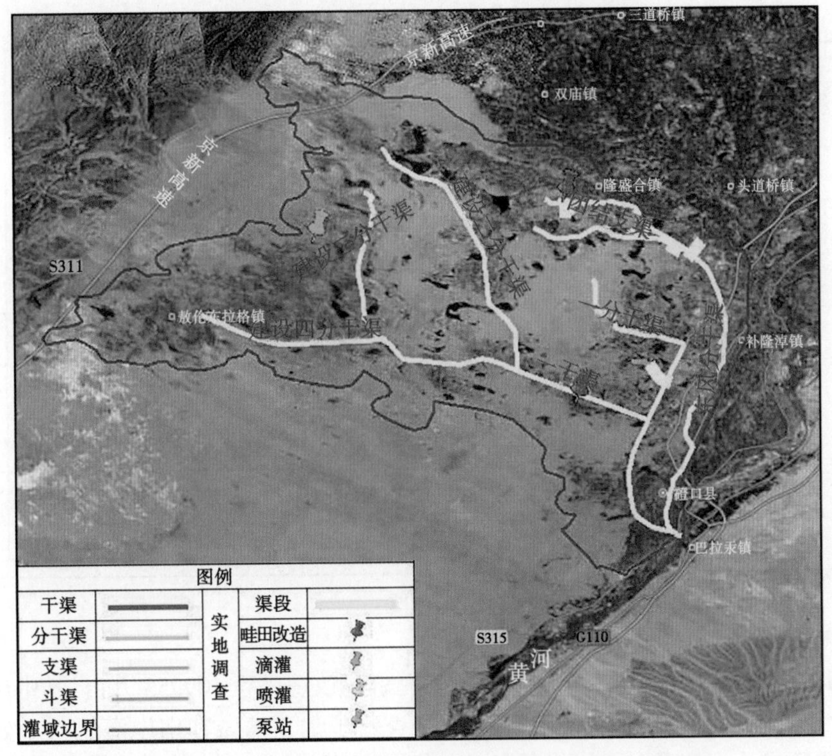

图 5-2-24　沈乌灌域实地调查渠道和田间工程分布示意图

(1)衬砌渠道

本次在南岸灌区和沈乌灌域共实地查勘了 35 条渠道(渠段),渠道长度共 176.973 km,配套建筑物共 733 座。其中:干渠 11 条(段),渠道长度 35.625 km,配套建筑物 98 座;分干渠 8 条,渠道长度 133.541 km,配套建筑物 520 座;支渠 7 条,渠道长度 3.577 km,配套建筑物 30 座;斗渠 8 条,渠道长度 3.945 km,配套建筑物 80 座;农渠 1 条,渠道长度 0.285 km,配套建筑物 5 座。

南岸灌区实地查勘 21 条渠道(渠段),渠道长度共 9.225 km,配套建筑物共 78 座。其中:干渠 9 段,渠道长度 4.425 km,配套建筑物 7 座;分干渠 2 条,渠道长度 0.653 km,配套建筑物 2 座;支渠 5 条,渠道长度 2.249 km,配套建筑物 13 座;斗渠 4 条,渠道长度 1.613 km,配套建筑物 51 座;农渠 1 条,渠道长度 0.285 km,配套建筑物 5 座。实地调查渠道(渠段)分布见图 5-2-22、图 5-2-23。

沈乌灌域实地查勘了 14 条渠道(渠段),渠道长度共 167.748 km,配套建筑物共 655 座。其中:干渠 2 段,渠道长度 31.2 km,配套建筑物 91 座;分干渠 6 条,渠道长度 132.888 km,配套建筑物 518 座;支渠 2 条,渠道长度 1.328 km,配套建筑物 7 座;斗渠 4 条,渠道长度 2.332 km,配套建筑物 29 座。实地调查渠道(渠段)分布见图 5-2-24。

本次调查的渠道(段)完工时间为 2005~2017 年,使用年限为 3~16 年,其中南岸灌区的渠道使用年限相对较长,为 3~16 年,沈乌灌域渠道使用年限为 3~6 年。调查渠道的衬砌方式包括砼板和模袋两种方式,其中南岸灌区渠道衬砌方式以砼板为主;沈乌灌域干渠和分干渠渠道衬砌方式以模袋为主,其他渠道均为砼板衬砌。见表 5-2-42。

表 5-2-42 实地调查渠道情况统计

区域	项目	干渠	分干渠	支渠	斗渠	农渠	合计
沈乌灌域	调查渠道数量/(条/段)	2	6	2	4		14
	调查渠道长度/km	31.2	132.888	1.328	2.332		167.748
	调查建筑物数量/座	91	518	17	29		655
南岸灌区	调查渠道数量/条	9	2	5	4	1	21
	调查渠道长度/km	4.425	0.653	2.249	1.613	0.285	9.225
	调查建筑物数量/座	7	2	13	51	5	78
合计	调查渠道数量/条	11	8	7	8	1	35
	调查渠道长度/km	35.625	133.541	3.577	3.945	0.285	176.973
	调查建筑物数量/座	98	520	30	80	5	733

(2)畦田改造

沈乌灌域和南岸灌区水权转让工程共实施畦田改造工程 109.53 万亩,其中沈乌灌域 65.37 万亩,南岸灌区 44.16 万亩。本次现场查看了沈乌灌域和南岸灌区共 6 处畦田改造工程,工程实施面积共计 49 831 亩,占工程总实施面积的 4.55%。其中,沈乌灌域 3 处,工程实施面积 30 800 亩,占沈乌灌域畦田改造工程实施面积的 4.71%;南岸灌区 3 处,工程实施面积 19 031 亩,占南岸灌区畦田改造工程实施面积的 4.31%。现场查看过程中,随机走访了 22 户农户,其中沈乌灌域走访农户 9 户、南岸灌区走访农户 13 户。畦田改造工程现场调查情况见表 5-2-43。

表 5-2-43 畦田改造工程现场调查情况统计

区域	调查工程数量/处	工程实施面积/亩	走访农户数量/户
沈乌灌域	3	30 800	9
南岸灌区	3	19 031	13
合计	6	49 831	22

(3)滴灌

沈乌灌域和南岸灌区水权转让工程共实施滴灌工程(包括设施农业)34.71 万亩,其中沈乌灌域 12.76 万亩,南岸灌区 21.95 万亩。本次现场查看了 12 处滴灌工程(包括 1 处设施农业)工程,实施面积共计 55 288 亩,占工程总实施面积的 15.93%。其中,沈乌灌域 6 处,工程实施面积 20 800 亩,占沈乌灌域滴灌工程实施面积的 16.30%,南岸灌区 6 处,工程实施面积 34 488 亩,占南岸灌区工程实施面积的 15.71%。现场查看过程中,随机走访了 46 户农户,其中,沈乌灌域走访农户 20 户、南岸灌区走访农户 26 户。滴灌工程现场调查情况见表 5-2-44。

表 5-2-44 滴灌工程现场调查情况统计

区域	调查工程数量/处	工程实施面积/亩	走访农户数量/户	备注
沈乌灌域	6	20 800	20	
南岸灌区	6	34 488	26	其中 1 处为设施农业
合计	12	55 288	46	

(4)喷灌

水权转让项目实施的喷灌工程主要在南岸灌区。本次现场查看了南岸灌区 2 处喷灌工程,现场查看的工程实施面积共计 3 737 亩,调查农户 5 户。喷灌工程现场调查情况见表 5-2-45。

表 5-2-45 喷灌工程现场调查情况统计

工程名称	工程位置	实施规模/亩	实际运行规模/亩	走访农户数量/户
白泥井节水示范园喷灌项目	白泥井节水示范园	657	657	5
西蒙农牧业公司喷灌项目	杭锦旗西蒙农牧业公司	3 080	0	
合计		3 737	657	5

2)工程完好情况

根据节水措施的特点,本次重点对渠道衬砌、畦田改造和滴灌、喷灌等田间工程的完好情况进行分析。

(1)渠道衬砌

根据渠道工程破损情况,将渠道和建筑物破损情况程度分为轻度破损、中度破损和重度破损 3 个等级。按照渠道破损情况,将渠道砼板移位、小部分侵蚀磨损定为轻度破损,不影响渠道正常行水;将小范围冻胀、鼓包等定为中度破损,可能会对渠道正常行水有影响;将大面积砼板冻胀、鼓包、塌陷定为重度破损,渗漏严重,影响渠道行水。对于渠道配套建筑物(主要为闸门),将闸口有塌陷、闸门移位等定为轻度破损,不影响闸门启闭工作;将八字翼墙有裂缝等定为中度破损,可能会影响闸门启闭工作;将启闭机与底板不固定、工作梯破损等定为重度破损,影响闸门正常工作。渠道及配套建筑物破损程度分级标准见表 5-2-46。

表 5-2-46 渠道及配套建筑物破损程度分级标准

破损等级	渠道	建筑物	备注
轻度破损	小部分侵蚀磨损	闸口有塌陷、闸门移位	不影响渠道输水或建筑物正常工作

续表 5-2-46

破损等级	渠道	建筑物	备注
中度破损	小范围冻胀、鼓包等	八字翼墙有裂缝等	可能会影响渠道输水或建筑物正常工作
重度破损	大面积砼板冻胀、鼓包、塌陷	启闭机与底板不固定、工作梯破损等	影响渠道输水或建筑物不能正常工作

渠道及渠道配套建筑物破损情况与破损程度对照如图 5-2-25。根据实地查勘数据统计,调查渠道(段)范围内,渠道破损长度共计 7.974 4 km,破损长度占调查渠道(段)总长度的 4.51%,调查渠道的完好率为 95.49%,其中沈乌灌域渠道完好率为 96.87%、黄河南岸灌区渠道完好率为 70.46%。从渠道工程破损程度来看,渠道重度破损占比最高,占调查渠道总长度的 2.88%;其次为中度破损,占比 1.42%;轻度破损占比 0.21%。其中,南岸灌区渠道重度破损占比最高,占调查渠道总长度的 22.68%,中度破损占比为 3.83%,轻度破损占比为 3.04%;沈乌灌域重度破损占比为 1.79%,中度破损占比为 1.29%, 轻度破损占比为 0.05%。根据现场调查了解到,沈乌灌域的渠道破损主要是输水过程中冲刷或冬季冻胀造成的,加上节水工程运行以来尚未投入维修养护资金,破损渠段不能得到及时维修,从而加剧了渠道的破损程度和长度。例如:一干渠(口闸—二闸段),作为灌域的主要输水渠道,至今运行已 6 年多,由于渠道渠底砂石冲刷后长时间得不到维护,部分渠段渠底的防渗膜直接受水流冲刷而造成破损;建设三分干和文冠果斗渠等部分砼板衬砌渠道,由于冬季冻胀造成的局部砼板移位、鼓包现象未及时解决,从而造成渠道大面积砼板移位、鼓包,以至于渠道破损程度和长度占比也相对较高。另外,现场查勘过程中发现,机械清淤也是造成渠道破损的主要原因之一,尤其是支渠以下渠道,人为因素破损情况较多。

(a)渠道轻度破损

(b)渠道中度破损

图 5-2-25　渠道及渠道配套建筑物破损情况与破损程度对照

(c)渠道重度破损

(d)建筑物轻度破损

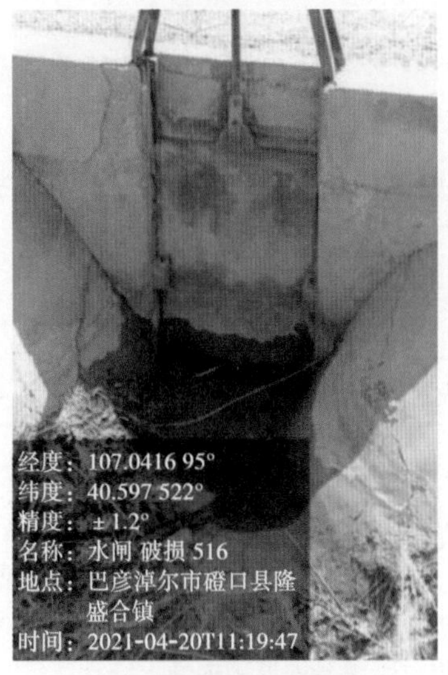

(e)建筑物中度破损

(f)建筑物重度破损

续图 5-2-25

不同级别渠道破损情况又有所不同。如表 5-2-47 所示，干渠渠道破损比例为 10. 96%，其中轻度破损占比 0. 23%、中度破损占比 0. 42%、重度破损占比 10. 31%；分干渠渠道破损比例为 1. 73%，其中轻度破损占比 0. 03%、中度破损占比 1. 70%、重度破损占比 0；支渠渠道破损比例为 36. 33%，其中轻度破损占比 4. 88%、中度破损占比 1. 96%、重度破损占比 29. 49%；斗农渠渠道破损比例为 10. 90%，其中轻度破损占比 1. 63%、中度破损占比 0. 54%、重度破损占比 8. 72%。

表 5-2-47　渠道工程破损情况统计

灌域	渠道级别	调查长度/km	破损长度/km				破损比例/%	不同破损程度占比/%		
			合计	轻度	中度	重度		轻度	中度	重度
沈乌灌域	干渠	31.2	3			3	9.62	0	0	9.62
	分干渠	132.888	2.1		2.1		1.58	0	1.58	0
	支渠	1.328	0.056	0.023	0.033		4.22	1.73	2.48	0
	斗渠	2.332	0.093	0.066	0.023	0.004	3.99	2.83	0.99	0.17
	小计	167.748	5.249	0.089	2.156	3.004	3.13	0.05	1.29	1.79
南岸灌区	干渠	4.425	0.903	0.083	0.148	0.672	20.41	1.88	3.34	15.19
	分干渠	0.653	0.211	0.043	0.168	0	32.31	6.58	25.73	0
	支渠	2.249	1.243 4	0.151 4	0.037	1.055	55.29	6.73	1.65	46.91
	斗农渠	1.898	0.368	0.003	0	0.365	19.39	0.16	0	19.23
	小计	9.225	2.725 4	0.280 4	0.353	2.092	29.54	3.04	3.83	22.68
总计	干渠	35.625	3.903	0.083	0.148	3.672	10.96	0.23	0.42	10.31
	分干渠	133.541	2.311	0.043	2.268	0	1.73	0.03	1.70	0
	支渠	3.577	1.299 4	0.174 4	0.07	1.055	36.33	4.88	1.96	29.49
	斗农渠	4.23	0.461	0.069	0.023	0.369	10.90	1.63	0.54	8.72
	合计	176.973	7.974 4	0.369 4	2.509	5.096	4.51	0.21	1.42	2.88

根据灌区管理单位的统计资料分析，南岸灌区水权转让项目衬砌渠道破损长度共计930.27 km，破损长度占渠道(段)总长度的38.94%。其中：重度破损占比最高，占渠道总长度的29.73%；其次为中度破损，占比6.60%；轻度破损占比2.61%。见表5-2-48。

表 5-2-48　南岸灌区水权转让工程衬砌灌溉渠道破损情况统计

灌域	渠道级别	渠道衬砌长度/km	衬砌渠道破损长度/km				破损比例/%	占衬砌长度比例/%		
			合计	重度	中度	轻度		重度	中度	轻度
南岸灌区	干渠	180.45	47.09	32.48	9.56	5.05	26.10	18.00	5.30	2.80
	分干渠	124.35	40.71	22.15	14.1	4.46	32.74	17.81	11.34	3.59
	支渠	496.21	286.65	236.64	11.1	38.91	57.77	47.69	2.24	7.84
	斗农渠	1 588.11	555.82	418.87	122.96	13.99	35.00	26.38	7.74	0.88
	小计	2 389.12	930.27	710.14	157.72	62.41	38.94	29.73	6.60	2.61

由图 5-2-26 可知,现场调查的渠道破损率、不同破损程度的比例与灌区统计数据基本接近,且均低于南岸灌区统计数据。分析其原因,主要是:现场调查时正值灌区灌溉期,部分渠道因处于行水期,无法查看到渠道底部破损情况,故现场调查的渠道破损情况势必小于实际情况,从而造成现场调查的渠道破损率低于灌区统计数据。

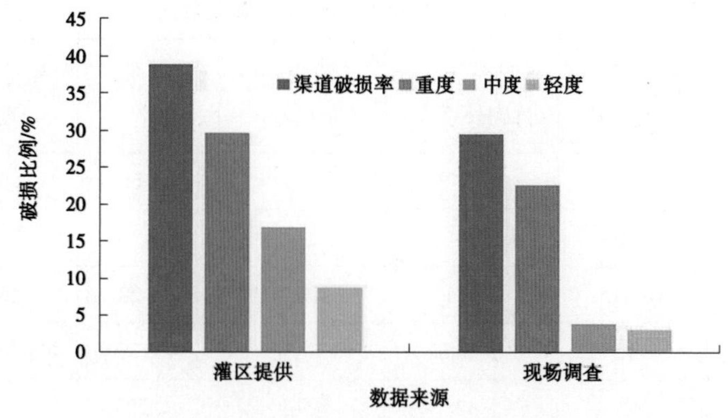

图 5-2-26 不同数据来源渠道破损情况对比

由图 5-2-27 可知,对比分析不同使用年限渠道破损情况可知,随着渠道工程使用年限增加,渠道工程破损率越高,重度破损的占比也越高。使用 5 年的渠道工程破损比例为 0.08%,而使用 16 年的渠道工程在多次维修情况下目前破损比例仍高达 40.76%。根据灌区提供的历年维修养护资料统计,南岸灌区从 2009~2018 年,共投资维修养护资金 4 752.94 万元。

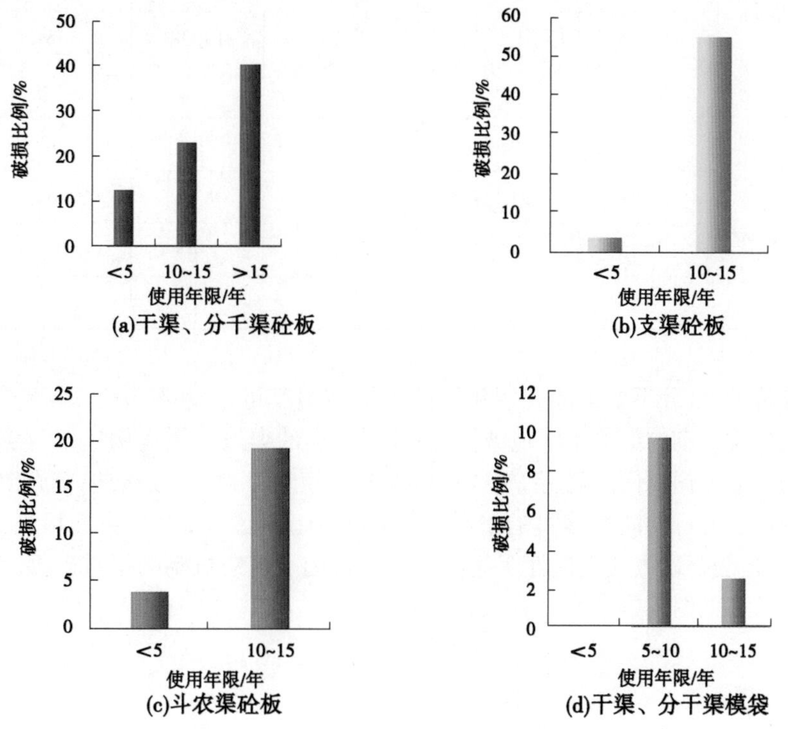

图 5-2-27 不同使用年限渠道破损情况对比

对比不同衬砌方式的渠道破损情况(见表 5-2-49)可知,使用年限相近的同一级别渠道,模袋衬砌渠道的破损比例明显低于砼板衬砌渠道,更适宜推广应用。如南岸灌区总干渠下游相邻的两段渠道,基本是同期完工,模袋衬砌渠道的破损比例为 2.45%,砼板衬砌渠道的破损比例为 23.28%。

表 5-2-49　不同使用年限渠道破损情况

衬砌方式	渠道级别	使用年限/年	调查渠道衬砌长度/m	渠道破损长度/m	破损比例/%	重度破损长度/m	重度破损占比/%
砼板	干渠、分干渠	<5	16 548	2 100	12.69	0	0
		5~10					
		10~15	2 571	598.5	23.28	364	60.82
		>15	1 185	483	40.76	308	63.77
	支渠	<5	1 328	56	4.22		0
		5~10					
		10~15	2 249	1 243.4	55.29	1 055	84.85
		>15					
	斗农渠	<5	2 332	93	3.99	4	4.30
		5~10					
		10~15	1 898	367.8	19.38	365	99.24
		>15					
模袋	干渠、分干渠	<5	130 540	0	0		
		5~10	31 000	3 000	9.68	3 000	100.00
		10~15	1 322	32.4	2.45	0	
		>15					

对比分析干渠、分干渠不同使用年限的渠道破损率可以发现,渠道运行 5 年内的干渠、分干渠,模袋衬砌的渠道未发现破损,而砼板衬砌的渠道破损比例达 12.69%,明显高于模袋衬砌渠道破损比例。运行 10~15 年的渠道,模袋衬砌的渠道破损率为 19.38%,砼板衬砌的渠道在运行期间维修过的情况下渠道破损率为 23.28%。由此可见,使用年限相近的渠道,模袋衬砌方式适应性明显优于砼板衬砌。模袋衬砌的渠道破损率均低于砼板衬砌的渠道。见图 5-2-28。

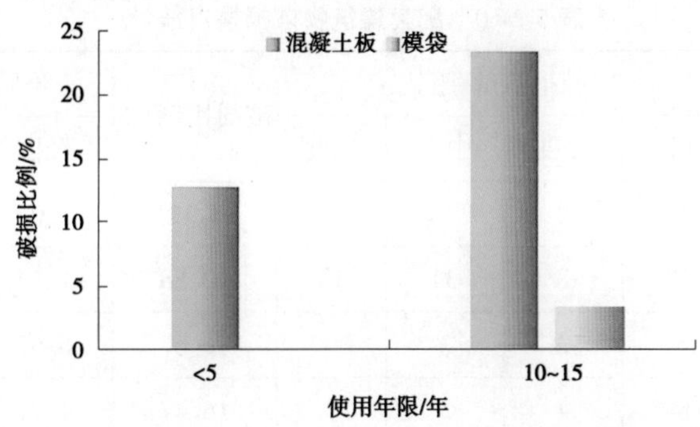

图 5-2-28 相同渠道级别、不同衬砌方式下的渠道破损率对比

由图 5-2-29 可知，对于运行 5 年内砼板衬砌的渠道，干渠、分干渠的渠道破损率最高，为 12.69%，是因为运行 5 年内的渠道多位于南岸灌区下游土壤盐碱化严重区域，渠道侵蚀情况相对严重。其次为支渠和斗农渠，渠道破损率依次为 4.22%和 3.99%。对于运行年限在 10~15 年的渠道，支渠的破损率最高，为 55.29%，其次为干渠、分干渠，斗农渠，渠道破损率依次为 23.28%和 19.38%。

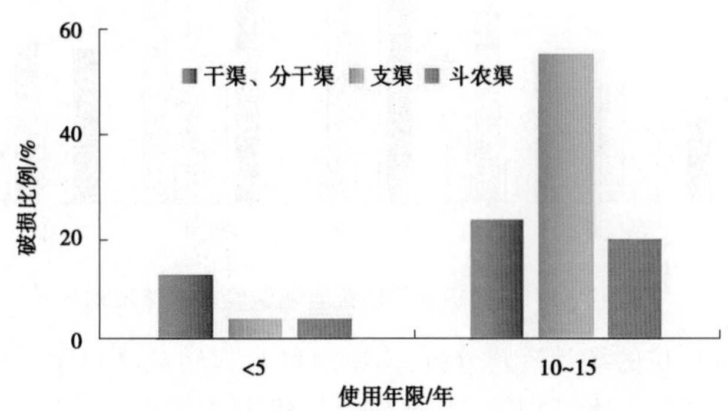

图 5-2-29 砼板衬砌不同级别渠道破损比例对比

根据实地查勘数据统计，配套建筑物破损 80 座，占配套建筑物调查总数的 10.91%，配套建筑物完好率为 89.09%，其中沈乌灌域配套建筑物完好率为 90.00%、黄河南岸灌区配套建筑物完好率为 77%。从配套建筑物破损程度来看，中度破损占比最高，占破损建筑物总数的 5.46%；其次为重度破损，占比 3.27%，轻度破损占比 2.18%。

从不同级别渠道的配套建筑物破损情况统计（见表 5-2-50）可以看出，干渠配套建筑物破损比例为 6.12%，其中轻度破损占比 2.04%、无中度破损、重度破损占比 4.08%；分干渠配套建筑物破损比例为 10.58%，其中轻度破损占比 1.54%、中度破损占比 6.54%、重度破损占比 2.50%；支渠配套建筑物破损比例为 16.67%，其中轻度破损占比 6.67%、中度破损占比 10.00%、无重度破损；斗农渠配套建筑物破损比例为 16.47%，其中轻度破损占比 4.71%、中度破损占比 3.53%、重度破损占比 8.24%。不同级别渠道配套建筑物破损情况对比见图 5-2-30。

表 5-2-50 配套建筑物破损情况统计

渠道级别	调查数量/座	破损数量/座				破损比例/%	不同破损程度占比/%		
		合计	轻度	中度	重度		轻度	中度	重度
干渠	98	6	2		4	6.12	2.04	0	4.08
分干渠	520	55	8	34	13	10.58	1.54	6.54	2.50
支渠	30	5	2	3		16.67	6.67	10.00	0
斗农渠	85	14	4	3	7	16.47	4.71	3.53	8.24
合计	733	80	16	40	24	10.91	2.18	5.46	3.27

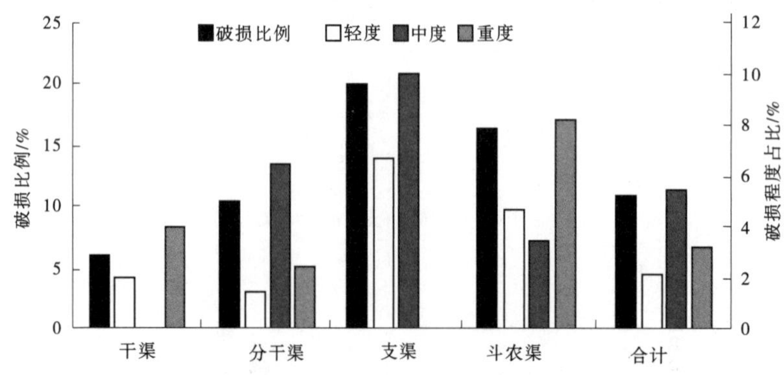

图 5-2-30 不同级别渠道配套建筑物破损情况对比

根据灌区管理单位的统计资料分析，南岸灌区水权转让项目渠系配套建筑物破损共计 21 609 处，占渠道配套建筑物的 21.66%。从建筑物破损程度来看，重度破损占比最高，占配套建筑物总数的 10.51%；其次为轻度破损，占比 5.76%；中度破损占比 5.39%。见表 5-2-51。与渠道的破损情况分析结果一样，现场调查的配套建筑物破损率基本与南岸灌区提供的数据分析结果接近，且低于灌区统计数据。

表 5-2-51 南岸灌区水权转让工程渠道配套建筑物破损情况统计

渠道级别	配套建筑物数/处	配套建筑物破损数量/处				破损比例/%	占比/%		
		合计	重度	中度	轻度		重度	中度	轻度
干渠	82	5	2	1	2	6.10	2.44	1.22	2.44
分干渠	81	16	4	7	5	19.75	4.94	8.64	6.17
支渠	10 380	3 774	1 667	1 308	799	36.36	16.06	12.60	7.70
斗农渠	89 221	17 814	8 811	4 065	4 938	19.97	9.88	4.56	5.53
小计	99 764	21 609	10 484	5 381	5 744	21.66	10.51	5.39	5.76

现场调查中发现,渠道工程及配套建筑物破损情况与当地土壤、地下水埋深等条件也有一定的关系。位于南岸灌区下游灌域的干渠、分干渠渠道,由于当地地下水埋深较浅、土壤盐碱化严重,同样采用的渠道砼板衬砌,受冻胀破坏影响,虽然使用年限小于灌区上游的同级别渠道,但渠道破损程度明显严重。而同样位于灌区下游土壤盐碱化严重区域,采用模袋衬砌的渠道未发现破损情况。因此,对于土壤盐碱化严重区域来说,模袋衬砌适应性较好。

综上所述,不同级别渠道破损情况有所不同,其中支渠破损比例较高,其次是干渠和斗农渠;随着使用年限的增加,渠道工程破损率越高,重度破损的占比也越高;地下水埋深较浅、土壤盐碱化严重区域,渠道和建筑物破损程度明显严重;使用年限相近的同一级别渠道对比,模袋衬砌渠道的破损比例明显低于砼板衬砌渠道;对于渠道建筑物,在正常的维修养护条件下,能满足25年的运行要求。

就衬砌技术而言,模袋衬砌渠道的使用寿命明显长于砼板衬砌。从当前渠道运行管理情况来看,模袋衬砌渠道在正常运行管理和适时维修养护条件下,在水权转让25年期间基本能够维持工程的节水效果,而对于砼板衬砌的渠道,若要满足25年运行要求,需要加大维修养护资金投入,加强渠道的运行管理。

(2)畦田改造

从实地调查过程中了解到,畦田改造工程因每年耕种,土地平整度会逐年降低,特别是几年一次的深翻后(沈乌灌域2~3年需要深翻一次,南岸灌区3~5年需要深翻一次),土地平整度基本降到工程实施前的状态,需要再进行一次大规模激光平地才能达到畦田改造对土地平整度的要求。

(3)滴灌

从现场调查情况看,目前,12处滴灌工程首部装置、骨干工程、输水渠道或管道完好,个别田间给水栓有漏水、损坏等现象。田间毛管、滴灌带等耗材,需每1~2年由用水户自费更换。

(4)喷灌

现场查看的2处喷灌工程,1处已改为滴灌,1处正在运行的喷灌工程骨干输水渠道和管道、喷灌机组均无损坏情况,但田间工程配件有丢失现象。

3)工程运行情况

根据节水措施的特点,本次重点对滴灌和喷灌等田间工程的实际运行情况进行分析。

(1)滴灌

根据调查数据统计(见表5-2-52),12处滴灌工程实际运行规模为38 142亩,占工程实施面积的69%。12处滴灌工程中,有8处工程实际运行规模与实施规模一致,4处工程的实际运行规模小于实施规模,其中1处的实际运行规模仅为实施规模的18%。

表 5-2-52 滴灌工程使用情况统计

区域	工程编号	工程位置	实施规模/亩	实际运行规模/亩	实际运行比例/%
沈乌灌域	2017 年滴灌项目	磴口县塔布村	2 300	2 300	100
	2017 年滴灌项目	磴口县哈腾套海农场八分场	4 000	2 700	68
	2017 年滴灌项目	磴口县巴音毛道	1 300	1 300	100
	2017 年滴灌项目	磴口县包尔盖农场九分场	8 700	8 700	100
	2017 年滴灌项目	磴口县沙金苏木巴音布日格	2 500	2 500	100
	2016 年滴灌项目	磴口县沙金苏木温都尔毛道嘎查	2 000	2 000	100
小计			20 800	19 500	94
南岸灌区	解放营子滴灌项目	达拉特旗王爱召老右湾	6 717	6 717	100
	王爱召树圪卜社黄河水滴灌项目	达拉特旗王爱召树圪卜社	11 346	2 000	18
	高效节水工程光荣村 4 号滴灌项目	杭锦旗光荣村	3 457	3 457	100
	昌汉白滴灌项目	杭锦旗甘草公司	2 000	500	25
	朝凯二社滴灌	杭锦旗朝凯二社	10 000	5 000	50
	杭锦旗种植园区	杭锦旗台台湾村	968	968	100
小计			34 488	18 642	54
合计			55 288	38 142	69

调查了解到,沈乌灌域的 1 处滴灌工程实际运行面积小于实施规模的原因,主要是工程实施前为黄河水漫灌,工程实施后改为地下水滴灌,由于地下水代替黄河水灌溉后,作物产量明显下降,一部分农户放弃了滴灌,仍然采取黄河水漫灌。南岸灌区的 2 处滴灌工程实际运行面积小于实施规模的原因,主要是工程控制范围内的农田种植作物不统一,滴灌工程无法运行;设施农业的实际运行面积小于实施规模的原因,主要是与大田滴灌工程相比,设施农业不适宜使用各种装备设施耕作,劳动强度大,同时设施农业工程运行成本较高,仅适宜种植高收益的经济作物,作物抗灾能力差,对种植技术要求高,增收效果不显著,当地农户不乐意接受,实施难度较大。

(2)喷灌

据统计,水权转让项目实施的喷灌工程共 9.71 万亩,目前实际运行面积为 6.16 万亩,占项目总实施规模的 63.51%。从现场抽查情况(见表 5-2-53)看,现场抽查的 2 处喷灌工程,1 处已改为滴灌,正在运行的 1 处喷灌工程(白泥井节水示范园喷灌项目),实际运行面积为 657 亩,工程实际运行面积与实施规模一致,工程实际运行比例 100%,但仅占本次抽查的喷灌工程总实施规模的 17.58%。调查中了解到,喷灌工程实际运行比例较低的原因主要为:一是喷灌机组控制灌溉面积较大,要求控制范围内种植结构单一,工程实施后,受工程控制灌溉范围内种植结构复杂制约,许多工程无法投入运行;二是部分工程运行后,因地面设施设备易破坏、丢失,工程运行管护成本高,维护难度大等而放弃喷灌,如现场抽查的西蒙农牧业公司喷灌项目因地面设施设备易破坏、丢失,工程运行管护成本高,维护难度大等,全部自费改为地下水滴灌。另外,喷灌质量受风的影响很大,风大时不易喷洒均匀,不适宜在多风地区或灌溉季节风大的地区使用。受上述各种因素影响,南岸灌区原来实施的喷灌工程,大部分没有正常运行。

表 5-2-53　现场调查喷灌工程使用情况统计

工程名称	工程位置	实施规模/亩	实际运行规模/亩	实际运行比例/%
白泥井节水示范园喷灌项目	白泥井节水示范园	657	657	100
西蒙农牧业公司喷灌项目	杭锦旗西蒙农牧业公司	3 080	0	0
合计		3 737	657	17.58

4)工程节水效果

本次重点对畦田改造、滴灌和喷灌等田间工程的节水效果进行调查分析。

(1)畦田改造

从实地调查情况(见表 5-2-54)看,受访的 22 户均表示,畦田改造工程实施后节水效果明显,工程使用方便,同时灌水均匀度明显提高,作物产量明显增加。但因每年耕种造成土地平整度逐年降低,节水效果也会逐年下降,特别是土地深翻后,土地平整度基本降到工程实施前的状态,几乎没有节水效果。受访的 22 户用水户中,21 户对畦田改造工程的实施表示满意,有 1 户村民希望政府可以负担工程运行后发生的土地平整费用,对畦田改造工程表示基本满意。总体上,农户对畦田改造项目的满意度为 95.45%。

表 5-2-54　畦田改造工程节水效果用户调查统计　单位:户

区域	节水效果是否明显		节水效果是否持续稳定		工程使用是否方便		对工程是否满意	
	是	否	是	否	是	否	是	否
沈乌灌域	9		9		—		8	
南岸灌区	13		13		—		13	
合计	22		22		—		21	

综上,畦田改造因工程节水增效明显,施工简单,同时能增加耕地的有效使用面积,易于农田的机耕、机播和机收作业,可减轻劳动强度,农民接受程度高。但受耕作影响,节水效果逐渐下降,特别是土地深翻后节水效果甚微。要维持畦田改造工程设计节水效果的

持续稳定，需要在工程实施完工后，持续投入后续维护资金，保障每年一次小规模平整土地和3~5年一次大规模激光平地的资金需求。

(2)滴灌

根据对滴灌工程节水效果、工程使用方便程度等情况及满意度调查情况(见表5-2-55)，受访的46户均认为，滴灌工程节水效果十分明显，工程节水效果稳定，使用方便，具有省时省力同时提高作物产量等优点。受访的46户用水户对滴灌工程均表示满意，满意度达到100%。但调查过程中，部分农户反映，当地地下水含盐量大，地下水代替黄河水灌溉，运行2年后，土壤板结，造成作物减产，建议最好间隔1~2年能用黄河水漫灌1次。

综上，滴灌工程具有明显的节水效果，工程使用方便，农户对滴灌项目的满意度较高。但滴灌工程使用受种植结构限制，仅适合在土地规模化经营的区域推广应用。

表5-2-55　滴灌工程节水效果用户调查统计　单位：户

区域	节水效果是否明显		节水效果是否持续稳定		工程使用是否方便		对工程是否满意	
	是	否	是	否	是	否	是	否
沈乌灌域	20		20		20		20	
南岸灌区	26		26		26		26	
合计	46		46		46		46	

(3)喷灌

从用户调查情况(见表5-2-56)看，受访的5户用水户均认为，喷灌工程节水效果十分明显，工程节水效果稳定，使用方便，易于管理，省时省力，种植规模越大，优点越明显。受访用户对该喷灌项目均表示满意，满意度达到100%。

表5-2-56　喷灌工程节水效果用户调查统计　单位：户

区域	节水效果是否明显		节水效果是否持续稳定		工程使用是否方便		对工程是否满意	
	是	否	是	否	是	否	是	否
南岸灌区	5		5		5		5	

在现场调查过程中了解到，喷灌和地面灌溉相比，确实具有节约用水、节省劳力、少占耕地、对地形和土质适应性强、能减少水土流失等优点。但喷灌适用于规模化种植的土地。

5)工程预期寿命

(1)渠道衬砌

从现场调查了解到，衬砌渠道在运行几年后，均会出现或多或少的破损，如果不及时维修，破损程度会越来越严重，破损渠道长度也会增加，工程的节水效果也会随着渠道破损的程度逐渐下降，特别是盐碱化较重区域的砼板渠道，使用3~5年后大部分严重破损。根据对不同使用年限渠道破损情况分析可知，在多次维修情况下使用16年的渠道工程破损比例已高达40.76%。因此,若要满足25年水权转让期间渠道节水效果的持续稳定,在工程建成后必须加强运行管理,并持续投入资金及时进行工程维修养护。

(2)畦田改造

根据现场调查情况,畦田改造工程的节水效果维持年限较短,工程实施后,受土地耕作影响,土地平整度均会有所下降,节水效果也随之下降,特别是几年一次的土地深翻后土地平整度基本回到工程实施前的水平,节水效果甚微。要想维持畦田改造工程设计节水效果的持续稳定,需要在工程实施完工后持续投入后续维护资金,保障每年一次小规模的平整土地和3~5年一次大规模激光平地的资金需求。

(3)喷灌、滴灌工程

根据现场调查工程运行情况及工程完好情况,在正常的运行管理条件下,适时投入资金对老化的地面配套设施进行更换,喷灌、滴灌工程能够满足水权转让对节水工程25年的运行要求。

6)综合分析

综合上述对单项节水措施破损情况和实际运行情况、节水效果等调查分析,可以得出:

(1)模袋衬砌渠道的适应性明显优于砼板衬砌渠道,更适宜推广应用,特别是对土壤盐碱化严重的区域。

(2)畦田改造适应性较强、用户易接受,但节水稳定性较差,需在工程实施完工后持续投入经费,保障每年一次小规模的平整土地和3~5年一次大规模激光平地的资金需求,以确保工程节水效果稳定发挥。

(3)喷灌、滴灌工程实施运行受所在区域气候、土地管理、作物种植、群众意愿等多种因素影响较大,要求控制灌溉范围内种植作物或灌溉制度一致,适合大面积耕种、规模化管理的土地。

5.2.1.3　主要结论

综合上述分析,可以得出:

(1)灌区(域)实际引水量明显减少,大部分水权转让项目节水工程节水效果显著,但部分灌区(域)仍存在超许可超计划引水的问题。从各灌区(域)引水情况看,节水工程实施后,6个已核验水权转让项目涉及灌区(域)的引水量明显减少,其中:南岸灌区实际引水量由工程实施前(2000~2004年,去掉2003年数据)的年均60 525万m^3减少到工程实施后(2017~2020年)的年均33 969万m^3,减少了26 556万m^3;李井滩灌区实际引水量由工程实施前(2005~2008年)的年均4 551万m^3减少到工程实施后(2014~2020年)的年均4 202万m^3,年均减少了349万m^3;丰济灌域实际引水量由工程实施前(2006~2009年)的年均47 988万m^3减少到工程实施后(2014~2020年)的年均33 195万m^3,年均减少了14 793万m^3;镫口+民族灌域实际引水量由工程实施前(2010~2011年)的年均40 937万m^3减少到工程实施后(2018~2020年)的年均31 996万m^3,年均减少了8 941万m^3;沈乌灌域实际引水量由工程实施前(2009~2012年)的年均55 868万m^3减少到工程实施后(2019~2020年)的年均29 200万m^3,年均减少了26 668万m^3。2019~2020年,内蒙古自治区已核验水权转让项目涉及灌区引水量整体年均减少78 678万m^3。与许可水量相比,工程实施后,除南岸灌区个别年份引水量仍超出许可水量外,大部分灌区(域)解决了工程实施前的超许可引水问题,但除沈乌灌域和民族团结灌区影响外,大部分灌区(域)仍存在超计划引水问题。

(2)水权转让项目节水工程实施后,灌区(域)灌溉效率明显提高。根据内蒙古水权转让各项目核验报告和节水效果评估报告,水权转让工程实施后,孪井滩灌区支渠渠道水利用系数由衬砌前的0.85提高到衬砌后的0.98,提高了0.13,农渠渠道水利用系数由0.707提高至0.945,提高了0.238;大中矿业项目涉及丰济干渠的渠道水利用系数由0.893提高到0.944,平均提高了0.051;镫口扬水灌区各级渠道经过衬砌后,灌溉水利用系数从0.406提高到0.681,提高了0.275;民族团结灌区各级渠道经过衬砌后,灌溉水利用系数从0.320提高到0.696,提高了0.376;沈乌灌域的灌溉水利用系数由工程实施前的0.38提高到0.584 4,灌域灌水利用效率提高了0.204 4。

(3)水权转让项目涉及灌区(域)年度实际节水量大部分超出节水工程的节水目标,可满足水权转让的要求。从水权转让项目节水工程实施后的灌区节水情况看,在灌区范围内水权转让项目和其他项目投资的节水工程共同发挥作用的条件下,目前已通过核验的6个水权转让项目涉及灌区(域)的整体实际节水量均超出了工程整体的规划节水目标和节水能力,分别为工程规划节水目标和节水能力的344.03%和327.95%,其中:鄂尔多斯一、二期项目涉及的南岸灌区年均实际节水量分别为工程规划节水目标和节水能力的112.77%、104.04%,乌斯太热电项目涉及的孪井滩灌区年均实际节水量分别为工程规划节水目标和节水能力的109.45%、127.42%,大中矿业项目涉及丰济灌域年均实际节水量分别为工程规划节水目标和节水能力的656.28%、617.90%,包头一期项目涉及的镫口+民族灌域年均实际节水量分别为工程规划节水目标和节水能力的260.83%、216.12%,沈乌试点项目涉及沈乌灌域年均实际节水量分别为工程规划节水目标和节水能力的113.53%、105.69%。节水量超出节水规划目标和核验节水能力,其主要原因:一是监测计量精准性差,该节水量包含其他节水工程项目产生的节水量;二是节水量计算的方法包含了引水管理的因素,引水管控严,引水少,节水量就高。

(4)水权转让项目涉及灌区(域)的节水稳定性和可持续性总体较好。经分析,与工程规划节水目标和节水能力比,鄂尔多斯一、二期项目的节水目标实现程度分别为112.77%和104.04%;沈乌试点项目节水目标实现程度分别为113.53%和105.69%。两个项目涉及灌区节水稳定性相对较好,南岸灌区和沈乌灌域年度节水量变异系数分别为0.183和0.052;灌区年度节水量均呈现出上升趋势,节水的可持续性较好。

(5)水权转让项目衬砌渠道基本完好、喷滴灌工程实际运行比例不高。根据现场调查情况统计分析,调查渠道(段)范围内,渠道破损长度占调查渠道(段)总长度的4.51%,配套建筑物破损比例为11.19%。从整体来看,渠道砌护工程质量基本良好,但支斗渠渠道个别段落存在渠道淤积、底板脱落等问题,影响节水效果。抽查的12处滴灌工程实际运行面积38 142亩,占工程实施面积的69%;2处喷灌工程,1处已改为滴灌,正在运行的1处实际运行面积为657亩,工程实际运行比例100%,但仅占本次抽查的喷灌工程总实施规模的17.58%。

(6)各项节水措施具有明显节水效果,但适用条件不同,且均需要运行管护到位才能保障节水效果的持续稳定。从调查情况看,模袋衬砌渠道的适应性明显优于砼板衬砌渠道,更适宜推广应用;畦田改造适应性较强、用户易接受,但节水稳定性较差;喷灌、滴灌工程节水效果显著,但实施运行受所在区域气候、土地管理、作物种植、群众意愿等多种因素影响较大。因此,水权转让项目采用的节水措施在工程建成后,均需要加强运行管理,并持续投入充足的资金,适时进行工程维修养护,才能满足25年的使用要求,保障工程节水效果的持续稳定。

5.2.2　内蒙古黄河水权转让社会效果评估

5.2.2.1　社会影响分析

内蒙古黄河水权转让社会影响分析重点从基础设施改善、主体权益保障、社会民生保障、社会节水意识与社会满意度五个层面进行。

1. 基础设施改善

基础设施改善根据水权转让项目竣工验收或工程核验认定的渠道衬砌、渠系建筑物配套数量和高效节灌改造等工程实际实施情况,从灌溉设施投入、渠道衬砌、工程配套、高效节灌等方面进行统计分析。本次评估在对水权收储转让中心、各盟市水利(务)局的多次调研和座谈的基础上,结合问卷调研等方式,统计黄河水权转让实施以来,出让灌区的灌溉设施新增投资情况及出让灌区基础设施建设情况,分析水权转让实施前后灌区基础设施的改善情况。

1)基础设施投入

由于历史欠账较多,内蒙古引黄灌区水利基础设施建设需要大量的资金,单靠财政兴办水利基础设施往往面临巨大的困境。因此,需要拓宽水利基础设施建设的资金渠道,促使水利基础设施投资主体多元化,投资层次多重化,投资形式多样化。

依据"谁受益,谁投资"原则,通过探索投资融资新路子,内蒙古采取多方投资方式,积极推进黄河水权转让,加快了引黄灌区水利基础设施更新改造建设。目前,6期水权转让工程的成功实施,近200家企业参与,累计为南岸灌区、沈乌灌域、孪井滩扬水灌区、镫口扬水灌区、民族团结灌区、河套灌区等多个引黄灌区节水改造工程投入社会资金44.24亿元(具体统计结果见表5-2-57)。

表5-2-57　内蒙古黄河水权转让工程资金投入汇总

序号	项目名称	所属盟市	涉及灌区	时间(年-月)	投资金额/万元
1	鄂尔多斯一期工程	鄂尔多斯	杭锦旗南岸灌区	2005-03~2008-09	70 200
2	鄂尔多斯二期工程	鄂尔多斯	杭锦旗南岸灌区 达拉特旗南岸灌区	2010-03~2016-12	169 700
3	孪井滩灌区工程	阿拉善	孪井滩扬水灌区	2009-09~2013-04	2 784.9
4	乌海灌区工程	乌海	巴音陶亥灌区	2013-04~2017-12	4 684.06

续表 5-2-57

序号	项目名称	所属盟市	涉及灌区	时间(年-月)	投资金额/万元
5	丰济干渠工程	巴彦淖尔	河套灌区 (总干渠引水控制范围)	2010-12~2013-04	9 953.99
6	包头一期工程	包头	镫口扬水灌区 民族团结灌区	2012-01~2017-12	26 452
7	沈乌试点工程	巴彦淖尔	河套灌区(沈乌灌域)	2014-01~2018-12	158 600

通过实施黄河水权转让,将引黄灌区部分农业水权流转至工业领域的同时,灌区管理单位筹集得到引黄灌溉基础设施改造和修建所需的资金,从而有助于克服引黄灌区长期依赖国家投资的观念,最终可以有效拓宽引黄灌区水利基础设施建设、投融资渠道,推动灌区引黄灌区水利基础设施建设和更新改造的步伐。

2)基础设施建设

本次评估根据出让灌区水权转让工程实际实施情况,重点统计灌区渠道硬化衬砌及其配套建筑物建设情况、农田灌溉改造情况,统计结果具体见表 5-2-58。

表 5-2-58　水权转让工程渠系设施建设情况统计

项目名称	灌区	渠道衬砌长度/km	配套建筑物/(座、处)	渠道平均衬砌率/%	农田改造/万亩
鄂尔多斯一期	杭锦旗南岸灌区	1 426.94	51 125	斗渠及以上渠道 93.38	畦田 44.155 高效节灌 31.545
鄂尔多斯二期	杭锦旗南岸灌区、达拉特旗南岸灌区	1 094.13	10		
孪井滩灌区	孪井滩扬水灌区	302.104	14 294	支、农渠 21.11	高效节灌 2.765
乌海灌区	巴音陶亥灌区	32.877	57	干渠 76.32	—
包头一期	镫口扬水灌区	71.324	475	干、支渠 11.62	—
	民族团结灌区	263.553	5 897	各级渠道 56.27	—
沈乌试点	沈乌灌域	894.711	14 013	各级渠道 100	畦田 65.37 高效节灌 12.76
合计		4 085.639	85 871	—	156.595

通过水权转让工程的实施,引黄灌区硬化衬砌各级渠道共计 4 085.639 km。其中,干渠 579.009 km,支渠 550.911 km,斗渠 1 917.555 km,农渠 1 013.445 km,毛渠 24.72 km。

出让灌区渠道衬砌率显著提升，以南岸灌区和沈乌灌域为例，南岸灌区斗渠及以上渠道平均衬砌率达到93.38%，沈乌灌域各级渠道均实现100%衬砌。与此同时，新建改建各类配套建筑物85 871座(处)，涉及各式桥梁(生产桥、公路桥、农桥等)、涵洞、各类水闸等，引黄灌溉配套设施更加完善，农业生产生活更加便利。

此外，水权转让工程实施农田改造共计156.595万亩，包括畦田改造109.52万亩、喷灌改造9.7万亩以及滴灌改造37.375万亩。农业更加节水高效，为现代农业建设奠定了基础，促进了引黄灌区农业向集约化、现代化发展。

2. 主体权益保障

主体权益保障涉及出让主体和受让主体。其中，出让主体权益保障统计水权转让实施前后灌区灌溉面积、灌溉用水量与灌溉水利用系数的变化情况及变化幅度，分析水权转让实施对灌区农业生产生活的影响；受让主体权益保障统计水权转让指标的分配及其合理性，分析水权转让对企业工业用水的影响。本次评估在对水权收储转让中心、各盟市水利(务)局、出让灌区管理单位及受让企业的多次调研和座谈的基础上，结合问卷调研等方式，统计灌区灌溉面积、灌溉用水量与灌溉水利用系数变化及水权转让指标分配情况，分析水权转对农牧业用水户权益及受让企业权益的保障情况。

1)农牧业用水户权益

灌溉面积变化受多方因素影响，如基础设施建设、农村人口流动、灌溉用水量、灌溉水利用效率等。而水权转让的实施，能够有效改善灌区引黄灌溉设施，提高灌溉效率，便利农业生产生活；但与此同时，部分农业用水流转至工业领域，在灌溉基础设施等其他条件不变的情况下，灌溉用水量减少会对灌溉面积产生消极影响。因此，水权转让的实施通过灌溉面积、灌溉用水量和灌溉水利用系数等方面影响农牧业用户权益。灌溉面积、灌溉用水量见图5-2-31、图5-2-32。

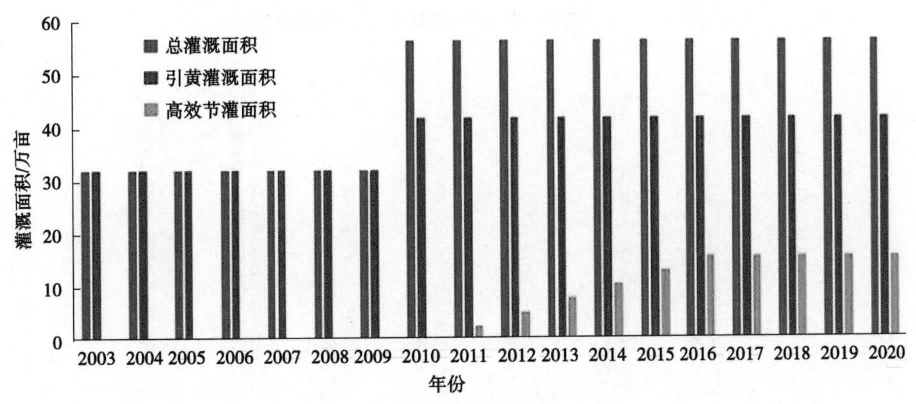

(a)杭锦旗南岸灌区

图5-2-31 水权转让实施前后各灌区(灌域)灌溉面积变化统计

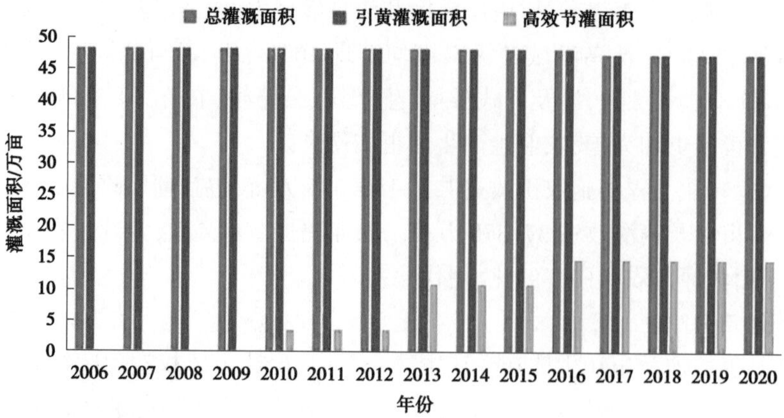

(b)达拉特旗南岸灌区

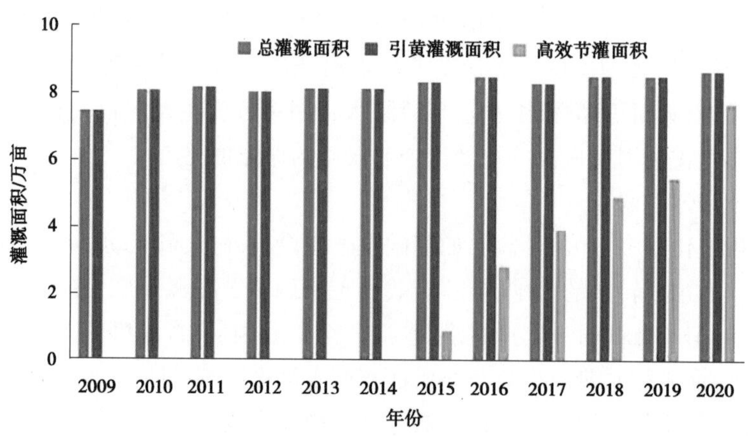

(c)孪井滩扬水灌区

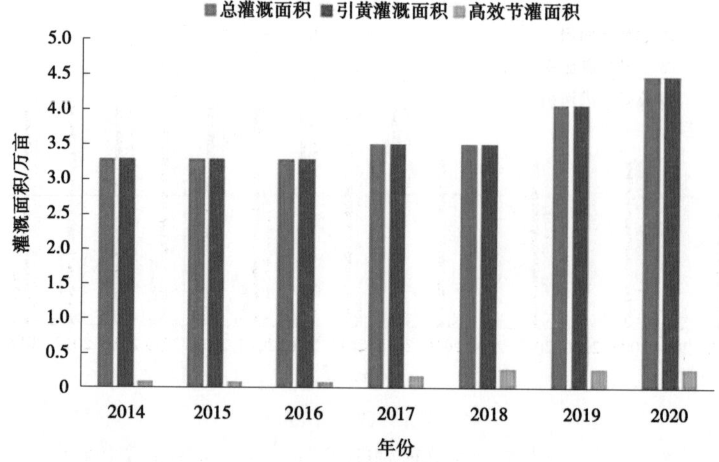

(d)巴音陶亥灌区

续图 5-2-31

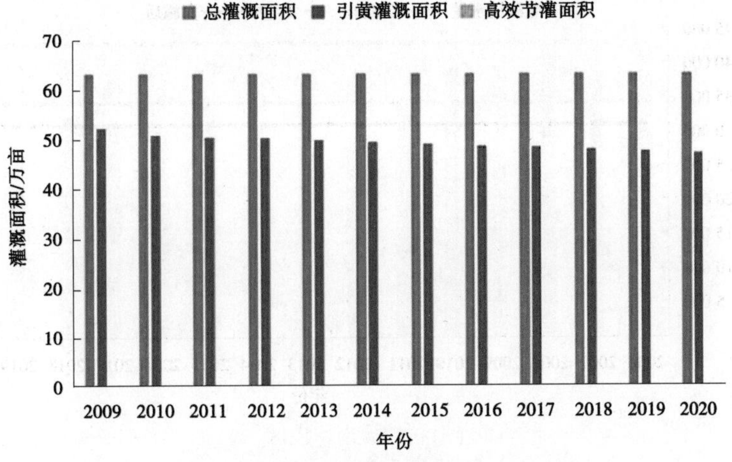

(e)镫口扬水灌区

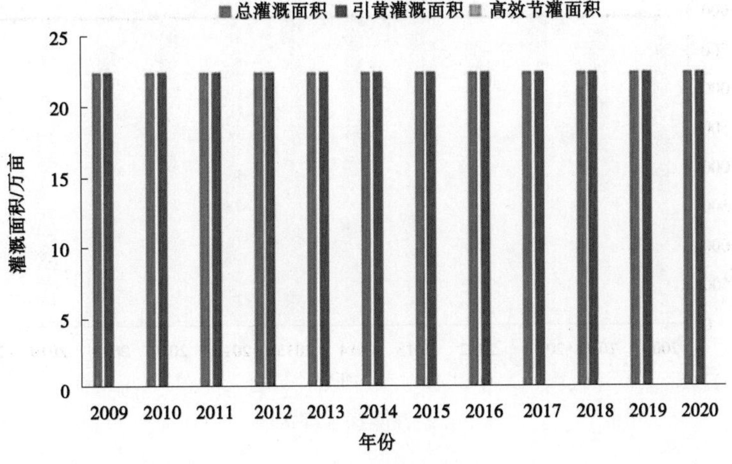

(f)民族团结灌区

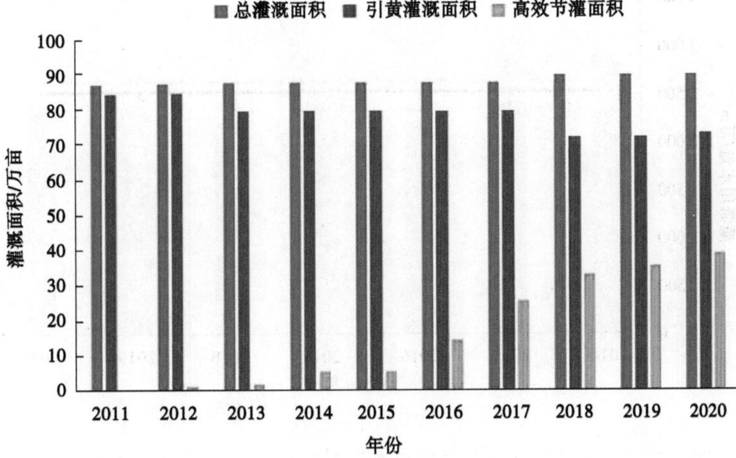

(g)沈乌灌域

续图 5-2-31

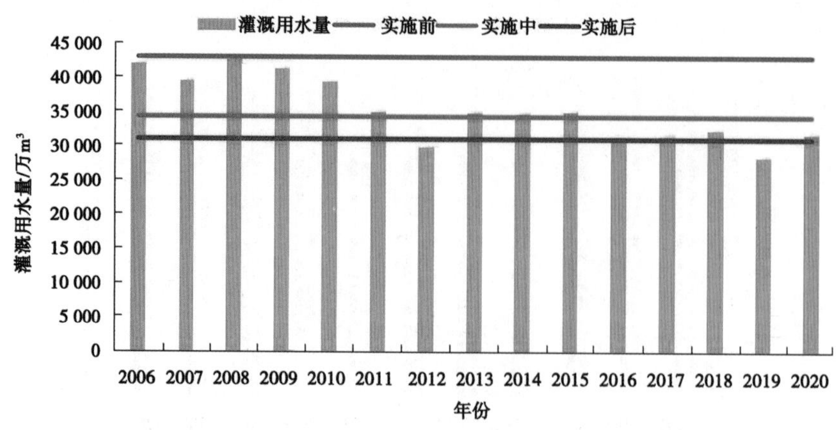

(a)杭锦旗南岸灌区

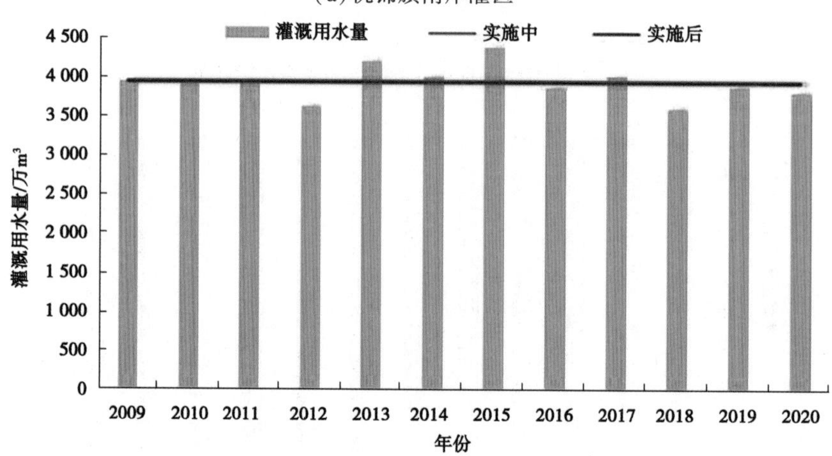

(b)孪井滩扬水灌区

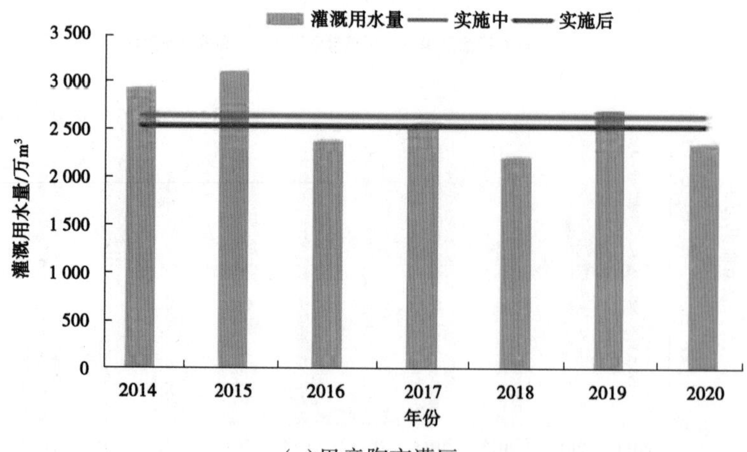

(c)巴音陶亥灌区

图 5-2-32　水权转让实施前后各灌区(灌域)年灌溉用水量变化统计

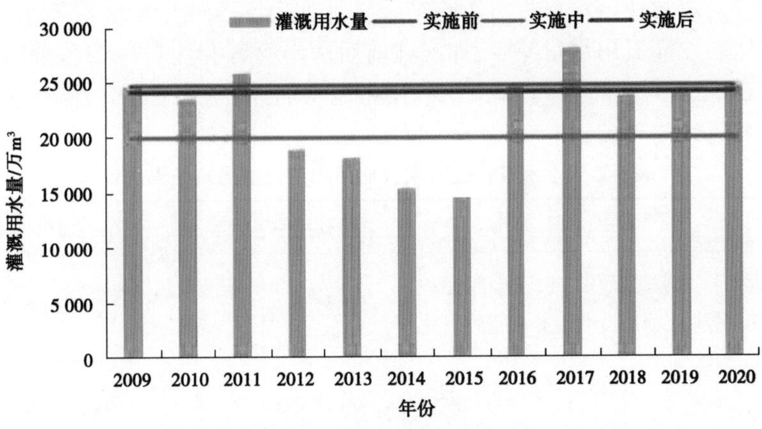

(d)镫口扬水灌区

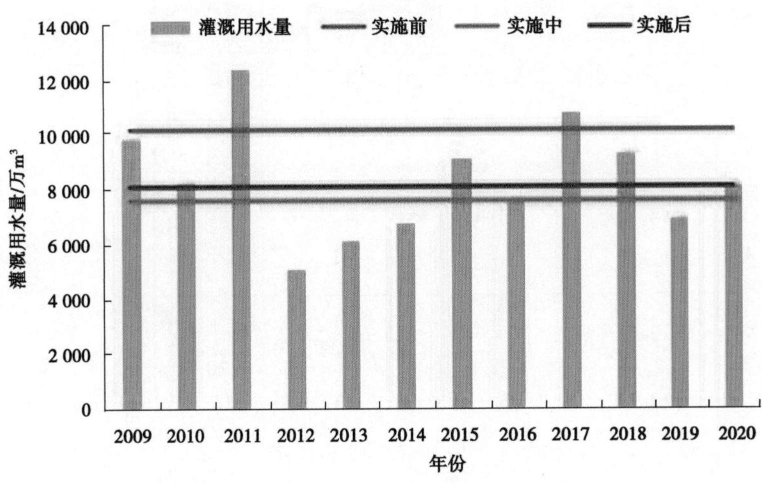

(e)民族团结灌区

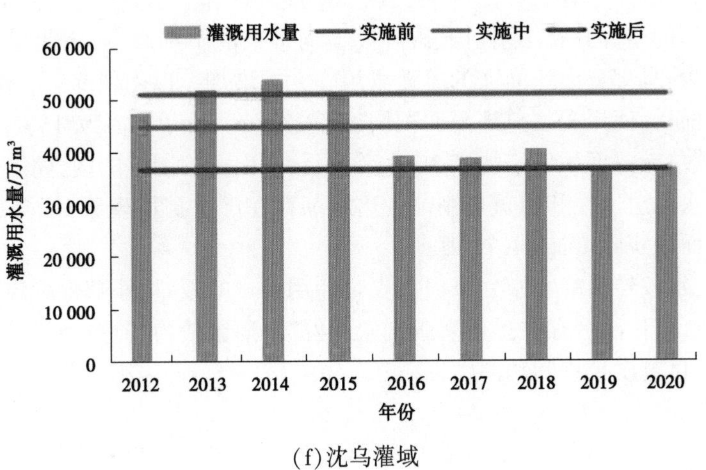

(f)沈乌灌域

续图 5-2-32

水权转让对农牧业用水户权益影响结果统计如表 5-2-59 所示。伴随水权转让实施，虽然出让灌区农业灌溉用水量减少，如实施前后南岸灌区和沈乌灌域灌溉用水量降幅分别为 27.69%和 26.57%；但由于灌溉水利用系数增加，灌溉效率提升，出让灌区农业灌溉用水需求依然可以得到满足。

表 5-2-59　水权转让对农牧业用水户权益影响结果统计

盟市	灌区	灌溉面积/万亩		灌溉用水量/万 m^3		灌溉水利用系数	
		总灌溉面积实施前后变化	引黄灌溉面积实施前后变化	变化趋势	实施前后变化	变化趋势	实施前后变化
鄂尔多斯	南岸	增加 23.42 +29.16%	增加 9.02 +11.23%	波动显著下降	减少 11 901 -27.69%	稳步上升	增幅 14.17%
阿拉善	孪井滩	增加 1.24 +16.58%	增加 1.24 +16.58%	均值上下波动	减少 15.8 -0.40%	稳步上升	增幅 17.62%
乌海	巴音陶亥	增加 1.2 +36.36%	增加 1.2 +36.36%	波动略有下降	减少 104.7 -3.94%	缓慢上升	增幅 2.56%
包头	镫口扬水	稳定不变 63.5	减少 3.47 -6.75%	波动略有下降	减少 548 -2.21%	稳步上升	增幅 18.13%
	民族团结	稳定不变 22.5	稳定不变 22.5	波动显著下降	减少 2 066 -20.30%	稳步上升	增幅 28.28%
巴彦淖尔	沈乌	增加 3.38 +3.89%	减少 10.33 -12.44%	波动显著下降	减少 14 293 -26.57%	波动上升	增幅 16.20%

与此同时，相较于水权转让实施前，虽然部分灌区（镫口和沈乌）引黄灌溉面积减少，但由于井灌面积的增加弥补了引黄灌溉规模萎缩带来的不利影响，因此出让灌区的总灌溉规模并未减少，且部分出让灌区的总灌溉规模大幅增加。以南岸灌区和沈乌灌域为例，水权转让实施前后，南岸灌区总灌溉面积增加了 23.42 万亩，增幅 29.16%；根据管理单位统计，沈乌灌域总灌溉面积仅增加 3.38 万亩，但仅限引黄控制范围内，而引黄控制范围外的沈乌灌域供水渠道末端和引黄控制范围边缘却存在严重扩耕现象，使得 2012~2020 年沈乌灌域耕地面积实际增加 44.71 万亩。

综上分析，水权转让的实施并未损害农牧业用水户的权益，能够保障出让灌区主体权益，但也应注意，出让灌区存在扩耕灌溉现象，且部分灌区较为严重，需要灌区管理单位加强管理，防止盲目过度扩耕问题的发生。

2）受让企业权益保障

水权转让将节约的农业用水转至工业领域，保障了新建工业项目用水需求，在一定程度上缓解了工业用水供需矛盾。通过水权转让已累计为鄂尔多斯、乌海、阿拉善、包头 4

个盟市转让工业用水 3.7 亿 m^3,先后有近 200 家企业或工业项目获得用水指标,其中 128 家已投产运营,涉及用水指标 2.835 亿 m^3。

以鄂尔多斯和沈乌为例,其中:鄂尔多斯一期工程年节水量 1.46 亿 m^3,可转让水量 1.3 亿 m^3,共为 64 家企业或工业项目提供用水指标,其中 32 家已获得取水许可证;鄂尔多斯市二期工程年节水量 9 320 万 m^3,可转让水量 6 520 万 m^3,共为 26 家企业或工业项目提供用水指标,其中 19 家已取得取水许可证。沈乌试点工程年节水量 2.35 亿 m^3,可转让水量 1.20 亿 m^3,通过盟市间水权转让,先后为鄂尔多斯、阿拉善和乌海 3 个盟市 84 家企业或工业项目提供用水指标,其中 56 家已投产运营。

3. 社会民生保障

社会民生保障统计由水权转让支撑的新增工业项目产生的就业和税收情况,分析水权转让对改善社会民生做出的贡献。其中,新增就业和税收根据受让企业行业类别、投产时间、受让规模等选取典型,通过对典型企业参与水权转让新建工业项目运营情况的调研,统计不同类型受让企业新建工业项目单位用水量可新增就业人数和税费缴纳情况,结合受让企业获批的年度水权分配指标核算由水权转让带来的就业和税收。与此同时,农业灌溉用水减少是否导致粮食减产、威胁粮食安全是社会关注黄河水权转让的焦点问题,与社会民生密切相关。

本次评估在对各盟市水利(务)局、出让灌区管理单位以及受让企业多次调研的基础上,结合内蒙古统计年鉴数据整理,重点测算统计水权转让带来的新增就业和新增税收以及灌区粮食产量变化,结果统计如表 5-2-60 所示。

表 5-2-60 水权转让对社会民生保障影响结果统计

项目名称	灌区	新增就业岗位/人		新增税收/亿元		粮食产量/万 t	
		年均增加	2020 年	累计	2020 年	变化趋势	2020 年
鄂尔多斯一期、二期	南岸	5 256	33 579	93.64	27.76	杭锦旗年均增长 8.62%	40.86
						达拉特旗年均增长 2.65%	66.96
孪井滩灌区	孪井滩	20	404	4.56	0.26	逐年递减	1.51
乌海灌区	巴音陶亥	438	1 752	12.45	5.09	年均增长 4.94%	3.23
包头一期	镫口+民族团结	276	4 805	16.14	5.22	年均增长 2.87%	37.40
沈乌试点	沈乌	9 847	39 387	45.68	20.81	稳定在 28 万 t 左右	39.75
合计		15 837	79 927	172.47	59.14	—	189.71

水权转让实施在工业领域为社会创造了大量就业岗位和税收收入,尤其是近 5 年来,随着受让企业或工业项目投产运营,由水权转让带来的就业岗位数量和税收收入显著增加。其中:就业岗位由 2016 年的 1.7 万人增至 2020 年的 8.0 万人,年均增加 1.58 万个就业岗位;税收收入由 2016 年的 8.45 亿元增至 2020 年的 59.14 亿元,增长了约 7.0 倍,5 年累计创造税收收入 172.47 亿元。如图 5-2-33 所示。

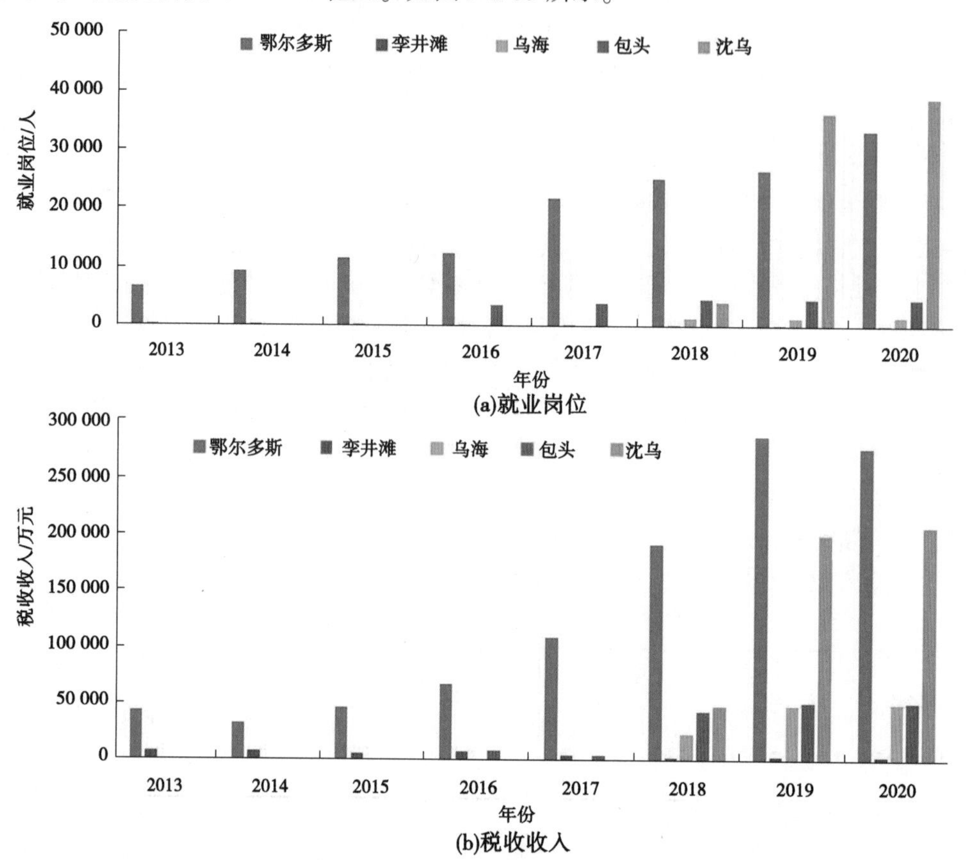

图 5-2-33　水权转让带来的新增就业岗位和税收收入统计

与此同时,出让灌区的粮食总产量处于稳定增长趋势,由 2014 年的 166.74 万 t 增至 2020 年的 189.71 万 t,2016 年以来已实现四连增。由此表明,虽然出让灌区灌溉用水量减少,但灌溉基础设施改善及灌溉效率提升能够保障农业灌溉用水需求和粮食产量,并未威胁粮食安全。如图 5-2-34 所示。

4. 社会节水意识

社会节水意识分析采取问卷调查的方式,通过深入调研和座谈,统计分析灌区管理单位、农牧业用水户和受让企业的节水意识变化。

社会节水意识分析主要通过对典型灌区管理单位和受让企业的调研和座谈获取相关数据资料。本次调研评估采用问卷调研的方式,先后向受让企业发放问卷 100 余份,统计回收有效问卷 78 份。鉴于数据的完整性和可获得性,受让企业节水意识评估重点统计分析的是参与水权转让企业近 3 年的节水意识变化,主要涉及受让企业节水措施投入、工业

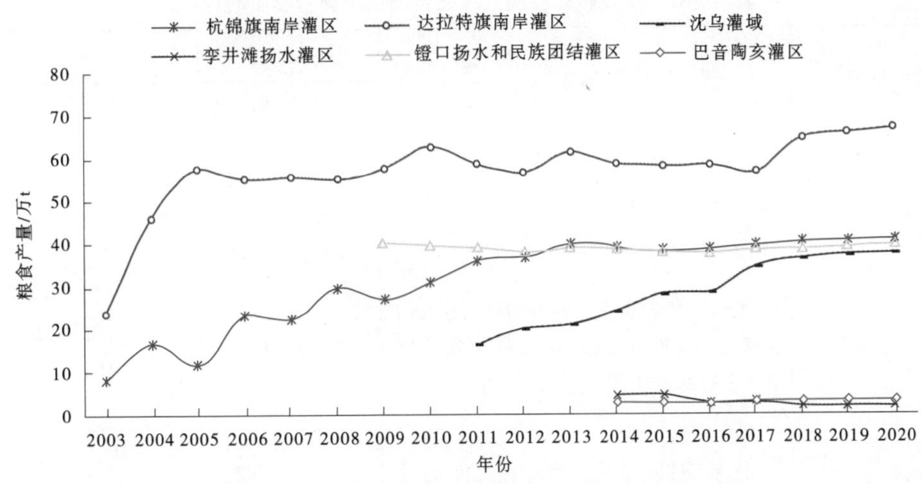

图 5-2-34　水权转让实施前后灌区粮食产量变化统计

用水循环利用率及节水教育培训次数。灌区管理单位节水意识重点从出台节水政策或措施、节水教育培训及节水宣传三个方面评估。

近3年来,受让企业和灌区管理单位节水意识调查结果统计如表5-2-61所示。伴随水权转让的实施,社会节水意识逐年增强。其中,受让企业节水措施投入规模逐年上升,员工节水教育培训不断加强,企业节水效果日益显著,表明企业花钱买高价水权有助于提升节水意识;灌区管理单位提升节水意识的宣传活动和政策措施不断强化,说明灌区管理单位节水意识逐步提升。

表 5-2-61　受让企业和灌区管理单位节水意识调查结果统计

调查对象	调查内容	2018年	2019年	2020年	调查结果
受让企业	节水措施投入/(万元/家)	695	402	1 317	企业节水意识逐渐增强
	节水教育培训/(次/家)	3.45	3.16	3.34	
	工业用水循环利用率/%	91.89	92.78	92.82	
灌区管理单位	制定节水政策或措施/个	6	2	6	灌区管理单位节水意识逐步提升
	节水教育培训/次	3	3	5	
	节水宣传活动/次	11	12	12	

5.社会满意度

社会满意度分析同样采取问卷调查方式,通过对灌区管理单位、农牧业用水户和受让企业调研获取数据资料,分析灌区管理单位、农牧业用水户和受让企业对水权转让实施效果的满意情况。其中,农户调研共收集有效问卷53份,受让企业调研共收集有效问卷110份,灌区管理单位调研收集有效问卷7份,结果统计如表5-2-62所示。

表 5-2-62 水权转让实施效果社会满意度调查结果统计

调查对象	调查内容	调查结果	
		综合满意度	存在问题
农牧业用水户	生产生活用水量、节水设施建设、渠道管理维护、灌溉方式和成本、经济补偿等	96.65%	经济补偿不到位
受让企业	政策宣传及监管、申诉渠道、用水指标额、工程投资建设、用水指标到位情况、水权转让审批效率、水价等	97.3%	水价偏高和用水指标额不满足
灌区管理单位	政策支持、节水效果、农业灌溉效果、生态环境改善、资金落实、工程运行维护、水利设施投入、水权转让模式和规模等	88.4%	利益保障机制缺失、水权转让方式不完善、工程运维资金管理有待加强

水权转让拓宽了水利基础设施建设融资渠道,推动了灌区农业现代化发展,农业生产更加便捷,通过获得用水权,企业新增工业项目得以推进,农牧业用水户和受让企业需求得到满足、权益得到有效保障,因此对水权转让实施的满意度较高。但与此同时,水权转让的实施在一定程度上损害了灌区管理单位的利益,且当前相应补偿机制缺乏,导致灌区管理单位对水权转让实施的满意度相对较低。水权转让补偿机制有待完善,需要继续探索水权转让方式,加强工程后期运行维护资金管理。

5.2.2.2 社会效果评估

1. 横向对比评估

根据计及横向对比评估的黄河水权转让社会效果综合评价模型,对 2016~2020 年内蒙古黄河水权转让社会效果进行后评估,得到水权转让社会效果横向对比评估结果,如图 5-2-35 和 5-2-36 所示,其中纵坐标轴为横向对比的黄河水权转让社会效果评估结果。在综合评价过程中,已对评价指标数据进行了无量纲化处理,因此评估结果的数值单位为“1”。

1)鄂尔多斯水权转让

横向对比评估中,鄂尔多斯水权转让社会效果评估值最高,综合评估均值为 0.429 6,评估期内社会效果始终排名第一。鄂尔多斯水权转让实施最早,共投入 23.99 亿元,其中,一期工程 2008 年 9 月完工,且工程规模较大,因此鄂尔多斯水权转让产生的社会效益较高;与之对应,横向对比评估中,鄂尔多斯水权转让社会效果评估值最高。但随着时间推移,灌区基础设施逐渐老化,工程寿命折损,工程破损率上升,加之其他水权转让工程相继实施,综合导致鄂尔多斯水权转让的社会效益优势不断缩小。因此,鄂尔多斯水权转让社会效果评估值处于逐年下降趋势,但依然高于其他灌区水权转让社会效果评估结果。

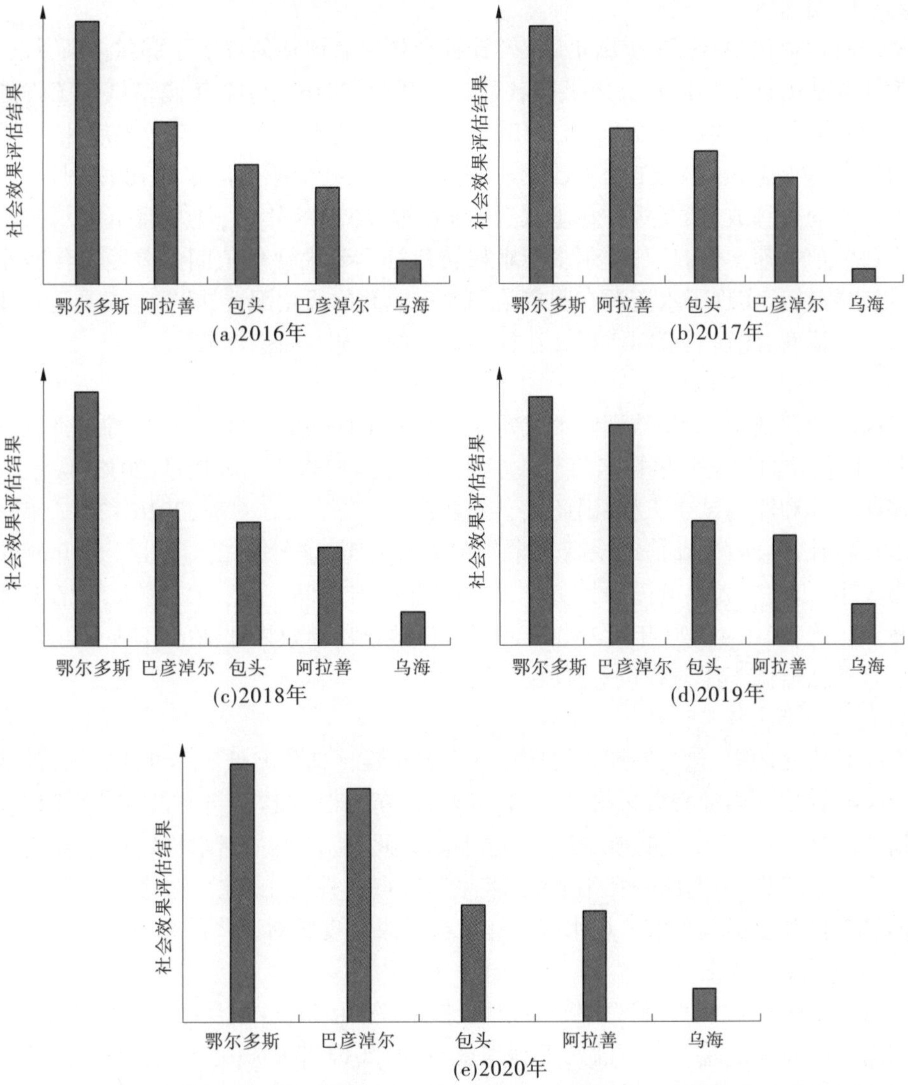

社会效果评估结果
鄂尔多斯 阿拉善 包头 巴彦淖尔 乌海
(a)2016年
社会效果评估结果
鄂尔多斯 阿拉善 包头 巴彦淖尔 乌海
(b)2017年
社会效果评估结果
鄂尔多斯 巴彦淖尔 包头 阿拉善 乌海
(c)2018年
社会效果评估结果
鄂尔多斯 巴彦淖尔 包头 阿拉善 乌海
(d)2019年
社会效果评估结果
鄂尔多斯 巴彦淖尔 包头 阿拉善 乌海
(e)2020年

图 5-2-35　2016～2020 年内蒙古黄河水权转让社会效果后评估结果统计(横向对比)

社会效果评估结果
鄂尔多斯 巴彦淖尔 阿拉善 包头 乌海

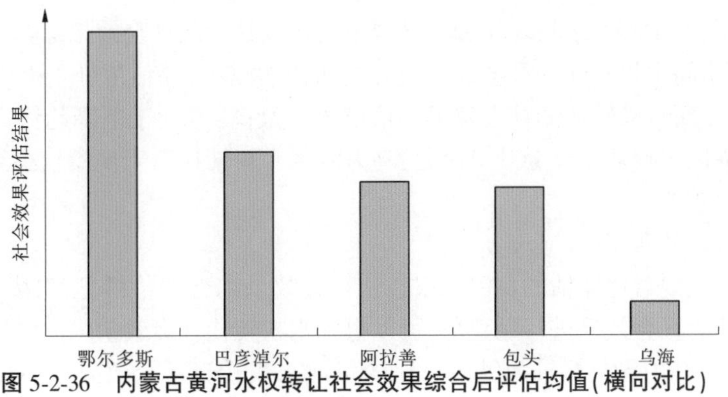

图 5-2-36　内蒙古黄河水权转让社会效果综合后评估均值(横向对比)

2)沈乌盟市间水权转让

横向对比评估中,沈乌盟市间水权转让社会效果后评估值仅次于鄂尔多斯,综合评估均值为 0.259 0,评估期内社会效果排名第二。其中,2016~2017 年沈乌试点工程处于施工阶段,制约了社会效益的提升;与之相应,沈乌盟市间水权转让社会效果后评估值不高。但随着沈乌试点工程完工,工程累计投入 15.86 亿元,各级渠道均实现 100%衬砌,水权转让社会效益充分释放,社会效益显著提升;与之对应,2018 年后,沈乌盟市间水权转让社会效果评估值快速上升,且与鄂尔多斯水权转让社会效果评估值间的差距逐年减小。此外,通过水权转让实现了水资源在盟市间和农工业间的优化配置,随着相关受让企业或工业项目投产运营,沈乌盟市间水权转让社会效果的上升空间依然较大。

3)李井滩灌区水权转让

横向对比评估中,李井滩灌区水权转让社会效果评估值仅次于沈乌,综合评估均值为 0.215 8,评估期内社会效果排名第三。李井滩灌区水权转让实施较早,2013 年完工,先于鄂尔多斯二期和沈乌试点工程,因此社会效益产生较早;与之对应,2016~2017 年李井滩灌区水权转让社会效果评估结果高于沈乌和包头一期,排名第二。但由于李井滩灌区工程规模较小,仅乌斯太热电厂项目参与,社会效果上升空间有限;与之对应,随着其他灌区水权转让实施,2018~2020 年后李井滩灌区水权转让社会效果评估值出现了显著下降,社会效果后评估值低于沈乌和包头,仅位列第四。

4)包头一期水权转让

横向对比评估中,包头一期水权转让社会效果后评估值略低于李井滩,综合评估均值为 0.208 4,评估期内社会效果排名第四。包头一期工程 2017 年年底完工,规模仅次于鄂尔多斯和沈乌,但由于实施较晚,社会效益不高。此外,包头一期水权转让社会效果后评估值处于下降趋势,主要原因在于 2018 年沈乌试点工程完工,沈乌盟市间水权转让社会效果的显著提升使得包头市一期水权转让社会效果呈现相对下降的趋势。

5)乌海灌区水权转让

横向对比评估中,乌海灌区水权转让社会效果评估值最低,综合评估均值仅为 0.047 5,评估期内社会效果最差。乌海灌区工程实施较晚,2017 年年底完工,2021 年上半年完成核验,且水权转让规模较小,带来的社会效益也相对较低。因此,远低于其他灌区水权转让社会效益。

综上分析,鄂尔多斯水权转让和沈乌盟市间水权转让的社会效果综合评估相对较好。其中,沈乌盟市间水权转让的社会效果上升空间依然较大,评估值处于上升趋势,尤其是近 2 年;鄂尔多斯水权转让的社会效果评估值虽然最高,但处于下降趋势。此外,包头一期和李井滩灌区水权转让社会效果次之;乌海灌区水权转让由于规模较小且实施较晚,其社会效果相对较差。

2. 纵向对比评估

根据计及纵向对比评估的黄河水权转让社会效果综合评价模型,对内蒙古自治区各盟市水权转让的社会效果进行后评估,可以得到水权转让社会效果纵向对比评估结果,如图 5-2-37 所示,其中纵坐标轴为纵向对比的黄河水权转让社会效果评估结果,在综合评价过程中,已对评价指标数据进行了无量纲化处理。因此,评估结果的数值单位为“1”。

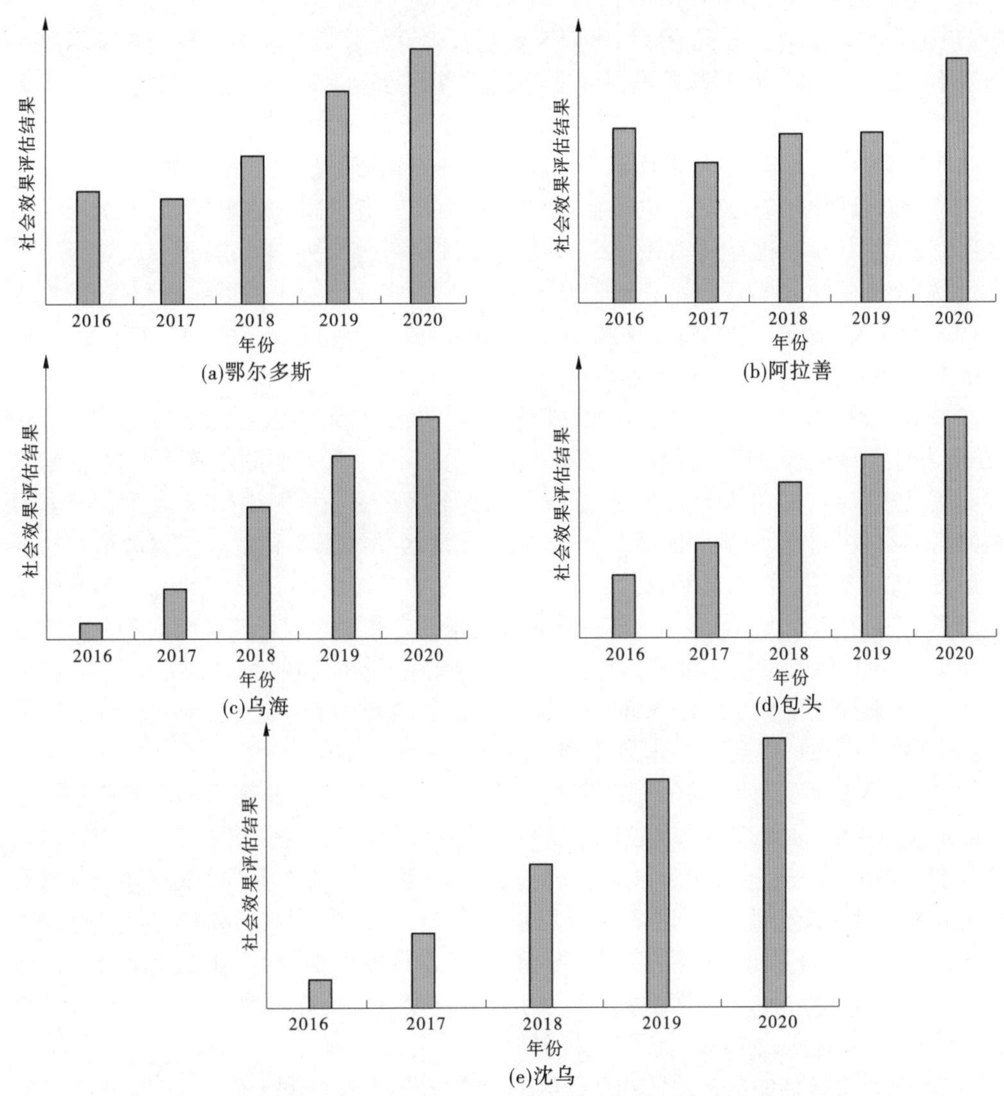

图 5-2-37　内蒙古自治区各盟市水权转让社会效果评估结果趋势(纵向对比)

在纵向对比评估中,鄂尔多斯水权转让的社会效果评估值除 2017 年外均处于上升趋势,且近 3 年上升趋势加快;孪井滩灌区水权转让社会效果评估值处于波动上升趋势。包头一期水权转让、乌海灌区水权转让及沈乌盟市间水权转让的社会效果均处于逐年递增趋势。总体而言,随着水权转让工程实施及受让企业或工业项目的投产运营,内蒙古黄河水权转让社会效果呈现逐年递增趋势,其中从 2018 年开始水权转让社会效果出现显著变化,评估值出现了大幅提升,尤其是 2019～2020 年。

5.2.2.3　主要结论

内蒙古黄河水权转让经过多年酝酿和科学论证,2003 年开始正式实施。经过近 20 年的实践,通过将农业用水转换成工业用水,实现了农业支持工业,以及工业反哺农业的双赢成效。内蒙古黄河水权转让取得良好的社会效益,对西部水资源匮乏地区实现工农业共同发展起到了积极示范作用。

(1)加快推动了内蒙古自治区引黄灌区水利基础设施建设。通过水权转让项目吸引社会资本加大引黄灌区水利基础设施建设,拓宽了灌区水利基础设施建设融资渠道,先后有近200家企业或工业项目参与水权转让,融资44.24亿元对南岸灌区、沈乌灌域、孪井滩扬水灌区、镫口扬水灌区、民族团结扬水灌区等出让灌区引黄灌溉设施进行节水改造。其中,引黄灌区硬化衬砌各级渠道共计3 859.488 km,渠道衬砌率显著提升,如沈乌灌域各级渠道实现100%衬砌,南岸灌区各级渠道平均衬砌率达到94.4%;新建或改建各类配套建筑物85 884座,引黄灌溉水利配套设施更加完善,农业生产生活更加便利;各类农田改造共计156.595万亩,包括畦田109.52万亩、喷灌9.7万亩以及滴灌37.375万亩,农业更加节水高效。

(2)农牧业用水户利益得到了有效保障。通过节水改造,将农业用水转换成工业用水,虽然农业灌溉用水量减少,但由于灌溉水利用系数增加,灌溉水利用效率提升,能够满足农业灌溉用水需求。水权转让实施前后,虽然部分灌区引黄灌溉面积减少,但由于井灌面积的增加有效弥补了引黄灌溉面积的萎缩,因此灌区总灌溉面积并未减少甚至有所增加。如水权转让实施后,沈乌灌域引黄灌溉面积较实施前减少了10.34万亩,但其灌溉面积增加了3.38万亩。此外,部分灌区引黄灌溉面积并未受到水权转让实施的不利影响或影响极小,如南岸灌区的引黄灌溉面积较实施前的91.2万亩仅减少了0.87万亩,降幅仅为0.95%;民族团结灌区引黄灌溉面积均保持不变为22.5万亩。因此,水权转让实施前后,灌区农牧业用水户得到了充分保障,并未损害其用水权益。

(3)保障了新建工业项目用水需求,在一定程度上缓解了工业用水供需矛盾。通过实施节水改造工程,农业灌溉节水已累计为鄂尔多斯、乌海、阿拉善、包头等盟市企业转让工业用水3.7亿m^3,截至2020年年底,先后有近200家企业或工业项目获得用水指标,其中128家水权转让企业投产运营,涉及用水指标2.835亿m^3。与此同时,投产运营中的受让企业实际用水量与水权指标分配量间的不匹配问题突出,因企业工业项目建设进度滞后或取水许可办理滞后,导致企业部分水权闲置现象比较普遍,但随着水权转让的推进,这一问题正在逐步改善。

(4)参与水权转让的出让灌区和受让区的社会民生得到了有效保障。内蒙古通过对引黄灌区实施节水改造,节约农业灌溉用水流转至工业领域,在一定程度上解决了内蒙古拟建新建工业项目用水需求,拓展了地区经济发展空间,为鄂尔多斯、乌海、阿拉善、包头等受让区累计创造约8万就业岗位,提升了受让区社会就业吸纳能力;为地方创造的税收收入逐年增加,尤其是近3年增速明显加快,2020年创造纳税总额达到59亿元,有效增加了内蒙古自治区地方政府税收收入。与此同时,出让灌区总体粮食逐年增加,社会粮食安全问题得到有效保障。

(5)社会节水意识逐年增强,水权转让得到社会积极肯定。"企业花钱买水权"的水权转让方式,将水资源向高效益、高效率方面流转,促进了节水型社会建设的步伐。企业花钱买高价水权有助于提升节水意识。近年来,受让企业节水意识不断增强,节水措施投入规模逐年上升,工业用水循环利用率持续提升,员工节水教育培训不断加强。以乌斯太热电厂为例,乌斯太热电厂总投资30亿元,装机容量2×300 MW,两台机组分别于2008年年底和2010

年年底投入运营，乌斯太热电厂通过投资节水改造 2 784.9 万元获得了 300 万 m^3 工业用水，为节约工业用水，乌斯太热电厂于 2018 年 8 月开始建设化学废水回收项目，总投资 2 760 万元，该项目年处理回收化学废水 160 万 t。与此同时，通过节水改造工程，灌区灌溉基础设施得到改善，农业生产更加便捷，企业获得用水权新增工业项目得以推进，水权转让参与各方在水权转让过程中需求得到满足且自身权益得到有效保障，因此，社会对黄河水权转让项目实施的满意度较高，为二期水权转让的实施奠定了良好的社会基础。

（6）内蒙古黄河水权转让社会效果显著，且逐年上升。黄河水权转让已产生良好的社会效果，且社会效果大小与水权转让项目实施规模密切相关。根据不同水权转让项目间的横向比对评估，实施规模较大的鄂尔多斯盟市间水权转让项目和沈乌盟市间水权转让试点项目取得的社会效果远高于孪井滩、包头一期和乌海三个水权转让项目带来的社会效果。而根据水权转让项目内的纵向对比评估，随着水权改造工程完工及受让企业新增工业项目投产运营，水权转让带来的社会效果日益凸显。

5.2.3　内蒙古黄河水权转让经济效果评估

5.2.3.1　经济影响分析

1. 水权受让企业

受让企业经济效益重点评估企业因取用黄河水产生的工业产值和利润及工业用水效益三个层面，主要通过对受让企业进行典型调查，分析统计不同类型企业新增项目工业产值、净利润和用水量，并结合企业类型及其实际用水量、水权分配情况测算由水权转让带来的工业产值和利润及企业单位用水的工业产值。

1）工业产值和利润

通过水权转让创造的工业产值和利润的测算统计结果如表 5-2-63 所示。企业通过对灌区水利工程进行节水改造获得工业用水，新增工业项目得以实施，而随着受让企业新建工业项目的投产运营，由水权转让带来的工业产值不断增加，企业规模不断扩大，同时也带动了受让企业利润的逐年增加。其中，水权转让带来的工业总产值由 2016 年的 326.55 亿元迅速增至 2020 年的 1 545.44 亿元，5 年来累计创造工业总产值近 5 000 亿元，年均增长 304.73 亿元。与此同时，水权转让创造的工业利润总额由 2016 年的 12.05 亿元迅速增至 2020 年的 94.47 亿元，5 年来累计带来工业利润总额 340.71 亿元，年均增长 20.60 亿元。

表 5-2-63　水权转让创造的工业产值和利润测算统计

项目名称	工业产值/亿元			工业利润/亿元		
	2020 年	近 5 年累计	年均增长	2020 年	近 5 年累计	年均增长
鄂尔多斯	712.97	2 829.18	114.49	30.59	160.08	6.55
孪井滩灌区	78.39	190.42	17.85	3.49	9.79	0.75
乌海灌区	119.80	349.59	29.95	31.40	101.61	6.06
包头一期	133.57	536.17	17.26	5.97	10.52	1.49
沈乌试点	500.71	1 050.21	125.18	23.02	58.71	5.75
合计	1 545.44	4 955.57	304.73	94.47	340.71	20.60

2) 工业用水效益

图 5-2-38 给出了 2016~2020 年各盟市受让企业工业用水效益和全国工业用水效益对比情况，其中工业用水效益由每吨工业用水的工业产值衡量。

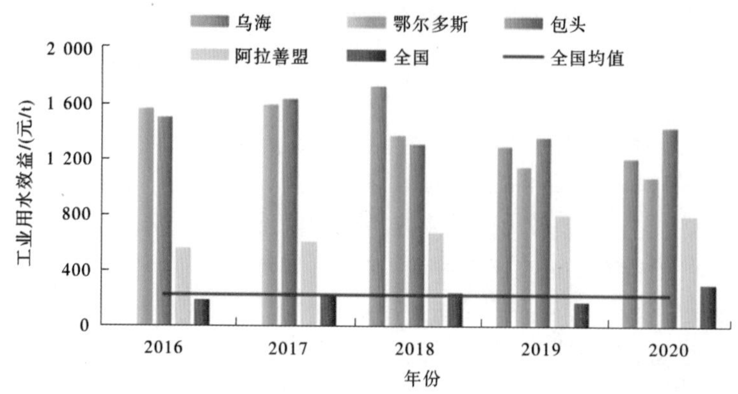

图 5-2-38 2016~2020 年各盟市受让企业工业用水效益和全国工业用水效益对比情况

由于内蒙古自治区煤炭资源丰富，近年来参与水权转让企业多属电力、煤化工等高耗能产业。由于环保政策趋严，化工等高耗能产业效益处于下行趋势，对受让企业工业用水效益产生了不利影响，尤其是鄂尔多斯和乌海。但与全国工业用水效益相比，各盟市受让企业工业用水效益远高于全国平均水平。例如，虽然阿拉善受让企业工业用水效益远低于其他盟市，但依然是全国工业用水效益的 3.11 倍，远高于全国平均水平；虽然鄂尔多斯和乌海受让企业工业用水效益处于下降趋势，但远高于全国平均水平，分别是全国工业用水效益的 6.12 倍和 6.39 倍。

2. 农牧业用水户

农牧业用水户经济效益重点从农业生产成本和灌区农民收入两个方面进行分析，根据水权转让实施年限和典型灌区分析结果，通过收集整理出让灌区社会经济数据资料，统计分析水权转让实施前后典型代表年份的亩均灌溉成本和农民人均收入变化情况。

1) 灌溉水费支出

剔除灌溉用水价格因素影响后，出让灌区灌溉水费支出测算统计结果如表 5-2-64 和图 5-2-39 所示。6 个出让灌区灌溉水费支出均有不同程度的下降。其中，南岸、沈乌和民族团结 3 个灌区的灌溉水费支出下降幅度较大，南岸灌区灌溉水费支出由实施前的 41.59 元/亩降至 20.60 元/亩，降幅高达 50.47%，沈乌灌域和民族团结灌区降幅分别为 25.70%和 20.27%。由此表明，通过水权转让改善了引黄灌溉基础设施，提高了灌溉用水效率，降低了灌溉用水量，因此水权转让的实施能够有效降低出让灌区灌溉水费支出。

表 5-2-64 水权转让前后灌区灌溉水费支出变化统计

灌区	变化趋势	水费支出/(元/亩)			
		实施前	实施中	实施后	实施前后变化
南岸灌区	稳步下降	41.59	26.97	20.60	下降 50.47%
李井滩扬水灌区	波动下降	158.10	147.28	139.65	下降 11.67%

续表 5-2-64

灌区	变化趋势	水费支出/(元/亩)			
		实施前	实施中	实施后	实施前后变化
巴音陶亥灌区	逐年下降	—	70.41	60.95	下降 13.44%
镫口扬水灌区	略有下降	25.98	23.15	24.79	下降 4.58%
民族团结灌区	波动下降	25.31	18.92	20.18	下降 20.27%
沈乌灌域	逐年下降	25.64	25.07	19.05	下降 25.70%

注:以 2012 年为基期。

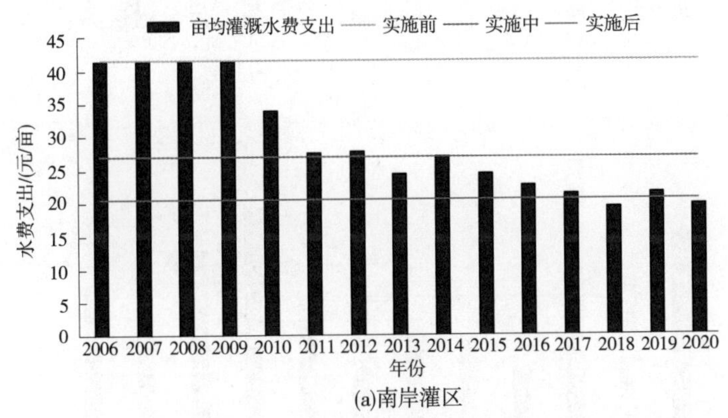

(a)南岸灌区

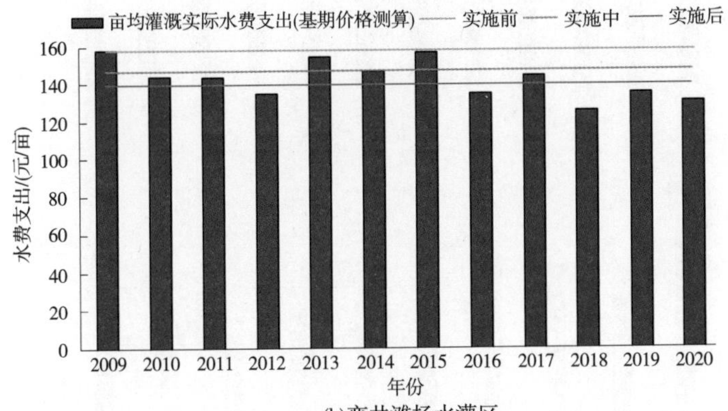

(b)李井滩扬水灌区

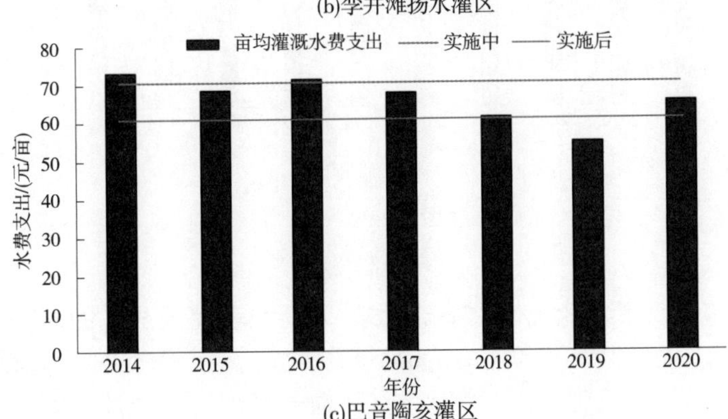

(c)巴音陶亥灌区

图 5-2-39　各灌区亩均灌溉水费支出统计

注:以 2012 年基期灌溉用水价格测算。

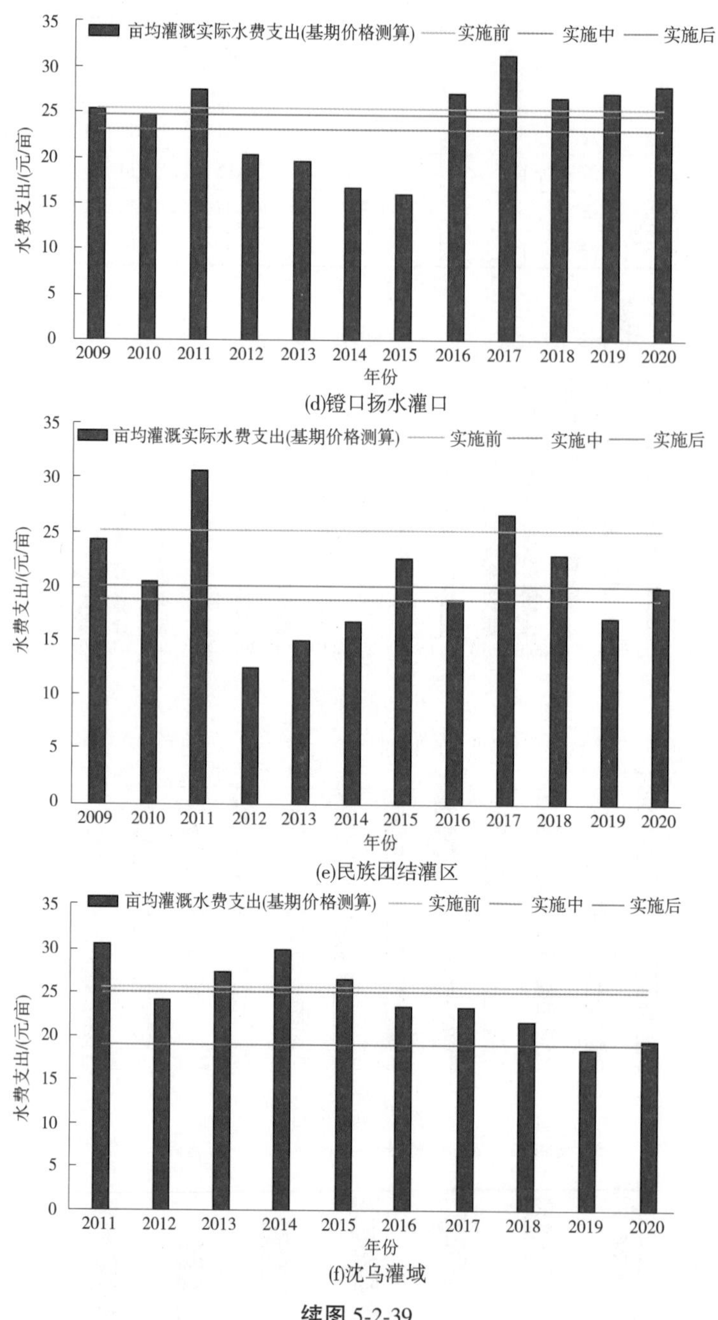

(d)镫口扬水灌口

(e)民族团结灌区

(f)沈乌灌域

续图 5-2-39

2) 农民收入

水权转让的实施改善了农业现代化基础设施,降低农业灌溉成本的同时亩均产出增加,且水权转让实施过程中出让灌区种植结构不断优化调整,进而有助于增加农业收入。

本次评估选用农民人均年收入作为统计指标,通过整理国家统计年鉴数据和调研资料,得到出让灌区农民人均年收入变化情况,统计结果如图 5-2-40 所示。除 2020 年受疫情影响外,出让灌区农民人均年收入均呈现逐年递增的趋势,其中,沈乌灌域农民人均年收入年均增长为 7.65%外,其余出让灌区农民人均年收入年均增长率均在 10%以上。水权转让实施以来,出让灌区农民人均年收入增长趋势也有所加快。由此表明,水权转让的实施能够在一定程度上促进出让灌区农民人均年收入的增加。

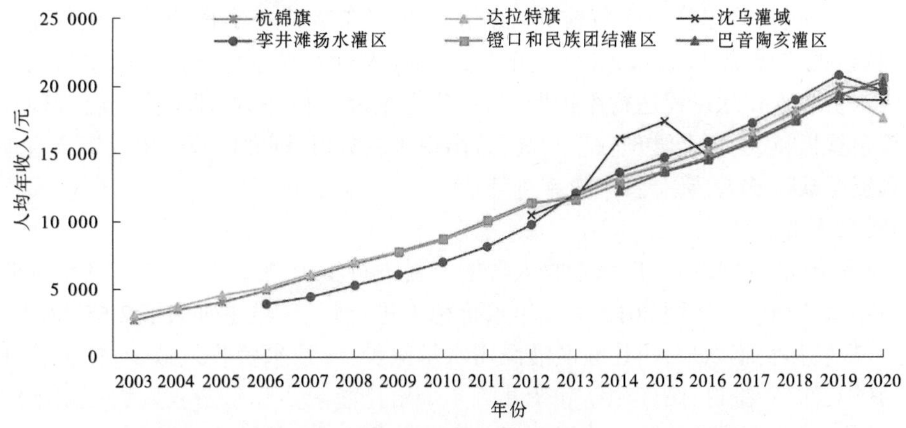

图 5-2-40　水权转让实施前后灌区农民人均年收入变化情况

3) 农业产值

农业产值作为农业产出的重要衡量指标,能够反映水权转让对出让灌区经济发展水平及农户经济利益产生的影响。本次评估通过整理国家统计年鉴数据和实地调研收集得到的资料数据,得到水权转让实施前后出让灌区农业产值变化情况,见图 5-2-41。

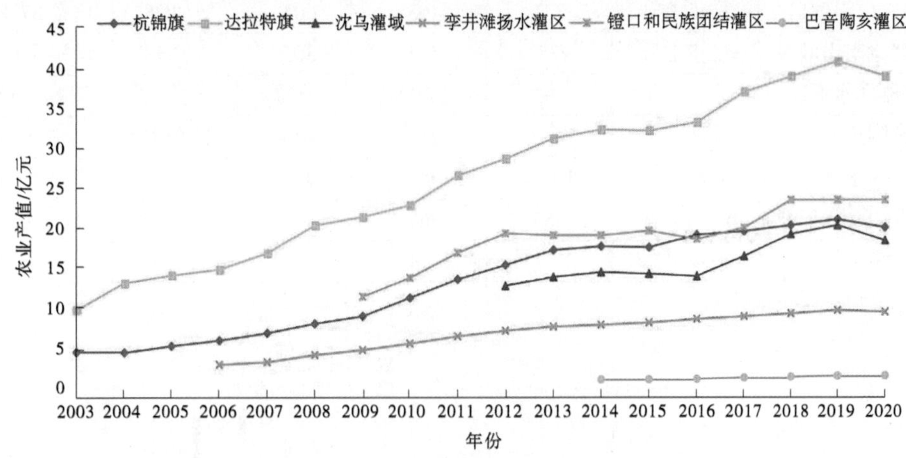

图 5-2-41　出让灌区农业产值情况

水权转让实施以来,除 2020 年受疫情影响外,出让灌区农业产值均呈现波动上升趋势。其中,南岸灌区和李井滩扬水灌区农业产值增长较快,年均增长接近 9%;沈乌灌域农业产值增长相对较为缓慢,年均增长仅为 5.08%。伴随水权转让相关工程完工,出让灌区农业产值递增趋势显著加快。由此表明,水权转让的实施能够在一定程度上促使出让灌区农业产值的增加。

3. 灌区管理单位

灌区管理单位经济效益重点从灌区水费收入、工程运行维护费用和资金管理三个方面统计分析。其中,灌区水费收入通过收集典型灌区年度实际征收水费资料,对比分析水权转让实施前后灌区管理单位水费收入的变化情况。工程运行维护费用情况通过收集水权转让实施后灌区历年工程运行维护费用支出、资金来源(重点是受让企业支付的运行维护费用)等资料,对比分析水权转让实施前后灌区工程运行维护费用变化情况。灌区资金管理情况主要统计水权转让实施前后水费收入对工程运行维护费用支出的满足程度,灌区水费收入扣除工程运行维护费用后,若为盈余,则灌区管理单位资金管理效率较好,且盈余规模越大,资金管理效率越高;若出现资金缺口,则灌区管理单位资金管理效率较差,且资金缺口越大,资金管理效率越低。

1)灌区水费收入

在对各出让灌区管理单位水费收入数据资料进行整理的基础上,考虑到水价调整的影响,历年水费均统一采用2012基准年水价标准进行折算,结果如表5-2-65和图5-2-42所示。水权转让实施以来,出让灌区灌溉用水量减少,导致水费收入减少,损害管理单位利益。其中,沈乌、镫口、民族团结和李井滩4个出让灌区实际水费收入均呈现不同程度的下降趋势,表明水权转让的实施损害了管理单位利益,尤其是沈乌灌域,水权转让实施前后对比,其实际水费收入减少了1 024万元,降幅34.44%。

表5-2-65　水权转让实施前后灌区管理单位水费收入变化

灌区	变化趋势	水费收入/万元			实施前后变化	
		实施前	实施中	实施后	差值/万元	比例
杭锦旗南岸灌区	稳步上升	321	465	603	增加282	增幅87.85%
达拉特旗南岸灌区	稳步上升	75	573	807	增加732	增幅976.0%
李井滩扬水灌区	波动变化	—	1 202	1 177	减少25	降幅2.08%
巴音陶亥灌区	波动下降	—	236	226	减少10	降幅4.24%
镫口扬水灌区	波动下降	1 067	952	945	减少122	降幅11.43%
民族团结灌区	波动下降	483	364	401	减少82	降幅16.98%
沈乌灌域	稳步下降	2 973	2 581	1 949	减少1 024	降幅34.44%

注:以2012年为基准年。

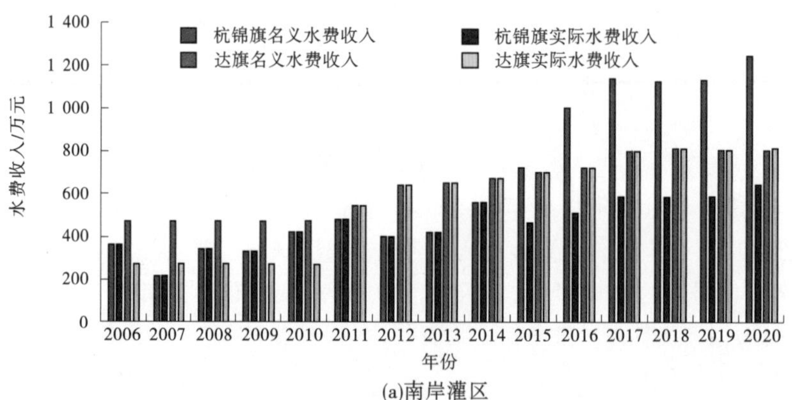

(a)南岸灌区

图5-2-42　水权转让实施前后各灌区管理单位水费收入情况

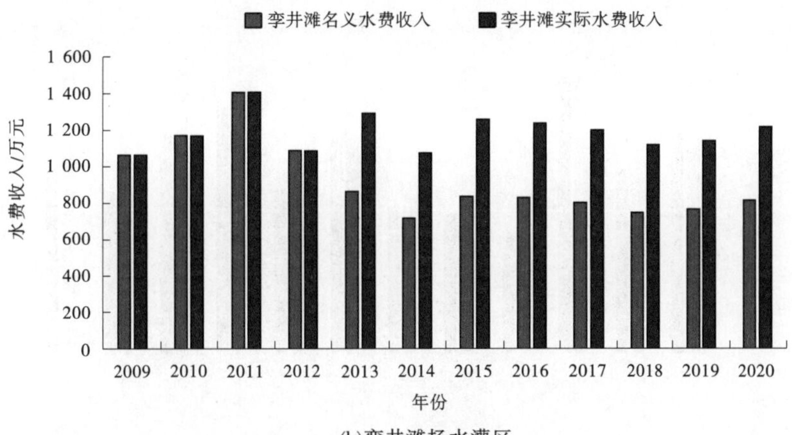

(b)李井滩扬水灌区

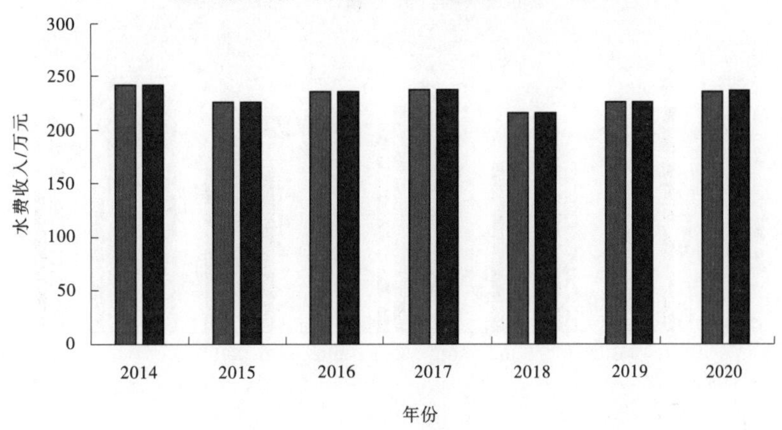

(c)巴音陶亥灌区

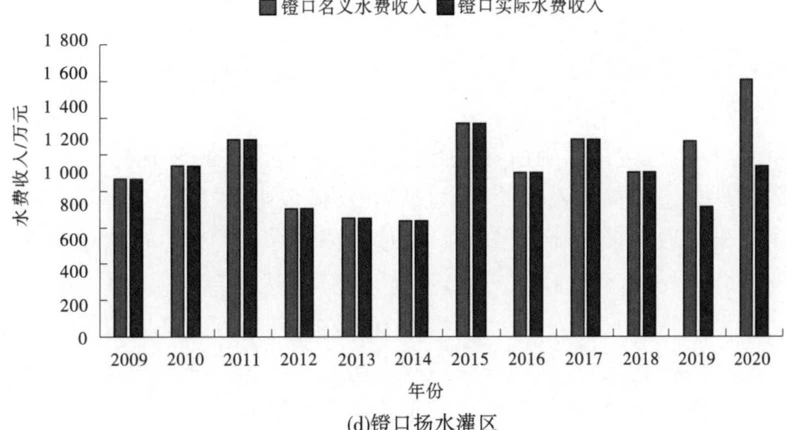

(d)镫口扬水灌区

续图 5-2-42

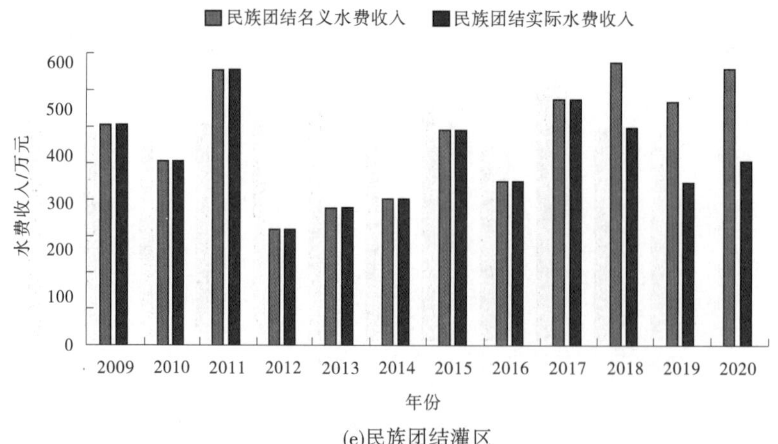

(e)民族团结灌区

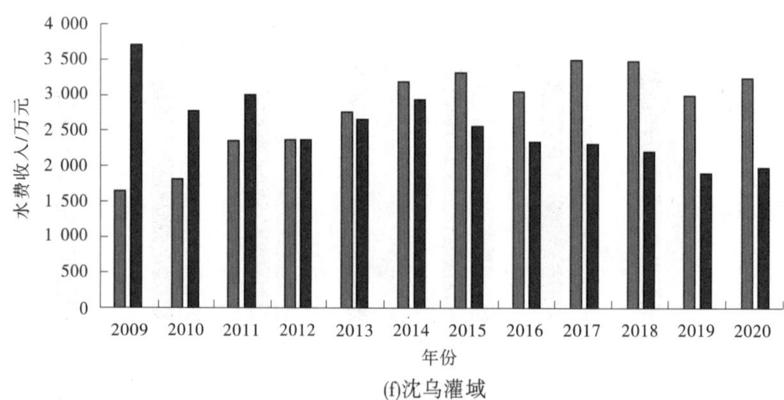

(f)沈乌灌域

续图 5-2-42

巴音陶亥灌区水费是按照 23 元/(亩·次)的标准进行收取,灌区每年水费收入主要受种植作物、耕地种植情况及降水量等因素影响,因此水权转让的实施没有损害巴音陶亥灌区管理单位收入。

鄂尔多斯二期水权转让实施前,由于南岸灌区水费收取管理不规范,应收未收现象严重,造成灌区管理单位水费收入较低。水权转让实施以来,灌区管理单位不断规范水费收取管理,实施前未收取的水费开始逐步收取,使得南岸灌区管理单位水费收入并未因灌溉用水量的减少而下降,反而呈现稳步递增趋势,尤其是达拉特旗,其年均水费收入由实施前的 75 万元增至实施后的 807 万元,增幅近 10 倍之多。然而,这掩盖了水权转让损害南岸灌区管理单位利益的问题。从机会收益视角分析,按 2012 基准年水价折算,水权转让实施后,因灌溉用水量减少,南岸灌区每年平均损失水费收入约 1 019 万元。

2)运行管理费用

在实地调研和问卷调查的基础上,收集整理出让灌区管理单位基本费用和工程运行维护费用支出变化情况。

伴随经济社会的发展,灌区管理单位人员工资和其他支出增加,促使出让灌区管理单位基本费用支出上升,具体见表5-2-66和图5-2-43。7个出让灌区管理单位基本费用支出呈现不同程度的上升。通过水权转让实施前后对比,杭锦旗和达拉特旗南岸灌区基本费用支出增幅最大,分别为457%和945%;李井滩扬水灌区和镫口扬水灌区基本费用支出增加值最高,分别为3 136万元和4 140万元;沈乌灌域和民族团结灌区基本费用支出也有较大幅度增长。

表5-2-66　水权转让实施前后灌区管理单位基本费用变化

灌区	变化趋势	基本费用/万元			实施前后变化	
		实施前	实施中	实施后	差值/万元	比例
杭锦旗南岸灌区	快速上升	321	929	1 788	增加1 467	增幅457%
达拉特旗灌区	周期性增长	33	345	345	增加312	增幅945%
李井滩扬水灌区	缓慢上升	1 086	2 597	4 222	增加3 136	增幅289%
巴音陶亥灌区	先升后降	—	326	364	增加38	增幅12%
镫口扬水灌区	先降后升	3 779	4 197	7 919	增加4 140	增幅110%
民族团结灌区	波动上升	234	242.5	353	增加119	增幅51%
沈乌灌域	波动上升	2 699	4 585	4 358.3	增加1 659.3	增幅61%

注:基本费用包括人员工资和其他支出,其中其他支出包括制造费(办公费、差旅费、水电取暖费、会议费等),以及工会、职工教育、财务管理和营业外支出。

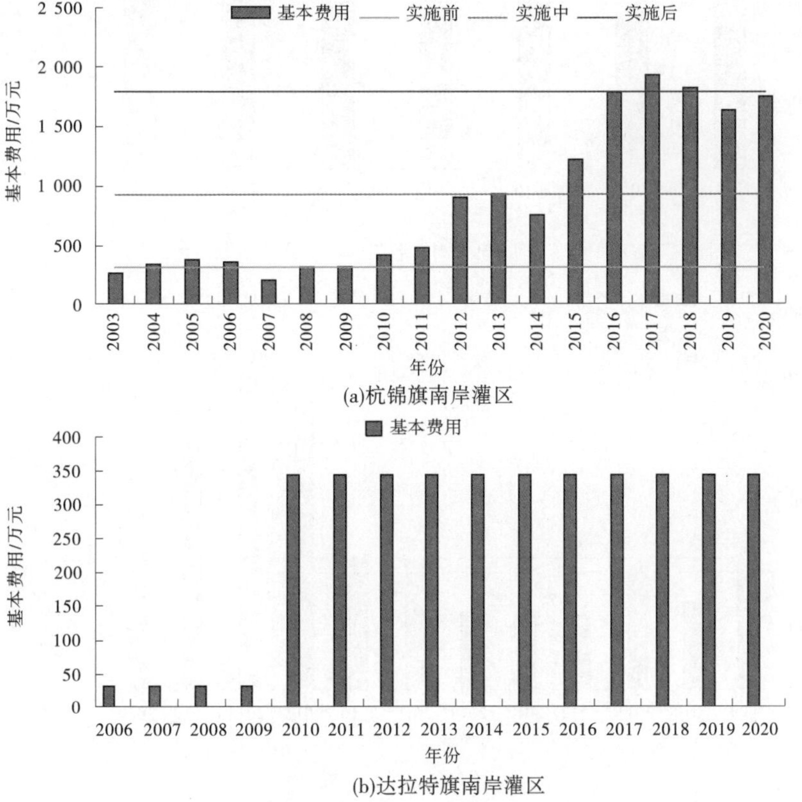

(a)杭锦旗南岸灌区

(b)达拉特旗南岸灌区

图5-2-43　水权转让实施前后各灌区管理单位基本费用统计

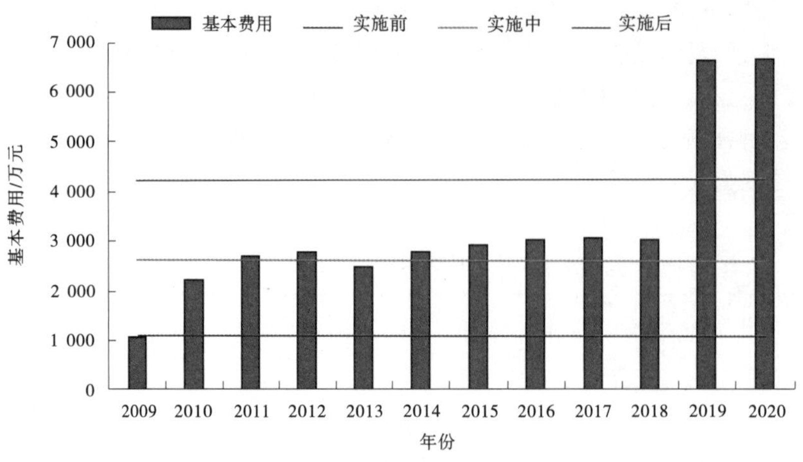

(c)李井滩扬水灌区

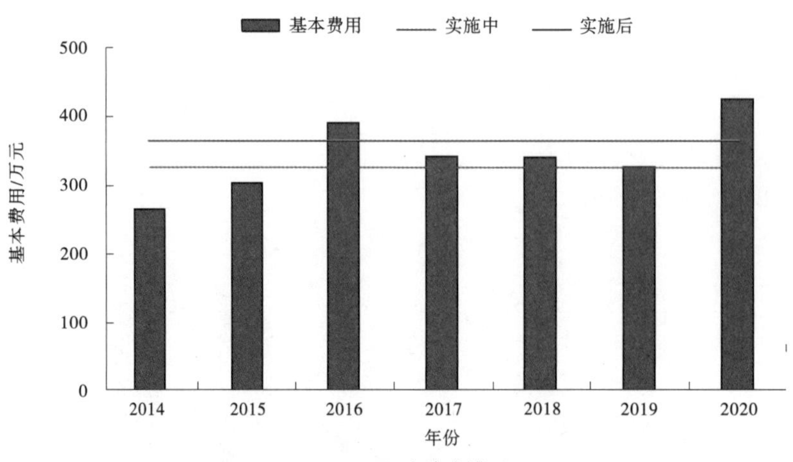

(d)巴音陶亥灌区

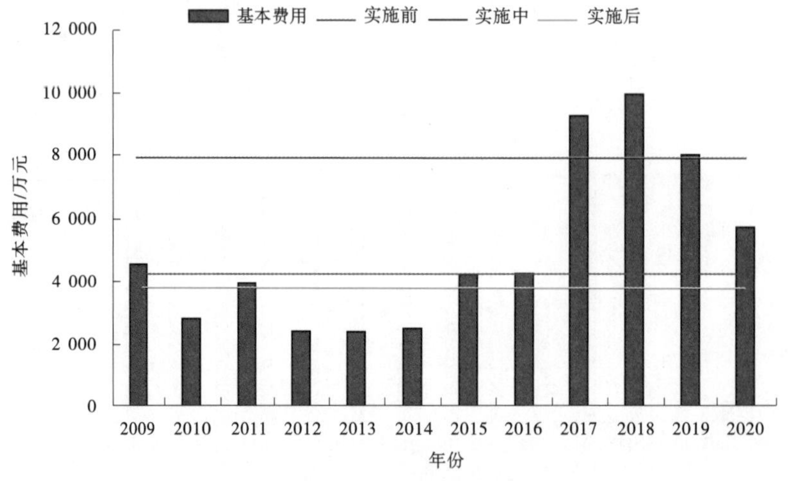

(e)镫口扬水灌区

续图 5-2-43

(f)民族团结灌区

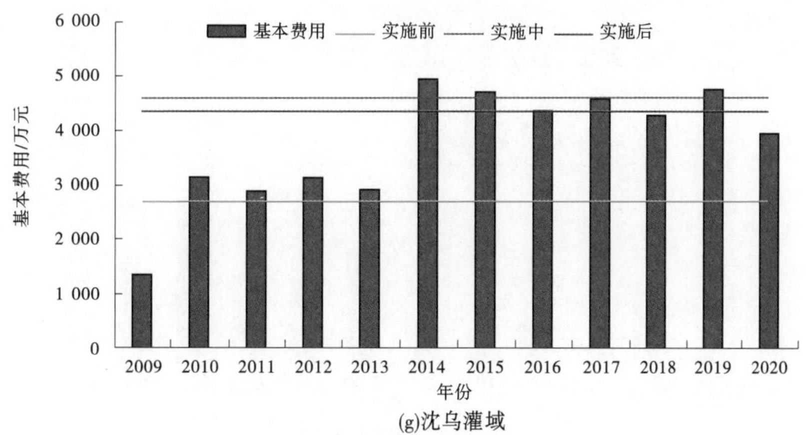

(g)沈乌灌域

续图 5-2-43

水权转让实施改善了出让灌区引黄灌溉水利基础设施的同时,也增加了出让灌区相关工程运行维护费用的支出,且随着灌溉水利基础设施的老化,出让灌区相关的工程运行维护费用支出不断上升,具体见表 5-2-67 和图 5-2-44。伴随水权转让的实施,除民族团结灌区外,其他出让灌区相关工程运行维护费用均呈现不同程度的上升趋势,且水权转让相关工程实施越早,即工程运行时间越长,出让灌区相关工程的运行维护费用越高。其中,鄂尔多斯和孪井滩扬水灌区水权转让实施较早,与之相应南岸灌区和孪井滩扬水灌区工程运行维护费用增幅较大,尤其是南岸灌区;鄂尔多斯二期水权转让实施后,杭锦旗南岸灌区和达拉特旗南岸灌区工程运行维护费用支出分别较实施前增加 1 281 万元和 525 万元,增幅高达 657%和 263%;其他 4 个灌区水权转让工程实施较晚,尤其是包头一期和沈乌灌区工程 2020 年以后才完成核验,与之相应灌区工程运行维护费用增幅相对较低。

表 5-2-67　水权转让实施前后灌区工程运行维护用变化

灌区	变化趋势	工程运行维护费用/万元			实施前后变化	
		实施前	实施中	实施后	差值/万元	比例
杭锦旗南岸灌区	快速上升	195	433	1 476	增加 1 281	增幅 657%
达拉特旗南岸灌区	周期性增长	200	500	725	增加 525	增幅 263%
李井滩扬水灌区	波动上升	117	53	268	增加 151	增幅 129%
巴音陶亥灌区	逐年上升	—	155	202	增加 47	增幅 30. 3%
镫口扬水灌区	维持不变	400	400	400	稳定不变	稳定不变
民族团结灌区	波动上升	100	104	151	增加 51	增幅 51. 0%
沈乌灌域	周期性波动	166. 2	159. 4	266. 5	增加 100. 3	增幅 60. 4%

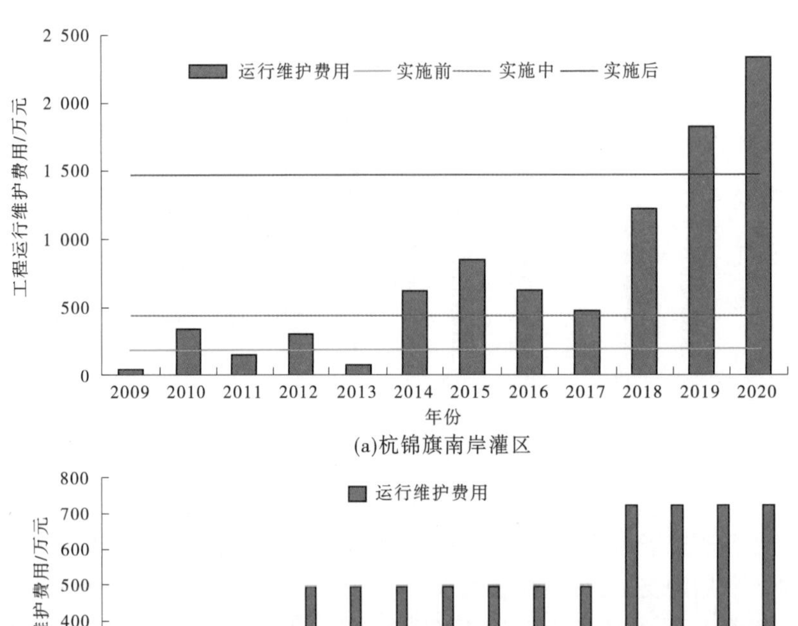

(a)杭锦旗南岸灌区

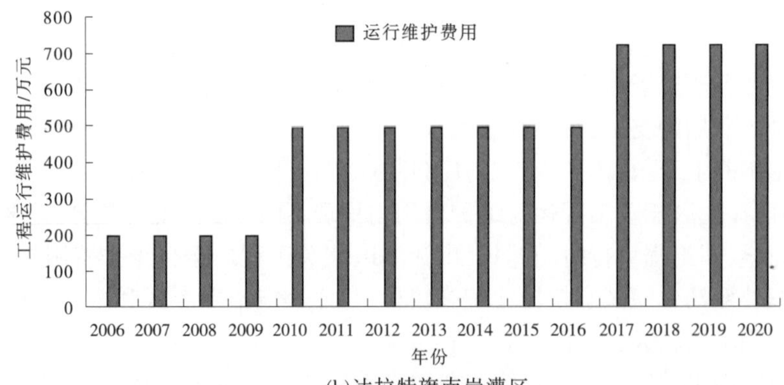

(b)达拉特旗南岸灌区

图 5-2-44　水权转让实施前后各灌区工程运行维护费用统计

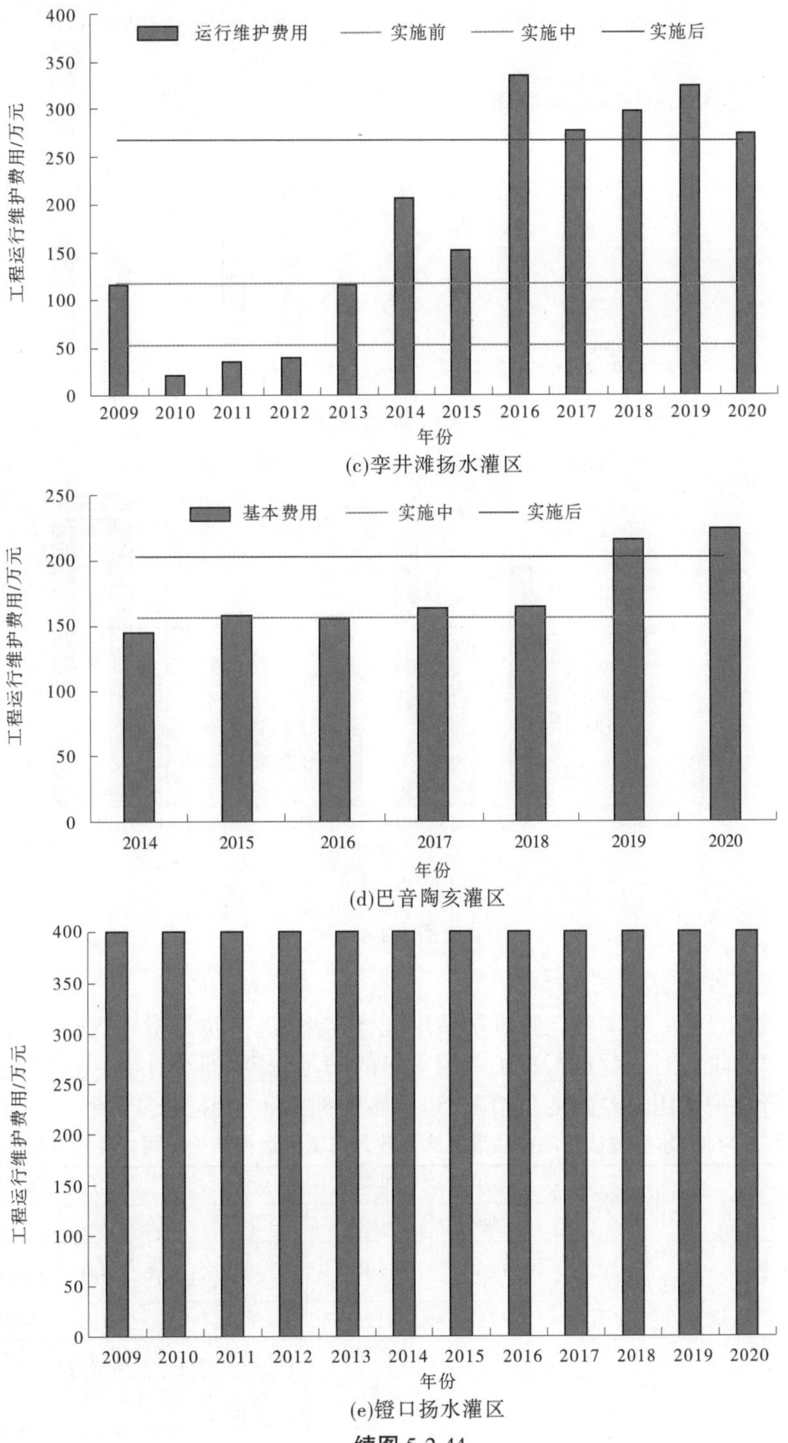

(c)孪井滩扬水灌区

(d)巴音陶亥灌区

(e)镫口扬水灌区

续图 5-2-44

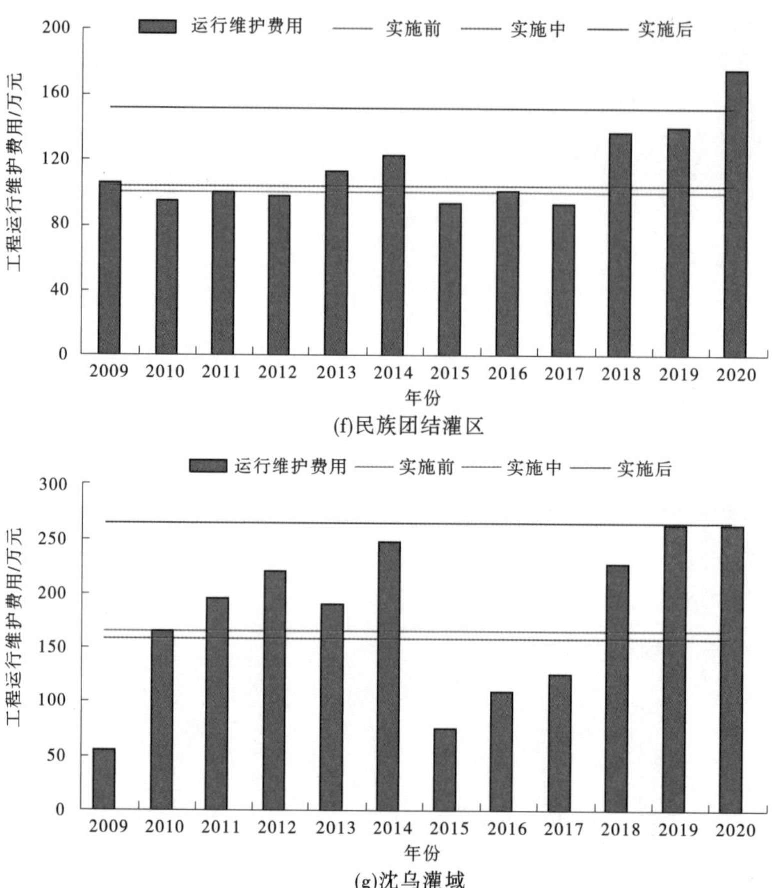

(f)民族团结灌区

(g)沈乌灌域

续图 5-2-44

3)资金管理效率

根据灌区水费收入和工程运行维护费用统计结果，进一步分析水权转让实施前后灌区管理单位水费收入对工程运行维护费用支出的满足程度，即统计灌区管理单位水费收入与工程运行维护费用之差的变化情况，结果如表 5-2-68 和图 5-2-45 所示。

表 5-2-68　水权转让实施前后灌区水费收入与工程运行维护费用之差的变化

灌区	变化趋势	工程运行维护费用/万元			实施前后变化	
		实施前	实施中	实施后	差值/万元	比例
杭锦旗南岸灌区	波动较大，实施后大幅下降	126	139	-315	减少 441	降幅 350%
达拉特旗南岸灌区	周期性波动下降	275	123	82	减少 193	降幅 70.2%
李井滩扬水灌区	波动下降	—	1 063	517	减少 546	降幅 51.3%
巴音陶亥灌区	波动下降	—	81	23	减少 58	降幅 69.9%
镫口扬水灌区	波动上升	667	552	851	增加 184	增幅 27.6%
民族团结灌区	波动较大，实施后有所上升	383	260	450	增加 67	增幅 17.5%
沈乌灌域	波动上升	2 030	3 161	2 861	增加 831	增幅 41.0%

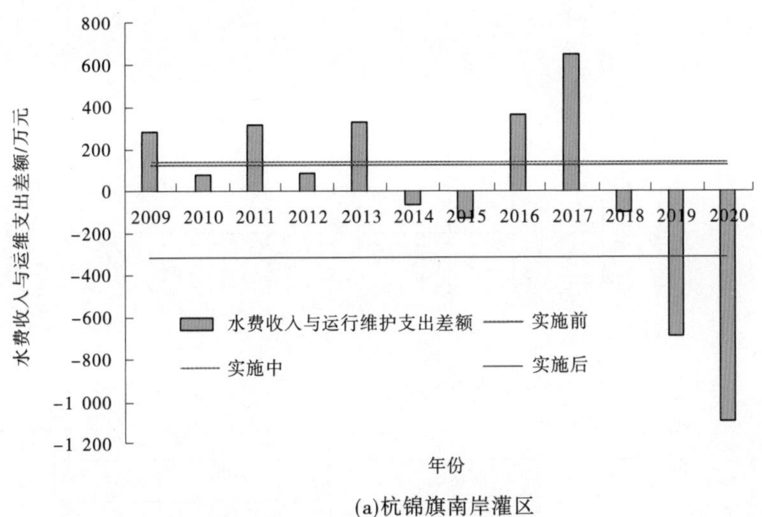

(a)杭锦旗南岸灌区

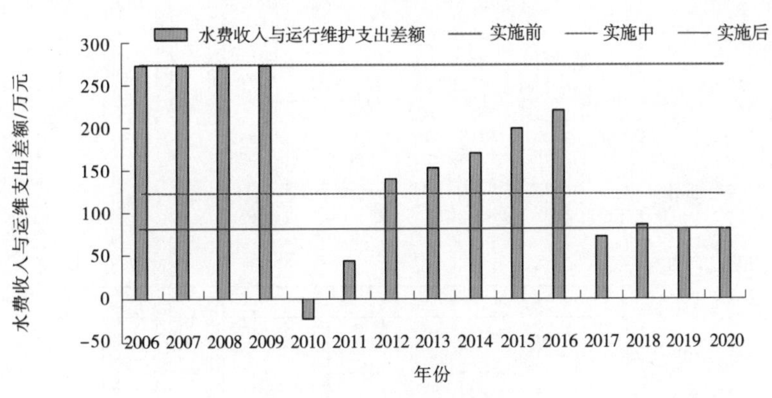

(b)达拉特旗南岸灌区

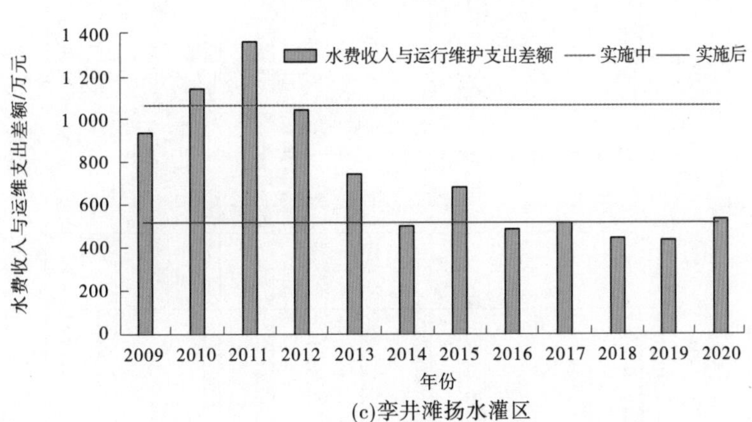

(c)孪井滩扬水灌区

图 5-2-45　水权转让实施前后各灌区水费收入与工程运行维护费用之差变化

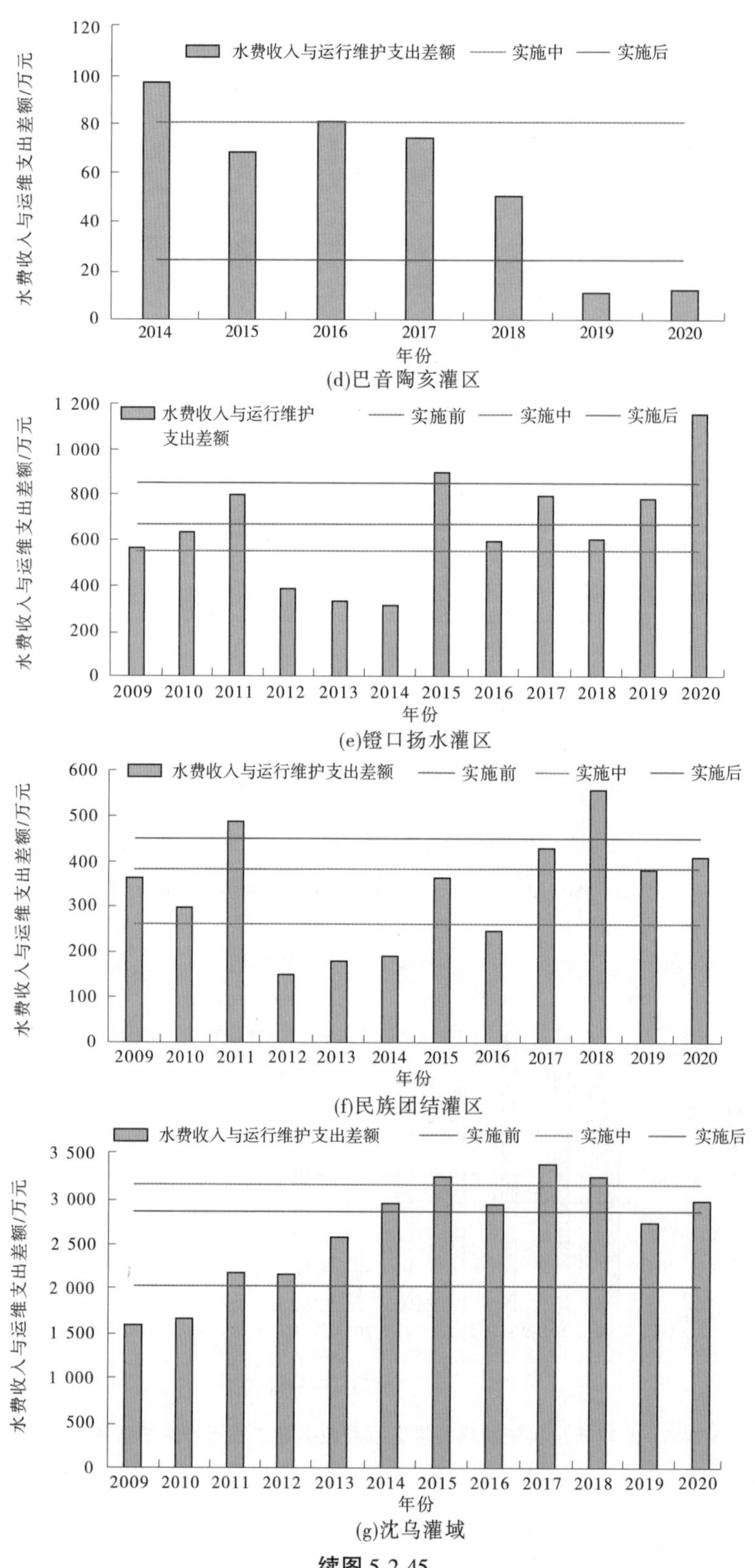

(d)巴音陶亥灌区

(e)镫口扬水灌区

(f)民族团结灌区

(g)沈乌灌域

续图 5-2-45

鄂尔多斯水权转让实施前后,杭锦旗南岸灌区管理单位水费收入与工程运行维护费用间差额波动较大,2013 年以前杭锦旗南岸灌区水费收入扣除工程运行维护费用后处于盈余状态,但随着鄂尔多斯二期工程结束,由于灌区工程运行维护费用的大幅增加,灌区管理单位水费收入难以弥补工程运行维护费用支出,出现了资金缺口,且资金缺口规模迅速扩大。达拉特旗南岸灌区管理单位水费收入与工程运行维护费用间差额呈现周期性变动,其中,鄂尔多斯二期工程实施前,由于达拉特旗南岸灌区多为老旧土渠,所需运行维护费用较低,因此灌区管理单位水费收入扣除运行维护费用后存在较大盈余;但随着工程的实施,灌区工程运行维护费用增加,导致灌区管理单位水费收入扣除运行维护费用后的盈余减少;实施后,工程运行维护费用进一步增加,造成盈余大幅减少。

水权转让实施以来,孪井滩扬水灌区和巴音陶亥灌区的管理单位水费收入扣除工程运行维护费用后的盈余均处于波动下降趋势,虽然两个灌区管理单位水费收入扣除工程运行维护费用后一直处于盈余状态,但盈余规模均出现了显著下降。

水权转让实施前后,镫口扬水灌区、民族团结灌区和沈乌灌域的管理单位水费收入扣除工程运行维护费用后的盈余均处于波动上升趋势。其中,民族团结灌区波动幅度较大;水费缴纳日益规范和灌溉用水价格的上调,使得水权转让实施前后,三个灌区(灌域)管理单位的水费收入扣除工程运行维护费用后的盈余并未下降。

总体而言,水权转让的实施导致了杭锦旗南岸灌区和达拉特旗南岸灌区、孪井滩扬水灌区及巴音陶亥灌区的管理单位水费收入扣除工程运行维护费用后的盈余均出现了大幅下降,与之相应灌区管理单位的资金管理效率下降,因此水权转让的实施对上述 4 个灌区管理单位经济效益造成了不利影响。而对镫口扬水灌区、民族团结灌区和沈乌灌域而言,得益于灌区水费缴纳日益规范和灌溉用水价格的上调,水权转让的实施前后灌区管理单位的水费收入扣除工程运行维护费用后的盈余不降反增,与之相应灌区管理单位的资金管理效率有所改善,因此水权转让的实施并未对上述 3 个灌区管理单位的经济效益产生不利影响。

5.2.3.2　经济效果评估

1. 横向对比评估

根据计及横向对比评估的黄河水权转让经济效果综合评价模型,对 2016~2020 年内蒙古黄河水权转让经济效果进行后评估,得到水权转让经济效果横向对比评估结果,如图 5-2-46 和 5-2-47 所示。其中,纵坐标轴为横向对比的黄河水权转让经济效果评估结果。在综合评价过程中,已对评价指标数据进行了无量纲化处理,因此评估结果的数值单位为“1”。

1)鄂尔多斯水权转让

横向对比评估中,鄂尔多斯水权转让经济效果评估值最高,综合评估均值为 0.386 9,评估期内经济效果始终排名第一。鄂尔多斯水权转让实施最早,工程规模最大,先后为 90 家企业或工业项目提供工业用水,由此产生的新增工业产值和利润远高于其他灌区水权转让工程;与之对应,鄂尔多斯水权转让经济效果始终相对较好。但随着时间推移,灌溉基础设施老化,导致鄂尔多斯水权转让工程运行维护费用迅速上升,且工程运行维护费用主要由管理单位承担,加之水费收入损失,严重损害了灌区管理单位经济利益。因此,相较于其他灌区水权转让,鄂尔多斯水权转让经济效果处于下降趋势。

2)沈乌盟市间水权转让

横向对比评估中,沈乌盟市间水权转让经济效果后评估值次之,综合评估均值为 0.221 1,评估期内经济效果排名第二(图 5-2-46 和 5-2-47 中显示为巴彦淖尔)。其中,

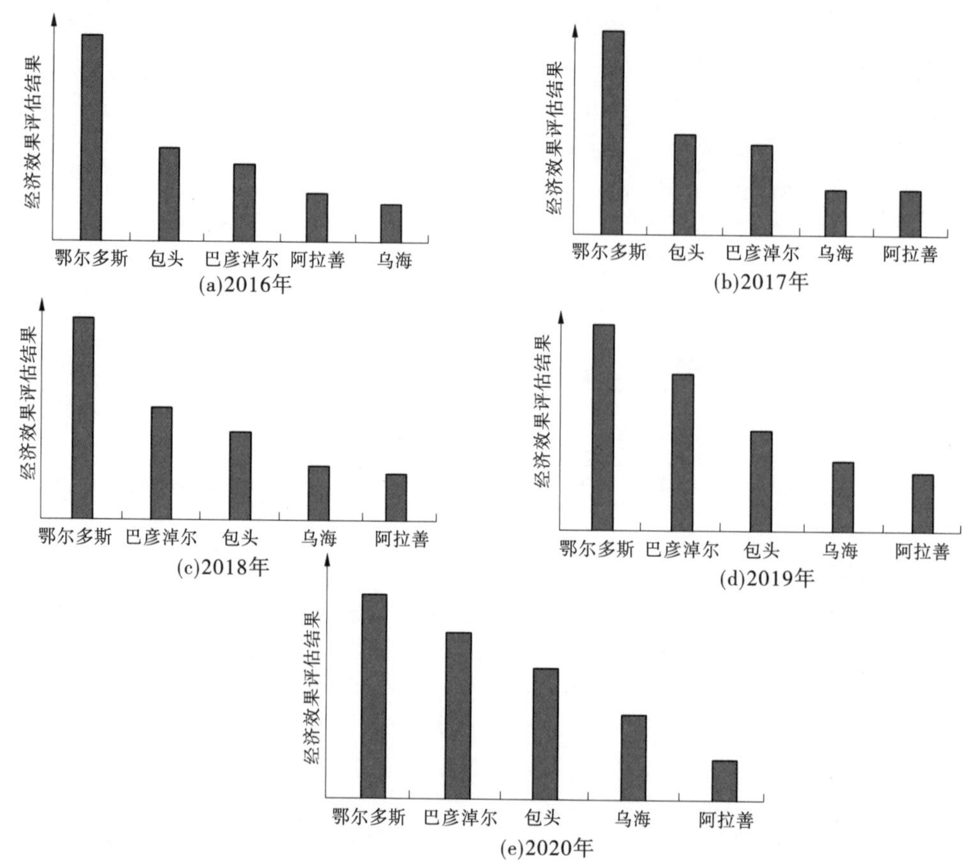

图 5-2-46　2016~2020 年内蒙古黄河水权转让经济效果后评估结果(横向对比)

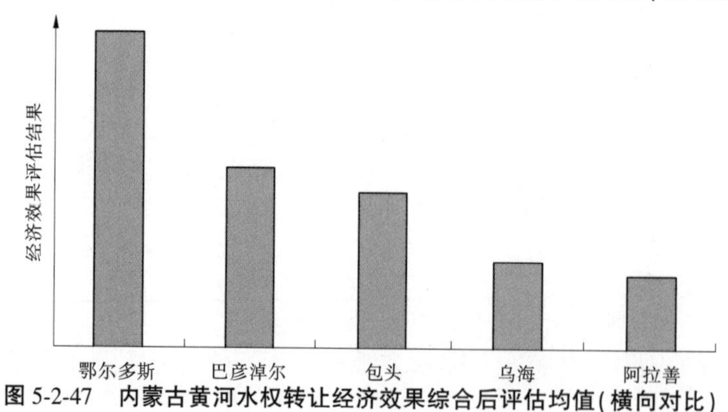

图 5-2-47　内蒙古黄河水权转让经济效果综合后评估均值(横向对比)

2016~2017 年由于沈乌试点工程尚未完工,严重制约了沈乌盟市间水权转让经济效益提升,经济效果评估值不高,且低于包头一期。但随着沈乌试点工程结束,经济效益快速上升,与之对应,2018~2020 年经济效果评估值快速上升,且与鄂尔多斯间的差距缩小。通过盟市间水权转让,沈乌试点工程累计为 84 家企业或工业项目提供工业用水,随着受让企业或工业项目投产运营,其经济效益快速提升,且工程运行维护费用主要由受让企业承担,在一定程度上降低了对灌区管理单位经济利益的损害。因此,沈乌盟市间水权转让经济效益存在较大上升空间。

3)包头一期水权转让

横向对比评估中,包头一期水权转让经济效果评估均值先降后升,综合评估均值为0.191 8。包头一期工程规模仅次于鄂尔多斯和沈乌,虽然仅为 12 家企业或工业项目提供工业用水,但受让企业或工业项目规模较大,产生的经济效益较高,因此评估期内经济效果仅次于鄂尔多斯和沈乌,位列第三。其中,2016~2017 年沈乌试点工程尚未完工,产生的经济效益较低,使得包头一期水权转让经济效果评估值高于沈乌而暂列第二;但随着沈乌试点工程结束,包头一期水权转让经济效益迅速被沈乌超越。

4)乌海和李井滩灌区水权转让

横向对比评估中,乌海和李井滩灌区水权转让经济效果评估值相对较低,综合评估均值分别为 0.108 2 和 0.092 0。相较于鄂尔多斯、沈乌和包头,乌海和李井滩灌区水权转让规模较小,均仅有一家企业参与,由此产生的经济效益相对较低,且上升空间有限。因此,乌海和李井滩灌区水权转让经济效果较差,远低于其他灌区水权转让。

2. 纵向对比评估

根据计及纵向对比评估的黄河水权转让经济效果综合评价模型,对内蒙古自治区各盟市水权转让的经济效果进行后评估,可以得到水权转让经济效果纵向对比评估结果,如图 5-2-48 所示。

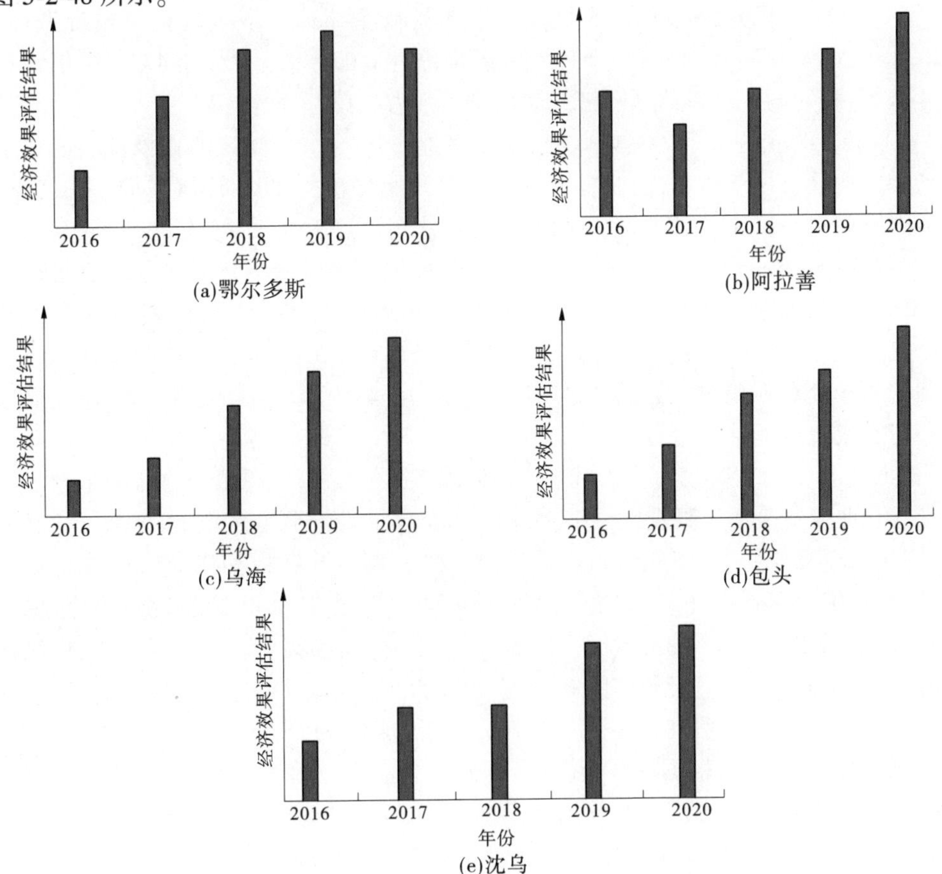

图 5-2-48　内蒙古自治区水权转让经济效果评估结果趋势(纵向对比)

其中,鄂尔多斯水权转让经济效果评估值逐年上升(2020 年除外);孪井滩扬水灌区水权转让经济效果评估值处于稳步上升趋势(2017 年除外);乌海灌区和包头一期水权转让经济效果评估值均处于逐年上升趋势;沈乌盟市间水权转让经济效果评估值在 2018 年前处于缓慢上升趋势,2018 年后由于相关受让企业或工业项目投产运营,其经济效果评估均值开始快速上升。总体而言,随着水权转让工程实施,内蒙古黄河水权转让经济效益逐年递增。尤其是近 3 年来,由于受让企业或工业项目陆续投产运营,产生的经济效益迅速增长,与之相应,水权转让经济效果显著提升。

5.2.3.3 主要结论

内蒙古黄河水权转让的实施将节约的农业用水转至工业领域,提高了水资源的利用效率,促进了地区工业发展,为经济发展带来了新的动力。与此同时,受让企业出资投入灌区水利基础设施建设,促进了农业现代化建设,保障了农牧业用水户和灌区管理单位的经济利益。评估表明,内蒙古黄河水权转让经济效益显著,为进一步推进水权转让起到了良好的示范作用。

(1)由水权转让带来的工业产值逐年增加,促进了内蒙古自治区地方经济的快速发展。内蒙古黄河水权受让企业通过对灌区节水改造获得工业用水,新增工业项目得以实施,随着受让企业新建工业项目投产运营,水权转让带来的工业产值不断增加,尤其是近 3 年。以鄂尔多斯为例,鄂尔多斯水权转让带来的工业产值已由 2013 年的 12.66 亿元增至 2020 年的 712.97 亿元,提升了 55 倍多。根据受让企业或工业项目运营情况调研,2018~2020 年,由水权转让带来的工业产值分别高达 1 058.92 亿元、1 472.56 亿元和 1 545.44 亿元,这为内蒙古自治区经济发展提供了强力支撑。

(2)水权转让为企业带来了良好收益,调动了企业参与水权转让的积极性。通过水权转让新增工业项目投产运营,企业规模不断扩大,促使企业利润的逐年增加,为受让企业带来了丰厚回报。以沈乌盟市间水权转让为例,沈乌试点工程累计为鄂尔多斯、乌海和阿拉善 3 个盟市 84 家企业或工业项目提供工业用水,随着相关受让企业工业项目投产运营,其带来的工业利润由 2018 年的 6.44 亿元增至 2020 年的 23.02 亿元,增长了 2.6 倍多。根据典型受让企业或工业项目运营情况调研,2018~2020 年水权转让的实施为企业创造的利润总额分别为 95.13 亿元、124.01 亿元和 94.47 亿元(疫情影响),企业利润增加为其参与水权转让提供了动力。

(3)灌溉水费支出和劳动力投入减少,农业生产成本下降,保障了农牧业用水户经济利益。受让企业投资改造灌溉基础设施,大幅度降低了农业灌溉输水损失,提高了灌溉效率,意味着相同灌溉条件下,农民将减少同等水量的水费支出。以南岸灌区达拉特旗为例,水权转让实施后灌溉水费支出均值由实施前的 41.59 元/亩降至 20.60 元/亩,减少了 20.99 元/亩,降幅 50.47%。与此同时,灌溉用时用工缩短,灌溉劳动力投入减少,以沈乌灌域为例,灌溉劳动力投入由实施前的 0.77 人·h/亩降至实施后的 0.66 人·h/亩,降幅 14.29%。出让灌区灌溉水费支出和劳动力投入降低,能够减少出让灌区农业灌溉成本,增加其亩均净收益。此外,根据灌区调研统计,如按当前农业灌溉用水价格测算,水权转让的实施每年能够为出让灌区农牧业用水户减少灌溉水费支出总计 3 068.67 万元,其中,南岸灌区减少 1 154.05 万元,沈乌灌域减少 1 669.42 万元。

(4)出让灌区农民人均收入和农业产值逐年增加,保障农业稳定发展。伴随水权转让的实施,灌溉基础设施改善,灌溉成本降低,农业产出增加;同时,灌溉劳动力投入减少,大量农村劳动力释放转至其他产业,增加了农民收入来源,进而农民收入增加。水权转让实施前后,除沈乌灌域外,其他出让灌区农民人均收入年均增长均在 10%以上。以南岸灌区为例,杭锦旗南岸灌区和达拉特旗南岸灌区的农民人均年收入分别由 2003 年的 2 814 元和 3 186 元增至 2020 年的 19 681 元和 17 716 元,年均增长分别为 12. 12%和 10. 62%。与此同时,出让灌区农业生产总值也在同步稳定增加,尤其是水权转让工程完工后,增长趋势明显加快。除沈乌灌域外,其他出让灌区农业产值年均增长均维持在 9%左右。以南岸灌区为例,杭锦旗和达拉特旗农业产值分别从 2003 年的 4. 53 亿元和 9. 80 亿元增至 2020 年的 20. 14 亿元和 39. 13 亿元,年均增长分别为 9. 48%和 8. 81%。

(5)灌区管理单位水费收入下降,运行管理费用增加,管理单位经济利益保障有待加强。水权转让实施以来,灌溉用水量减少,导致水费收入减少。以沈乌灌域为例,剔除水价影响,管理单位实际年均水费收入由实施前的 2 973 万元降至实施后的 1 949 万元,减少了 1 024 万元,降幅 34. 44%。与此同时,随着经济社会发展,灌区管理单位基本费用不断上升,尤其是近年来,基本费用支出大幅增加。此外,随着灌溉基础设施改善,渠道实现硬化衬砌,配套建筑物增加,现代灌溉设施投入使用,灌区工程运行维护费用随之增加,且随着时间的推移,工程寿命折损,运行维护费用支出增速将加快,进而为管理单位带来较大的经济负担,增加工程后期运行风险。以杭锦旗南岸灌区为例,近 3 年灌区工程运行维护费用由 2017 年的 484 万元迅速增至 2020 年的 2 349 元,年均增加约 621 万元。由此表明,随着水权转让实施,灌区管理单位水费收入减少,基本费用和运行维护费用逐年增加,这严重损害了出让灌区管理单位的经济利益,降低了灌区管理单位的积极性。因此,需要完善水权转让激励机制,补偿出让灌区管理单位经济利益损失。

(6)水权转让经济效果显著且逐年上升。水权转让将节约的农业灌溉用水转为工业用水,提高了水资源利用效率,产生了良好的经济效益。根据横向对比评估,由于工程规模较大,参与企业较多,鄂尔多斯和沈乌水权转让的经济效益远大于其他灌区水权转让的经济效益。根据纵向对比评估,内蒙古黄河水权转让经济效益逐年递增,尤其是近 3 年,随着受让企业工业项目投产运营,水权转让的经济效益快速增加,水权转让经济效果日益凸显并显著提升。

5. 2. 4　内蒙古黄河水权转让生态效果评估

5. 2. 4. 1　生态影响分析

黄河水权转让生态效果评估包括水权转让前后灌区生态的变化和受水区生态的变化,主要从地下水位、土壤盐碱化、天然植被以及排水量和排盐量等方面进行分析评估。

1. 地下水位变化

1) 鄂尔多斯南岸灌区

南岸灌区有地下水观测井 28 眼,其中独贵杭锦灌域 1 眼,中和西扬水灌域 3 眼,恩格贝扬水灌域 7 眼,昭君坟扬水灌域 1 眼,展旦召扬水灌域 8 眼,树林召扬水灌域 2 眼,王爱召扬水灌域 3 眼,吉格斯太扬水灌域 3 眼。详细分区情况见表 5-2-69。

表 5-2-69　南岸灌区地下水观测井分区

分区	监测点编号
独贵杭锦灌域	44#
中和西扬水灌域	26#、27#、39#
恩格贝扬水灌域	12#、13#、15#、16#、25#、45#、49#
昭君坟扬水灌域	23#
展旦召扬水灌域	1#、4#、10#、11#、14#、40#、46#、50#
树林召扬水灌域	6#、24#
王爱召扬水灌域	20#、31#、43#
吉格斯太扬水灌域	5#、33#、36#

地下水观测井空间分布见图 5-2-49。由图 5-2-49 可知，南岸灌区具备时间序列的地下水观测井集中分布在东部的扬水灌域，中西部的自留灌域地下水观测井布设年份为 2019 年，无法满足项目分析要求。

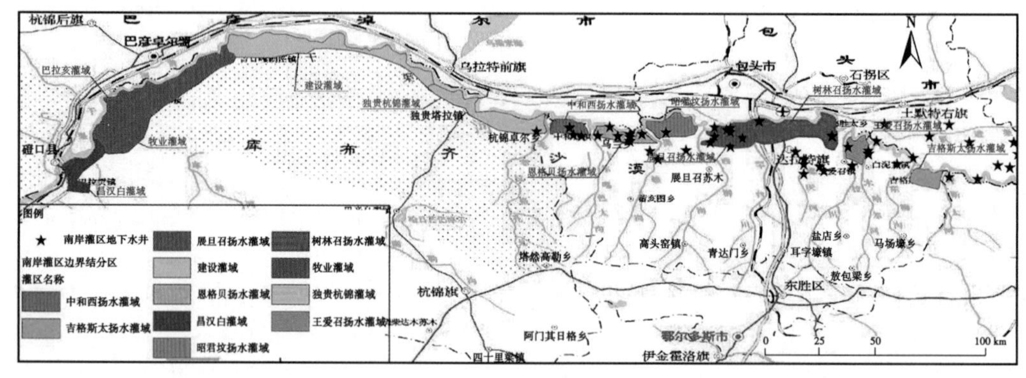

图 5-2-49　地下水观测井空间分布

（1）独贵杭锦灌域

独贵杭锦灌域范围内地下水观测井为 44#，其变化见图 5-2-50。

44#井位于独贵杭锦灌域内，年内变化受灌溉影响，变化规律一致。2005～2009 年，44#井地下水平均埋深变化总体趋于稳定，年际周期性变化一致。由于 2010 年以后无相关监测数据，故无法对其进行分析。

（2）中和西扬水灌域

中和西扬水灌域范围内地下水观测井为 26#、27#和 39#，变化见图 5-2-51。分析得出，26#井地下水水位年内变化受灌溉影响，变化规律基本一致，年际变化在 2012～2016 年期间出现波动，可能与此时间段的水权转让节水措施的实施有关，之后趋于稳定，地下水位总体呈现下降趋势。27#井地下水水位年内变化受灌溉影响，变化规律基本一致，年际变化基本趋于平稳，呈微弱上升趋势。39#井地下水水位年内变化受灌溉影响，变化规律基本一致。年际周期性变化于 2012 年开始出现波动，可能与水权转让节水措施的实施有

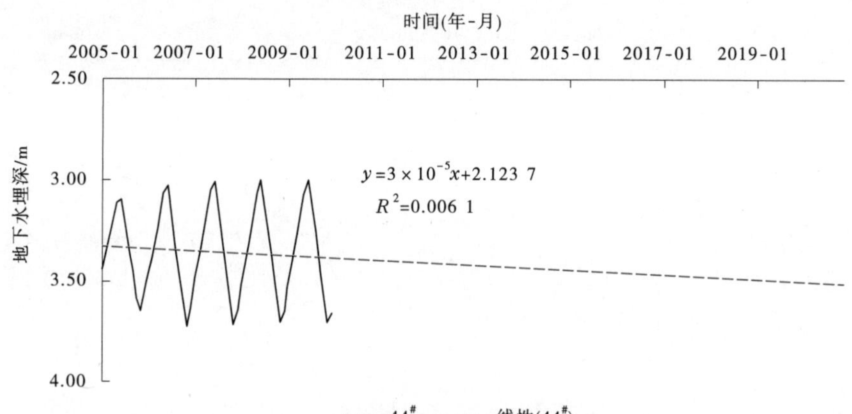

图 5-2-50　独贵杭锦灌域地下水埋深变化

关,地下水水位总体呈下降趋势。

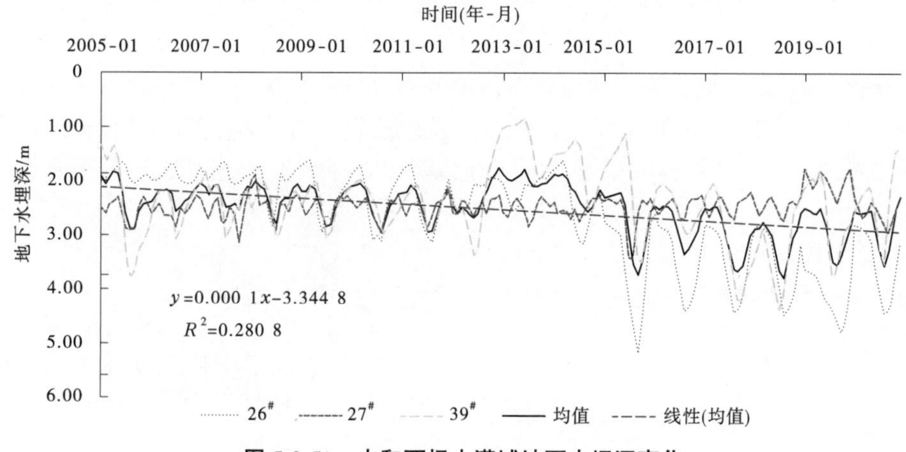

图 5-2-51　中和西扬水灌域地下水埋深变化

(3)恩格贝扬水灌域

恩格贝扬水灌域范围内地下水观测井为 12#、13#、15#、16#、25#、45# 和 49#,变化见图 5-2-52。

12# 井地下水埋深变化呈下降趋势,年内变化受灌溉影响,变化规律基本一致。年际周期性变化一致,呈显著下降趋势。2020 年较 2005 年,地下水埋深增加 2.87 m。

13# 井地下水埋深年内变化受灌溉影响,变化规律基本一致,年际基本趋于平稳,呈微弱下降趋势。2020 年较 2005 年,地下水埋深增加 0.63 m。

15# 井地下水埋深变化呈下降趋势,年内变化受灌溉影响,变化规律基本一致,年际周期性变化一致,呈下降趋势。2020 年较 2005 年,地下水埋深增加 1.5 m。

16# 井地下水埋深变化呈下降趋势,年内变化受灌溉影响,变化规律基本一致。年际变化呈现一定波动性,2020 年较 2005 年,地下水埋深增加 0.73 m。

25# 井地下水埋深年内变化受灌溉影响,变化规律基本一致。年际基本趋于平稳,

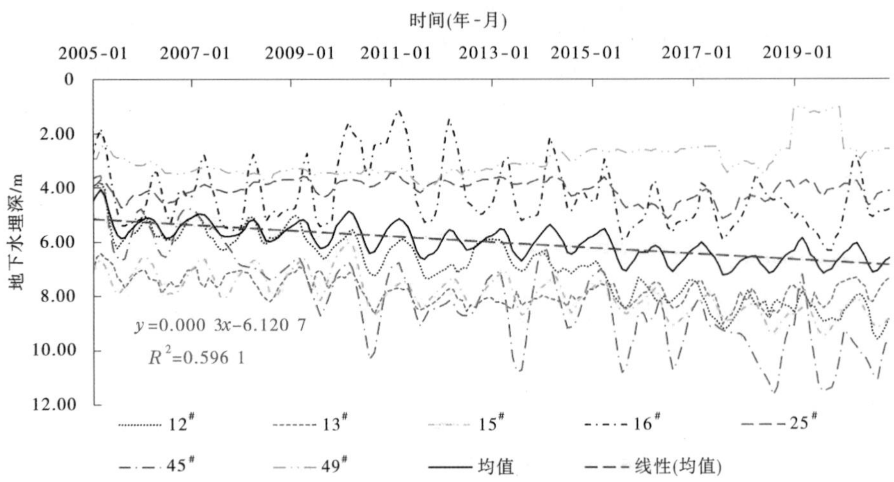

图 5-2-52　恩格贝扬水灌域地下水埋深变化

2020 年较 2005 年，地下水埋深增加 0.04 m。

45#井地下水埋深变化呈下降趋势，年内变化受灌溉影响，变化规律基本一致。年际周期性变化基本一致，呈显著下降趋势。2020 年较 2005 年，地下水埋深增加 3.91 m。

49#井地下水埋深年内和年际变化受灌溉及水权转让等影响，变化规律被打破，呈现显著的波动性。地下水水位呈显著上升趋势，2020 年较 2005 年，地下水水位上升 1.01 m。

(4)昭君坟扬水灌域

昭君坟扬水灌域范围内地下水观测井为 23#，变化见图 5-2-53。

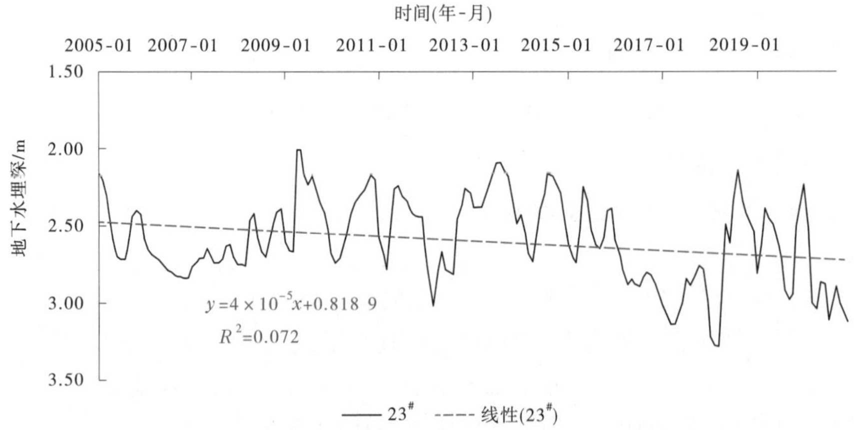

图 5-2-53　昭君坟扬水灌域地下水埋深变化

23#井地下水埋深年内和年际变化受灌溉、水权转让等诸多影响，未能呈现显著的规律性。总体而言，地下水埋深呈缓慢下降趋势，其中 2020 年较 2005 年，地下水埋深增加 0.17 m。

(5)展旦召扬水灌域

展旦召扬水灌域范围内地下水观测井为 1#、4#、10#、11#、14#、40#、46#和 50#,变化见图 5-2-54。

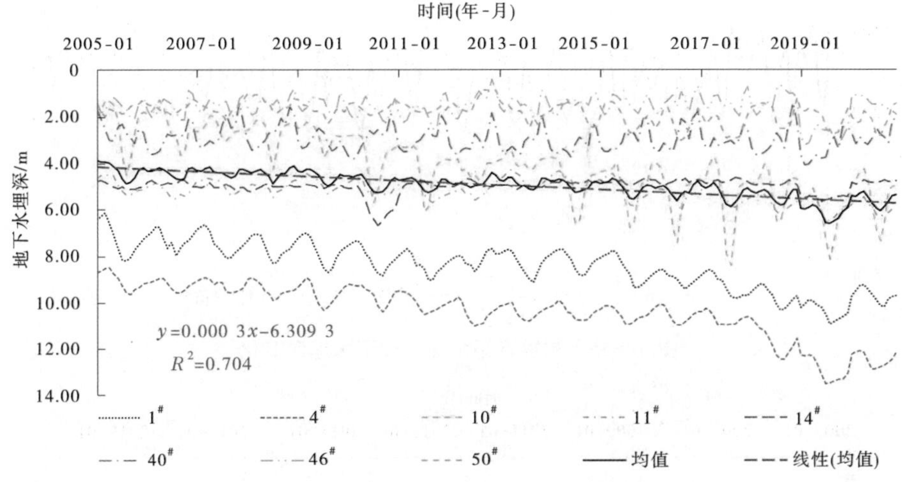

图 5-2-54　展旦召扬水灌域地下水埋深变化

1#、4#和 11#井地下水埋深变化呈下降趋势,年内变化受灌溉影响,变化规律基本一致。年际周期性变化一致,呈下降趋势。2020 年较 2005 年,分别增加 2. 46 m、3. 05 m、0. 87 m。

10#井地下水埋深变化呈下降趋势,年内变化受灌溉影响,变化规律基本一致;年际周期性变化基本一致,2010~2017 年出现一定波动,整体呈显著下降趋势。2020 年较 2005 年,增加 3. 01 m。

14#井地下水埋深年内变化受灌溉影响,变化规律基本一致;年际基本趋于平稳,个别年份出现一定波动,整体呈微弱下降趋势。2020 年较 2005 年,地下水埋深增加 0. 09 m。

40#、46#和 50#井地下水埋深变化呈下降趋势,年内变化受灌溉影响,变化规律基本一致;年际周期性变化一致,呈下降趋势。2020 年较 2005 年,分别增加 0. 29 m、0. 31 m、0. 40 m。

(6)树林召扬水灌域

树林召扬水灌域范围内地下水观测井为 6#和 24#,变化见图 5-2-55。

6#井地下水埋深年内变化受灌溉影响,变化规律基本一致;年际变化周期一致,呈上升趋势。2020 年较 2005 年,减少 0. 43 m。

24#井地下水埋深变化呈下降趋势,年内变化受灌溉影响,变化规律基本一致;年际周期性变化基本一致,呈微弱下降趋势。2020 年较 2005 年,增加 0. 19 m。

(7)王爱召扬水灌域

王爱召扬水灌域范围内地下水观测井为 20#、31#和 43#,变化见图 5-2-56。

20#井地下水埋深年内和年际变化受灌溉及水权转让等影响,未呈现显著的规律性。平均地下水埋深整体呈缓慢下降趋势。2020 年较 2005 年,地下水埋深增加 0. 86 m。

31#井地下水埋深年内变化受灌溉影响,变化规律基本一致;年际周期性变化基本一

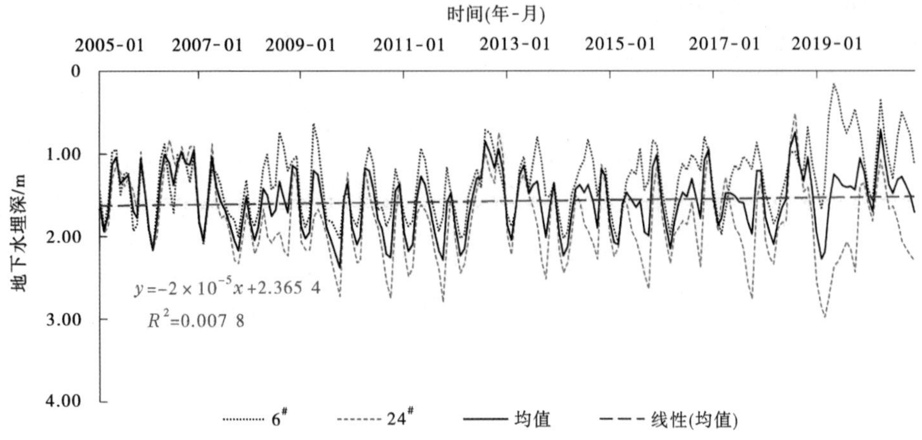

图 5-2-55　树林召扬水灌域地下水埋深变化

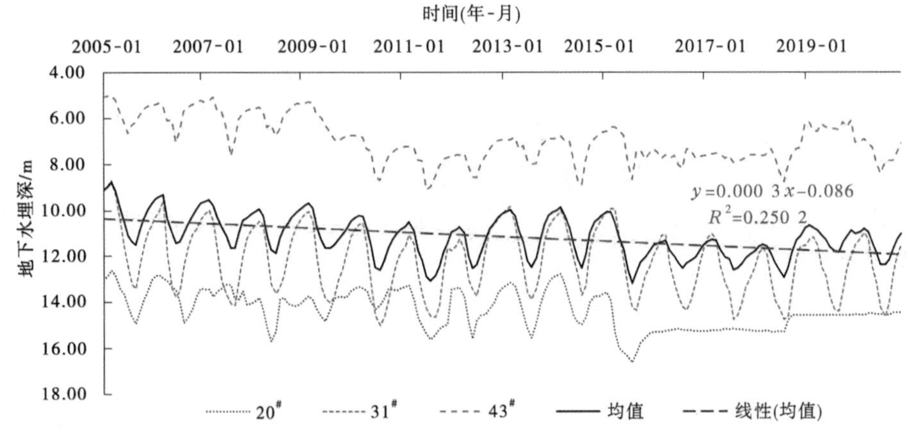

图 5-2-56　王爱召扬水灌域地下水埋深变化

致,整体呈下降趋势。2020 年较 2005 年,地下水埋深增加 0.98 m。

43#井地下水埋深年内变化受灌溉影响,基本呈现一致规律,年际变化受水权转让等其他因素影响,未呈现显著的规律性。地下水平均埋深整体呈下降趋势。2020 年较 2005 年,43#井地下水埋深增加 1.31 m。

(8)吉格斯太扬水灌域

吉格斯太扬水灌域范围内地下水观测井为 5#、33#和 36#,变化见图 5-2-57。

5#井地下水埋深年内和年际变化受灌溉及水权转让等影响,变化规律被打破,呈现显著的波动性。5#井地下水水位呈显著上升趋势,2020 年较 2005 年,地下水埋深减少了 2.02 m。

33#井地下水埋深年内变化受灌溉影响,变化规律基本一致。年际周期性变化基本一致,整体呈下降趋势。2020 年较 2005 年,地下水埋深增加了 3.07 m。

36#井地下水埋深年内变化受灌溉影响,变化规律基本一致。年际变化周期一致,呈微弱上升趋势。2020 年较 2005 年,地下水埋深减少 0.03 m。

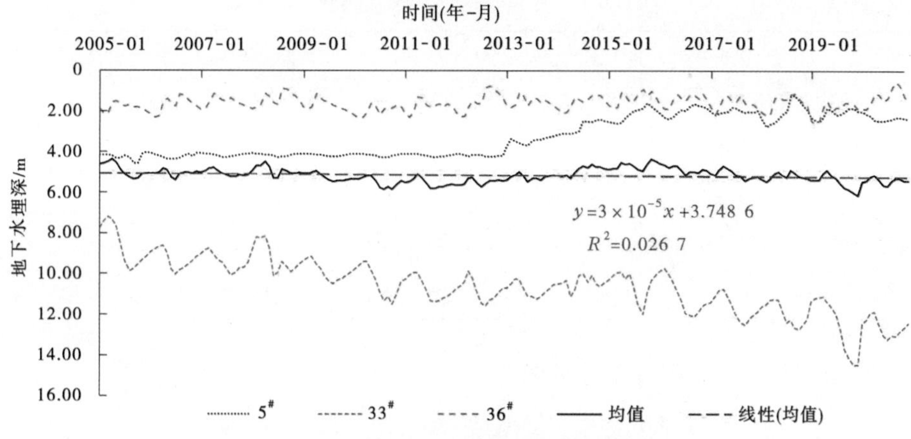

图 5-2-57 吉格斯太扬水灌域地下水埋深变化

2)沈乌灌域

沈乌灌域有地下水观测井 19 眼,其中东风分干渠 9 眼,一干渠 10 眼,地下水观测井空间分布见图 5-2-58,详细分区见表 5-2-70。由图 5-2-58 可知,沈乌灌域地下水观测井分布比较分散,控制范围大,但在一干渠建设二分干和建设三分干末端,地下水监测还有待完善。

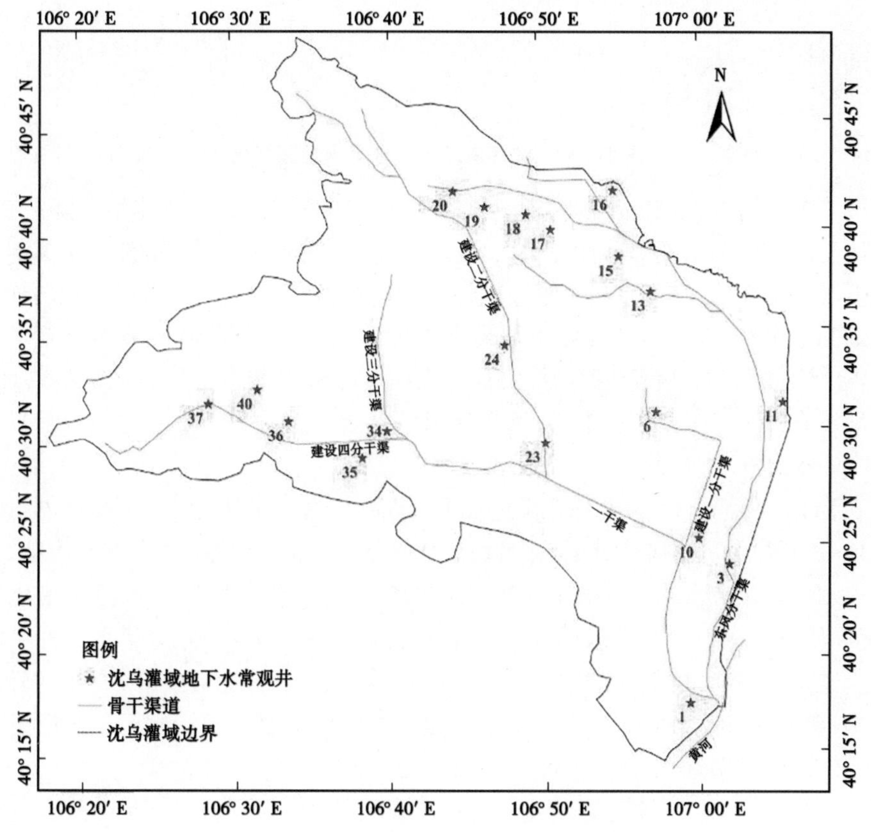

图 5-2-58 沈乌灌域地下水常观井空间分布

表 5-2-70　沈乌灌域地下水观测井分区

分区	监测点编号
一干渠直属区	1#、10#
一干渠建设一分干分区	6#
一干渠建设二分干分区	20#、23#、24#
一干渠建设四分干分区	34#、35#、36#、37#、40#
东风干渠分区	3#、11#、13#、15#、16#、17#、18#、19#

沈乌灌域平均地下水埋深变化见图 5-2-59。

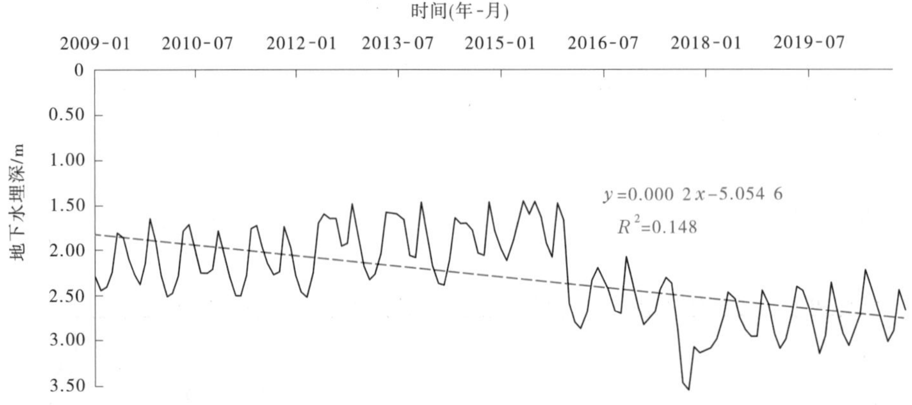

图 5-2-59　沈乌灌域平均地下水埋深变化

由图 5-2-59 可知,沈乌灌域平均地下水埋深在 2009～2020 年整体呈下降趋势,年内变化规律受灌溉影响呈现周期性变化。水权转让节水措施实施前(2009～2013 年),灌域平均地下水埋深变化比较稳定,年际周期性变化一致,呈微弱增加趋势。水权转让节水措施实施期间(2014～2017 年),灌域平均地下水埋深出现显著下降,由节水措施实施前的 2.03 m 增加到 2.37 m,增长率为 16.75%。水权转让节水措施实施后(2018～2020 年),地下水埋深在经历节水措施影响后,逐步趋于稳定,地下水平均埋深较节水措施影响前增加 0.74 m,增长率为 36.43%。

由表 5-2-70 可知,一干渠灌域范围内地下水观测井为 1#和 10#,其中 1#变化见图 5-2-60。

整体上,1#井位于沈乌灌域渠首附近,变化呈下降趋势,年内变化受灌溉影响,变化规律一致。水权转让节水措施实施前(2009～2013 年),1#井平均地下水埋深变化比较稳定,年际周期性变化一致。水权转让节水措施实施期间(2014～2017 年),1#井平均地下水埋深出现显著下降,较节水措施实施前增加 0.56 m,增长率为 48.18%。水权转让节水措施实施期后(2018～2020 年),1#井地下水埋深在经历节水措施影响后,呈现减少趋势,较节水措施影响前增加 0.39 m,增长率为 33.70%。

10#井位于一干渠直属范围的中部,整体呈下降趋势。水权转让节水措施实施前(2009～2013 年),10#井平均地下水埋深变化比较稳定,年际周期性变化一致。水权转让

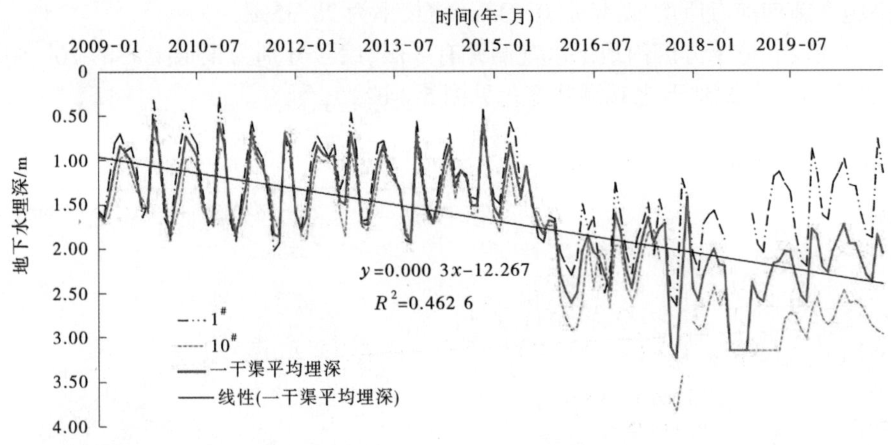

图 5-2-60　一干渠灌域地下水埋深变化

节水措施实施期间(2014~2017 年),平均地下水埋深出现剧烈下降,但年内变化与实施前比较一致。水权转让节水措施实施后(2018~2020 年),10#井地下水埋深在经历节水措施影响后,变化趋于稳定,但年内受灌溉影响的变化规律被打破,较节水措施影响前增加 1.53 m,增长率为 114.47%。

综上所述,由 1#井和 10#井的均值变化分析可知,一干渠直属范围内,平均地下水埋深增加趋势明显,节水措施实施后较实施前,平均下降 0.96 m,下降率为 74.08%。

一干渠建设一分干分区范围内,仅有 1 眼地下水观测井,编号 6#,其变化情况见图 5-2-61。

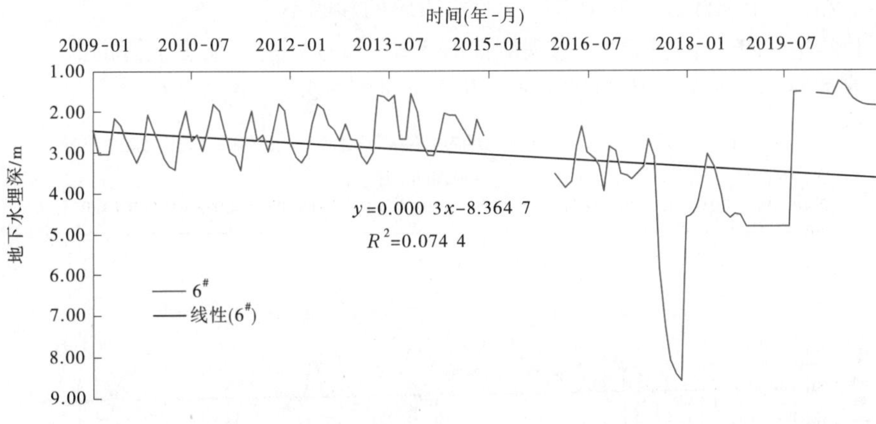

图 5-2-61　一干渠建设一分干地下水埋深变化

6#井位于一干渠建设一分干末端,整体变化呈下降趋势。水权转让节水措施实施前(2009~2013 年),6#井平均地下水埋深变化比较稳定,且年际年内周期性变化一致。水权转让节水措施实施期间(2014~2017 年),灌域平均地下水埋深出现剧烈下降,且年内变化与实施前变化较大。水权转让节水措施实施后(2018~2020 年),由于一干渠建设一分干末端开发有大量滴灌面积,用水情况复杂,因此 6#井地下水埋深变化无规律,整体上较节水措施实施期前有所增加,增加 0. 73 m,增长率为 28. 35%。

一干渠建设二分干分区内地下水观测井有 3 眼,编号分别为渠道上游的 20#、中游的 23#和下游的 24#。3 眼地下水观测井变化见图 5-2-62。

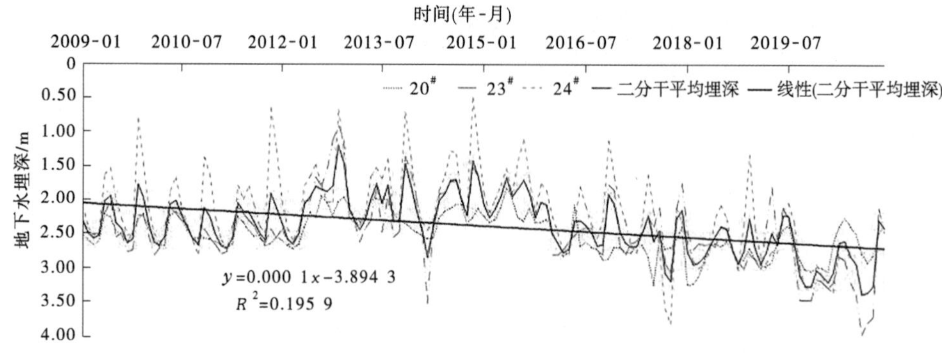

图 5-2-62　一干渠建设二分干地下水埋深变化

由图 5-2-62 可以看出,一干渠建设二分干范围内的 3 眼地下水观测井,平均地下水埋深整体上变化均趋于增加趋势。水权转让节水措施实施前(2009~2013 年),3 眼地下水平均埋深变化比较稳定,且年际年内周期性变化比较一致。水权转让节水措施实施期间(2014~2017 年),灌域平均地下水埋深出现明显下降,且年内变化与实施前变化不大。水权转让节水措施实施后(2018~2020 年),上游的 20#井和中游的 23#井,平均地下水埋深较节水措施实施前,分别增加了 0. 38 m 和 0. 62 m,增长率分别为 14. 76%和 27. 74%,且两眼井的年内变化较节水措施实施前出现了一定的变化。位于渠道末端的 24#井,节水措施实施后的变化规律较实施前变化不大,平均埋深增加了 0. 75 m,增长率为 38. 38%,说明一干渠建设二分干末端受节水措施的影响不大。

一干渠建设四分干分区地下水观测井有 5 眼,编号分别为渠道上游的 34#、35#,中游的 36#,下游的 37#、40#。5 眼地下水观测井变化见图 5-2-63~图 5-2-65。

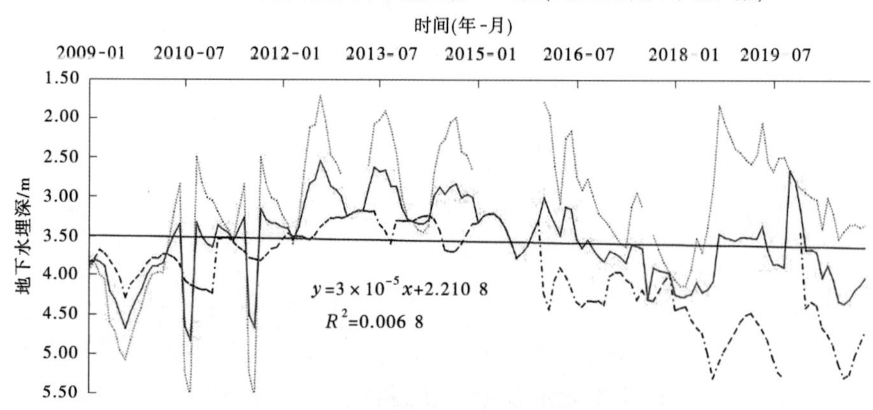

图 5-2-63　一干渠建设四分干上游地下水埋深变化

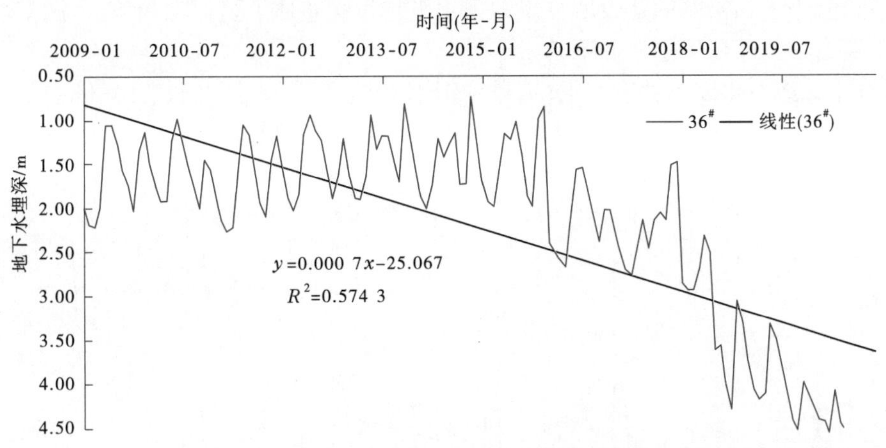

图 5-2-64　一干渠建设四分干中游地下水埋深变化

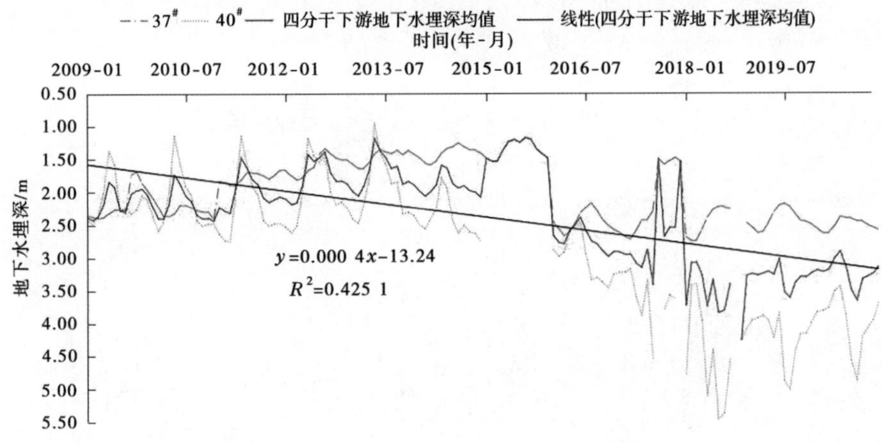

图 5-2-65　一干渠建设四分干下游地下水埋深变化

36#井位于一干渠建设四分干的中游,整体上,36#井平均地下水埋深呈现明显的增加趋势。水权转让节水措施实施前(2009~2013 年),36#井平均地下水埋深浅,变化比较稳定。水权转让节水措施实施期间(2014~2017 年),平均地下水埋深出现明显增加。水权转让节水措施实施后(2018~2020 年),平均地下水埋深较节水措施实施前,增加了 2. 33 m,增长率为 149. 26%。因此,四分干渠中游,地下水埋深呈明显的增加趋势。具体见图 5-2-64。

37#井和 40#井位于一干渠建设四分干的下游。整体上,37#井和 40#井平均地下水埋深均呈明显的增加趋势。水权转让节水措施实施前(2009~2013 年),37#井平均地下水埋深均逐年减少,40#井年际变化不明显。水权转让节水措施实施期间(2014~2017 年),37#井和 40#井平均地下水埋深出现明显增加。水权转让节水措施实施后(2018~2020 年),37#井平均地下水埋深较节水措施实施前,增加 0. 69 m,增长率为 38. 60%。40#井平均地下水埋深较节水措施实施前,增加 2. 05 m,增长率为 95. 63%。因此,建设四分干渠下游地下水平均埋深呈增加趋势。

综上所述,一干渠末端的建设四分干地下水平均埋深整体上呈增加趋势,上游基本没有变化,主要增加区域位于中游和下游。

东风分干渠地下水观测井有 8 眼,编号分别为上游的 3#,中游的 11#、13# 和 15#,下游的 16#、17#、18# 和 19#。8 眼地下水观测井变化见图 5-2-66~图 5-2-68。

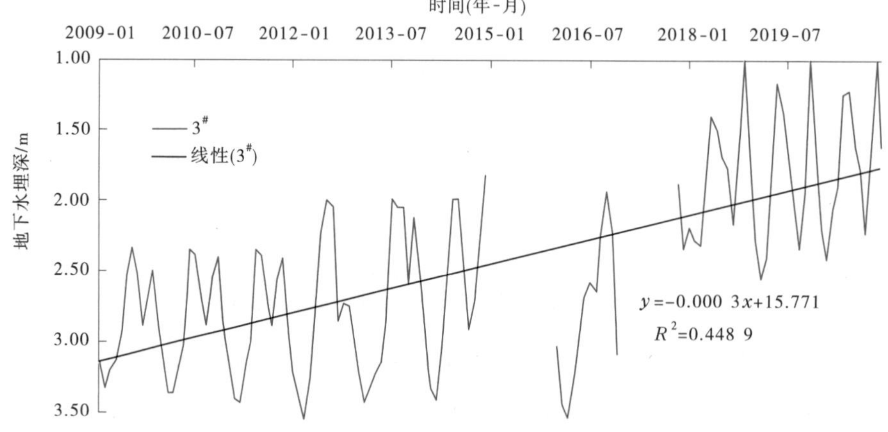

图 5-2-66　东风分干渠上游地下水埋深变化

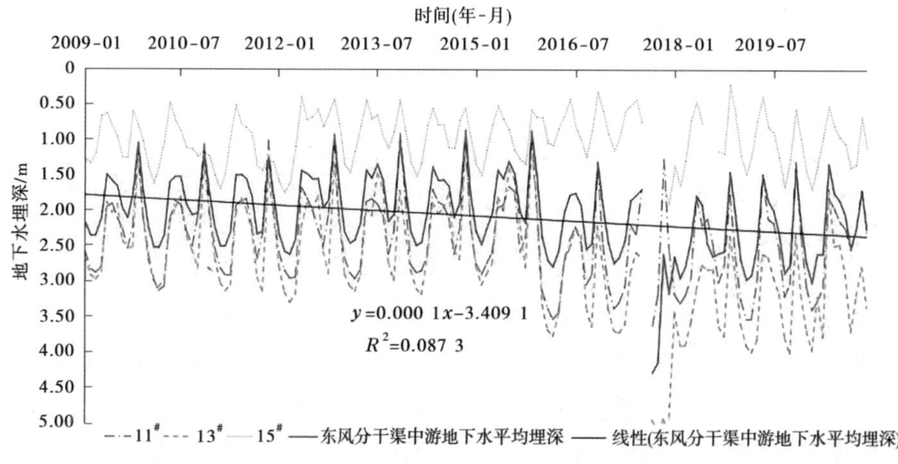

图 5-2-67　东风分干渠中游地下水埋深变化

3#井位于东风分干渠上游,毗邻河套灌区总干渠。由图 5-2-66 可以看出,平均地下水埋深呈现减少趋势。节水措施实施后较实施前,平均地下水埋深减少了 0. 99 m,减少率为 35. 38%。

11#井位于东风分干渠中游,靠近上游,距离河套灌区总干渠与 3#井相似。整体上 11#井平均地下水埋深呈增加趋势,具体见图 5-2-67。节水措施实施前后,11#井平均地下水埋深增加 0. 32 m,增长率为 13. 99%,年内、年际变化规律一致。13#井位于东风分干渠中游,靠近下游。自节水措施实施开始,整体上,13#井平均地下水埋深呈增加趋势。节水措施实施前后,13#井平均地下水埋深增加 0. 82 m,增长率为 34. 26%,年内、年际变化规律一致。15#井位于东风分干渠中游中部,整体上 15#井平均地下水埋深变化稳定。节水

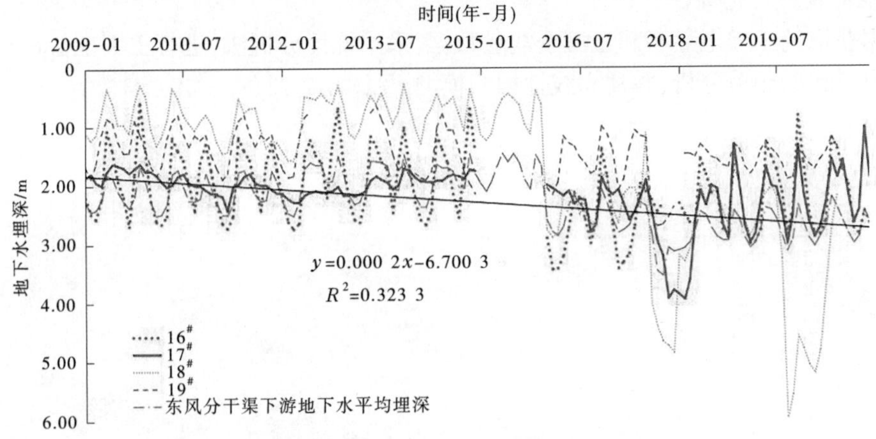

图 5-2-68　东风分干渠下游地下水埋深变化

措施实施前后,15#井平均地下水埋深增加 0.02 m,增长率为 2.30%,年内、年际变化规律基本一致。因此,整体上,东风分干渠中游呈微弱增加趋势,变化不明显。

16#井、17#井、18#井和 19#井位于东风分干渠下游,整体上 4 眼观测井平均地下水埋深均呈增加趋势,其中 18#井增加最多。节水措施实施后较实施前,16#井年内变化规律不变,17#井、18#井和 19#井在整体增加的同时,年内变化规律也出现了不同程度的改变。在数值上,16#井、17#井、18#井和 19#井平均地下水埋深分别增加 0.37 m、0.42 m、2.32 m 和 0.2 m,增长率分别为 19.61%、21.56%、276.23%和 14.76%。因此,整体上东风分干渠下游平均地下水埋深呈增加趋势。

综上所述,东风分干渠在上游靠近黄河和总干渠段,地下水埋深呈明显减少趋势,中游、下游均出现微弱下降。

2. 土壤盐碱化变化

本次主要在南岸灌区和沈乌灌域采集了 500 个土样,其中南岸灌区 250 个,沈乌灌域 250 个。同时,采集了 500 处光谱信息。通过测试获取了 500 个电导率数据,并选取 100 个土样进行了土壤全盐量的测定。研究区土壤盐分取样点位置见图 5-2-69。

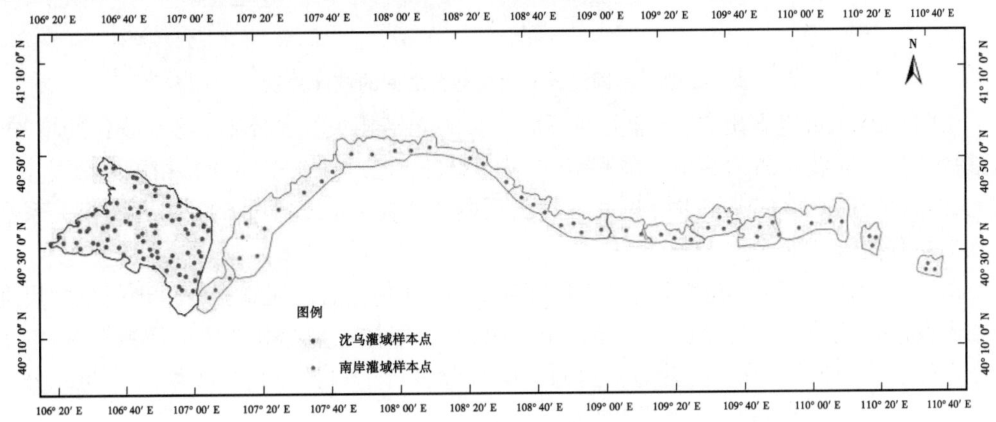

图 5-2-69　研究区土壤盐分取样点位置

1) 土壤盐分及光谱特征分析

根据获取的土样电导率和土壤全盐量数据，采用统计分析法，进行土壤全盐量与土壤浸提液电导率的相关分析，并建立线性回归模型，见图 5-2-70。

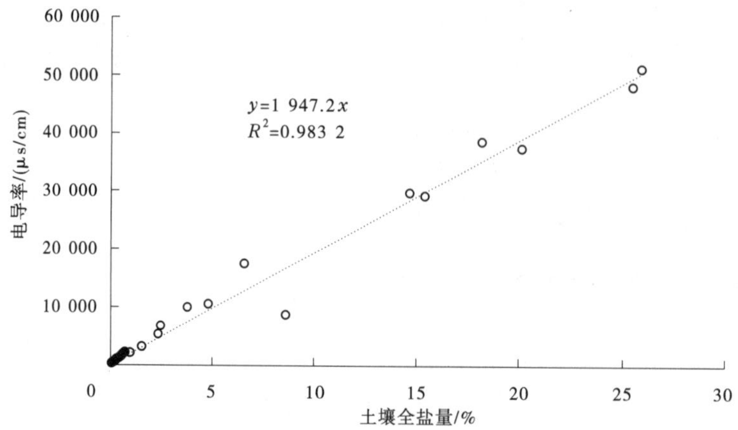

图 5-2-70　土壤全盐量与土壤浸提液电导率的相关关系

在采集土壤样本的同时，利用 HandHeld2 手持光谱仪采集了不同土壤样本原状土的光谱信息，不同盐分与光谱反射率的相关关系和标准差见图 5-2-71。

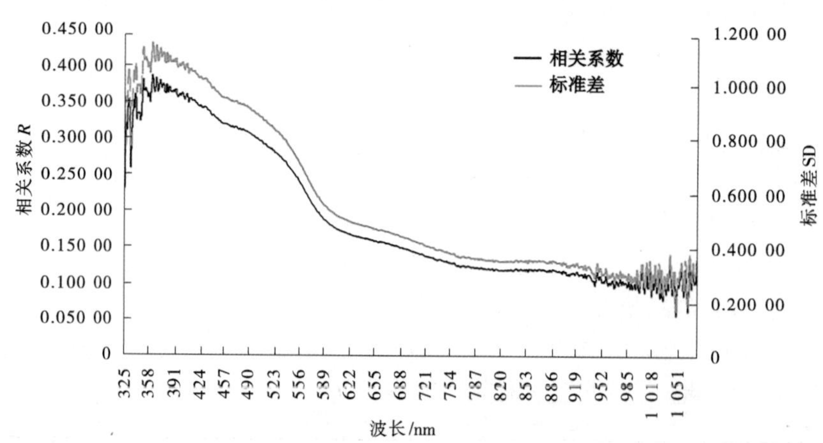

图 5-2-71　不同波长与土壤盐分之间的统计关系

由图 5-2-71 可以看出，土壤盐分与不同波长的光谱相关性都不高，随着波长的增加，土壤盐分与不同波长的关系呈下降趋势，其中在波长在 400~500 nm 时，相关系数达 0. 3 以上；而波长在 500~600 nm 时，相关系数出现剧烈下降；波长超过 600 nm 后，相关系数在 0. 1 左右缓慢下降。

由于尺度效应，手持光谱仪的测量仅能表现点上的信息，而遥感影像呈现的更大尺度上的光谱信息还需进一步分析。鉴于以上情况，结合取样点坐标和遥感影像数据，提取了取样点的遥感影像光谱信息，并与实测的土壤盐分进行了对比分析。土壤盐分与高分一号(WFV)影像四个波段反射率关系见图 5-2-72。

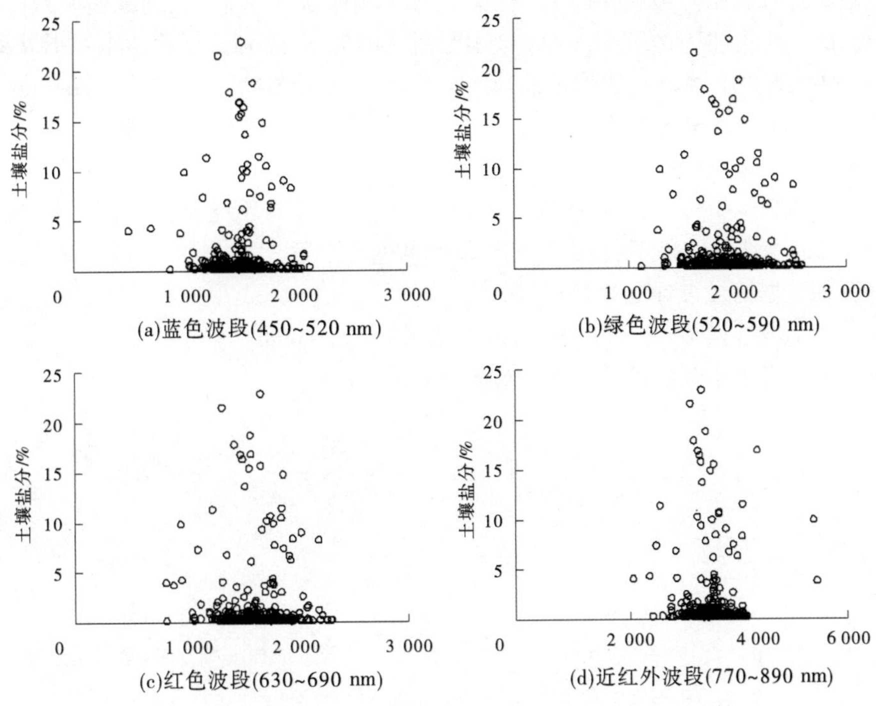

图 5-2-72　土壤盐分与不同波段的相关关系

由图 5-2-72 可以看出,土壤盐分与各波段均不存在线性关系。因此,本次利用 BP 神经网络方法建立反演模型。

2) 基于遥感的土壤盐分反演

构建 BP 神经网络模型,进行模型训练。设计一个神经网络专家系统重点在于模型的构成和学习算法的选择。一般而言,结构是根据所研究领域及要解决的问题确定的。根据对所研究问题的大量历史资料数据的分析及目前的神经网络理论发展水平,建立合适的模型,并针对所选的模型采用相应的学习算法,在网络学习过程中,不断地调整网络参数,直到输出结果满足要求。

参数确定原则与结果如下:

(1) 输出层。考虑到多光谱数据光谱波段的有限性,以及项目时间跨度比较大,在整合已有的遥感数据基础上,选择波长比较接近的波段作为输出。此外,考虑到地表植被的影响,增加 NDVI 作为一个输出层。最终一共确定的输出层为 5 个。

(2) 网络节点。网络输入层神经元节点数就是系统的特征因子(自变量)个数,输出层神经元节点数就是系统目标个数,是避免模型出现过拟合和欠拟合的关键。隐层节点按经验选取,一般设为输入层节点数的 75%。如果输入层有 7 个节点,输出层有 1 个节点,那么隐含层可暂时设置为 5 个节点,即构成一个 7-5-1 BP 神经网络模型。在系统训练时,实际还要对不同的隐层节点数 4、5、6 及隐含层的个数分别进行比较,最后确定出最合理的网络结构。经过对不同参数的模拟结果对比,确定最终模型的隐含层为 3 层,每层的神经元数量为 4、3、2。

（3）最小训练速率。在经典的 BP 算法中，训练速率由经验确定，训练速率越大，权重变化越大，收敛越快；但训练速率过大，会引起系统的振荡。因此，训练速率在不导致振荡的前提下，越大越好。经过对比确定的最小训练速率为 0.004。

（4）允许误差。一般取 0.000 001，当 2 次迭代结果的误差小于该值时，系统结束迭代计算，给出结果。

（5）迭代次数。一般取 15 000 次。由于神经网络计算并不能保证在各种参数配置下迭代结果收敛，当迭代结果不收敛时，允许最大的迭代次数。

（6）训练数据均经过标准化处理。

（7）激活函数选择 Hyperbolic Tangent 函数，即 $f(x) = \tanh(x)$。

（8）神经网络模型训练拟合结果如图 5-2-73 所示。

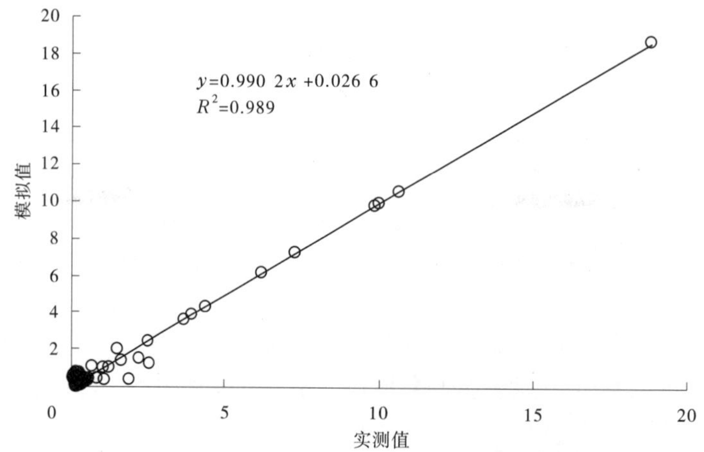

图 5-2-73　神经网络模型训练拟合结果

（9）神经网络模型训练验证结果如图 5-2-74 所示。

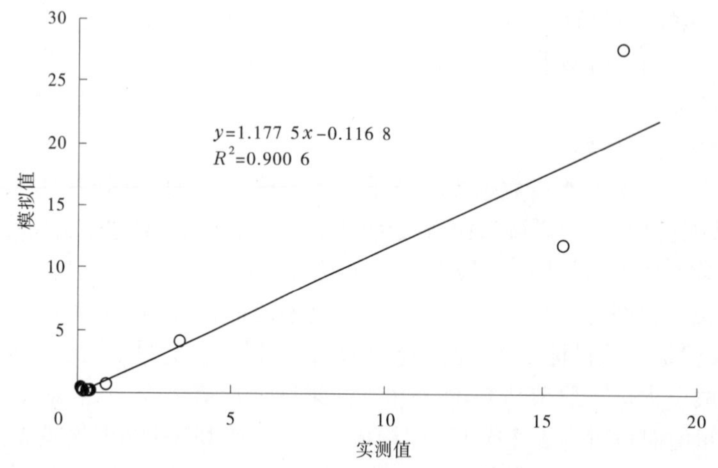

图 5-2-74　神经网络模型训练验证结果

由以上步骤可以看出，通过实测数据对神经网络模型进行训练之后，训练和验证结果实测值与模拟值的相关系数都在 0.9 以上,说明构建的模型是比较可信的,能够反映反射率与盐分之间的相关关系。

3) 基于 BP 神经网络模型的土壤盐分预测

(1) 南岸灌区土壤盐分预测结果及划分

2003 年和 2020 年土壤盐分反演结果见图 5-2-75 和图 5-2-76。

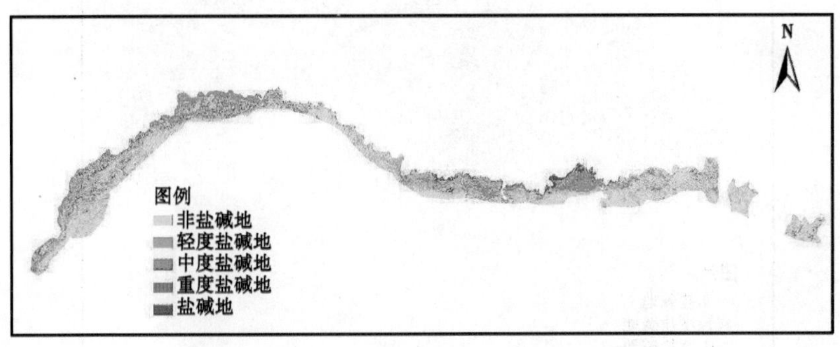

图 5-2-75　2003 年南岸灌区土壤盐碱化程度划分

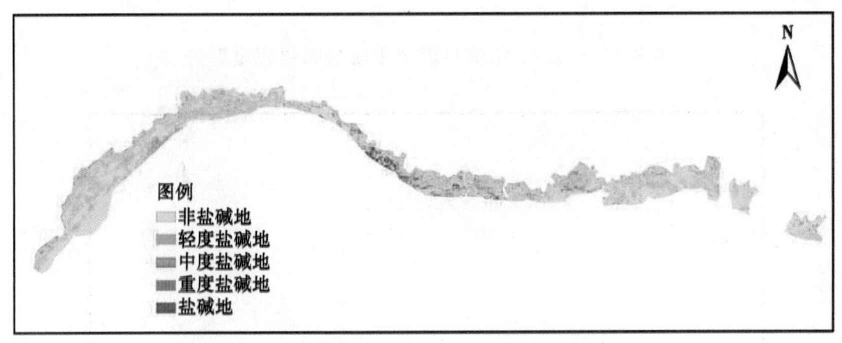

图 5-2-76　2020 年南岸灌区土壤盐碱化程度划分

由 2003 年和 2020 年两年的反演结果可以看出,2020 年土壤盐碱化程度相较于 2003 年有了明显的改善。2003 年土壤盐碱化比较严重,主要分布于渠道和黄河附近,以及低洼地水域周边;非盐碱化为灌域内距离耕地较远,受灌溉影响的区域。其中,上游的昌汉白灌域、牧业灌域、建设灌域及中部的独贵杭锦灌域、中和西扬水灌域、恩格贝扬水灌域和昭君坟扬水灌域土壤盐渍化程度较高。2020 年,土壤盐碱化程度较重的区域主要在渠道两侧以及海子周边,上游的昌汉白灌域、牧业灌域、建设灌域耕地范围内的盐碱化程度出现了明显下降,主要的盐碱地集中在独贵杭锦灌域、中和西扬水灌域、恩格贝扬水灌域和昭君坟扬水灌域,但面积不大。

(2) 沈乌灌域土壤盐分预测结果及划分

2012 年和 2020 年土壤盐分反演结果见图 5-2-77 和图 5-2-78。

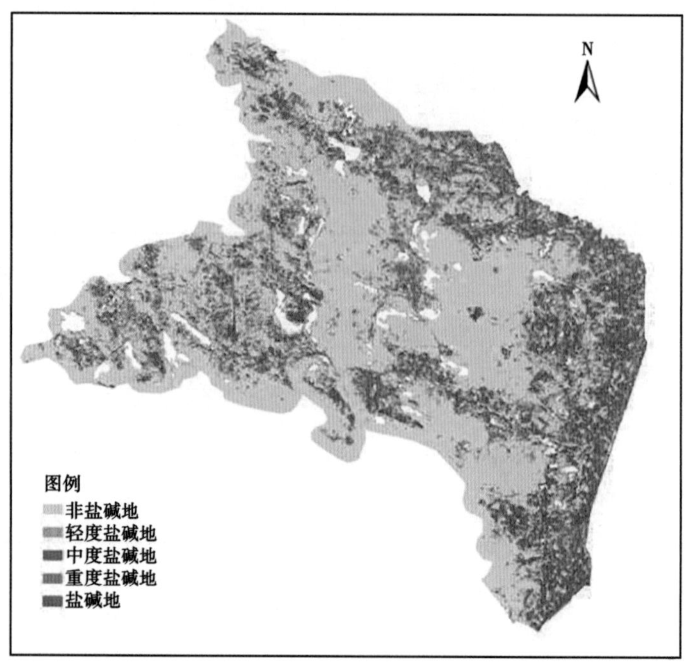

图 5-2-77　2012 年沈乌灌域土壤盐碱化程度划分

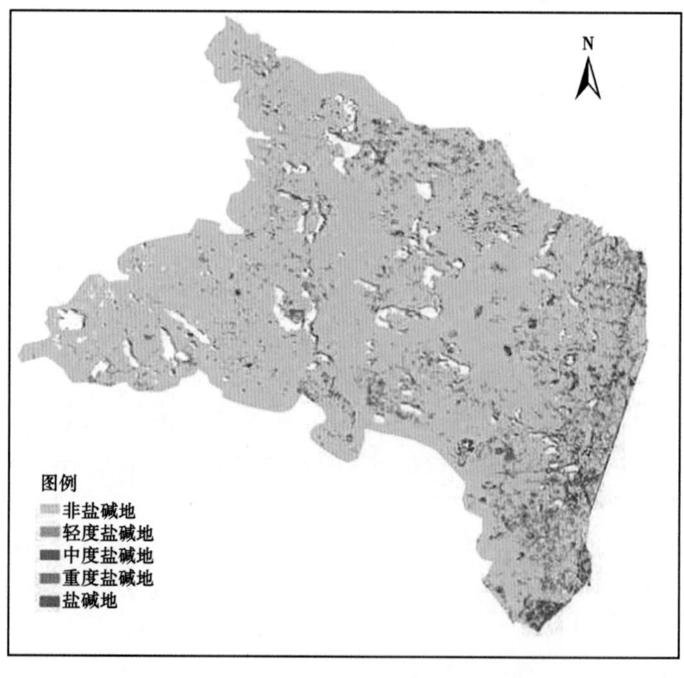

图 5-2-78　2020 年沈乌灌域土壤盐碱化程度划分

由 2012 年和 2020 年两年的反演结果可以看出,2020 年土壤盐碱化相较于 2012 年有了明显的改善。2012 年土壤盐碱化比较严重,主要分布于渠道两侧及低洼地海子周边。2020 年土壤盐碱化程度较重的区域主要在渠道两侧及海子周边,耕地范围内的盐碱化程度出现了明显下降。

3. 天然植被变化

1) 南岸灌区

利用 Landsat5TM 多光谱遥感影像数据解译获得南岸灌区 2003 年天然植被的覆盖度。利用 Landsat8 多光谱数据通过解译获得南岸灌区 2020 年天然植被的覆盖度。

通过遥感影像解译得出,南岸灌区范围内现状(2003 年)天然植被总面积为 193. 60 万亩,平均覆盖度约为 27. 3%。其中:低覆盖度天然植被面积 56. 51 万亩,占灌域天然植被总面积的 29. 19%;中覆盖度天然植被面积 58. 66 万亩,占灌域天然植被总面积的 30. 30%;高覆盖度天然植被面积 78. 43 万亩,占灌域天然植被总面积的 40. 51%。

南岸灌区范围内现状(2020 年)天然植被总面积为 201. 79 万亩,平均覆盖度约为 38. 2%。其中:低覆盖度天然植被面积 18. 62 万亩,占灌域天然植被总面积的 9. 23%;中覆盖度天然植被面积 82. 34 万亩,占灌域天然植被总面积的 40. 81%;高覆盖度天然植被面积 100. 83 万亩,占灌域天然植被总面积的 49. 97%。详见表 5-2-71。

表 5-2-71　南岸灌区天然植被面积统计

分区	2003 年天然植被面积/万亩				2020 年天然植被面积/万亩			
	合计	低覆盖度	中覆盖度	高覆盖度	合计	低覆盖度	中覆盖度	高覆盖度
南岸灌区	193. 60	56. 51	58. 66	78. 43	201. 79	18. 62	82. 34	100. 83
昌汉白灌域	11. 89	6. 30	3. 87	1. 72	9. 13	0. 68	4. 18	4. 26
独贵杭锦灌域	15. 05	1. 80	3. 38	9. 87	20. 70	2. 45	7. 14	11. 11
恩格贝扬水灌域	9. 41	1. 39	2. 55	5. 47	9. 11	0. 30	3. 58	5. 24
吉格斯太扬水灌域	8. 05	0. 40	2. 07	5. 58	6. 53	0. 51	1. 96	4. 06
建设灌域	35. 81	8. 73	11. 14	15. 94	33. 11	4. 51	11. 02	17. 58
牧业灌域	70. 46	35. 53	25. 34	9. 59	77. 75	7. 39	41. 40	28. 97
树林召扬水灌域	13. 41	0. 67	2. 42	10. 32	17. 49	1. 25	4. 90	11. 34
王爱召扬水灌域	4. 14	0. 07	0. 77	3. 30	2. 46	0. 19	0. 52	1. 75
展旦召扬水灌域	9. 56	0. 49	2. 69	6. 37	5. 87	0. 35	1. 54	3. 98
昭君坟扬水灌域	8. 52	0. 47	2. 83	5. 22	11. 82	0. 70	4. 03	7. 09
中和西扬水灌域	7. 30	0. 64	1. 59	5. 07	7. 82	0. 29	2. 08	5. 45

2003 年和 2020 年的遥感解译结果见图 5-2-79 和图 5-2-80。

2) 沈乌灌域

利用德国 RapidEye 多光谱遥感影像数据解译获得沈乌灌域 2012 年天然植被的覆盖度。利用 Landsat8 多光谱数据通过解译获得沈乌灌域 2020 年天然植被的覆盖度。

通过遥感影像解译得出,沈乌灌域范围内现状(2012 年)天然植被总面积为 135. 82 万亩,平均覆盖度约为 36. 4%。其中:低覆盖度天然植被面积为 78. 45 万亩,占灌域天然植被总面积的 58%;中覆盖度天然植被面积为 45. 28 万亩,占灌域天然植被总面积的 33%;高覆盖度天然植被面积为 12. 09 万亩,占灌域天然植被总面积的 9%。

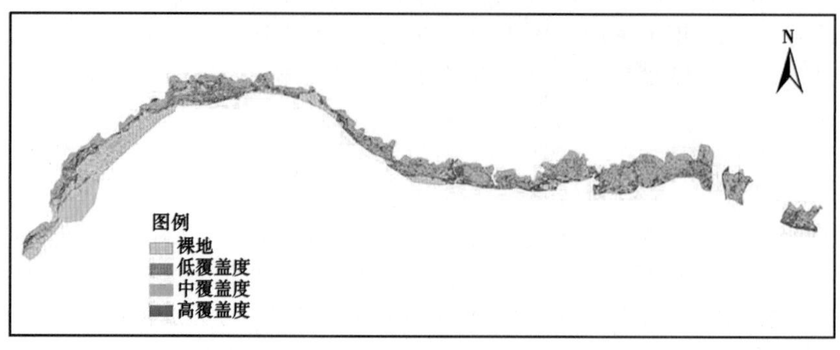

图 5-2-79　2003 年南岸灌区植被覆盖度遥感解译结果

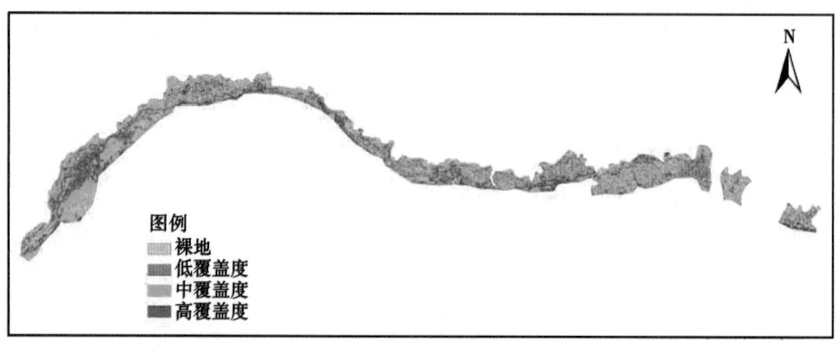

图 5-2-80　2020 年南岸灌区植被覆盖度遥感解译结果

2020 年,沈乌灌域范围内天然植被总面积为 105. 27 万亩,平均覆盖度约为 31. 1%。其中:低覆盖度天然植被面积为 95. 47 万亩,占灌域天然植被总面积的 90. 69%;中覆盖度天然植被面积为 9. 59 万亩,占灌域天然植被总面积的 9. 11%;高覆盖度天然植被面积为 0. 21 万亩,占灌域天然植被总面积的 0. 2%。具体情况见表 5-2-72。

表 5-2-72　沈乌灌域天然植被面积统计

分区	2012 年天然植被面积/万亩				2020 年天然植被面积/万亩			
	合计	低覆盖度	中覆盖度	高覆盖度	合计	低覆盖度	中覆盖度	高覆盖度
沈乌灌域	135. 82	78. 45	45. 28	12. 09	105. 27	95. 47	9. 59	0. 21
东风分干渠灌域	22. 44	8. 31	11. 14	2. 99	12. 05	9. 67	2. 34	0. 04
一干渠灌域	113. 39	70. 14	34. 14	9. 11	93. 22	85. 8	7. 25	0. 17
一干渠直属	31. 72	18. 95	10. 45	2. 32	24. 08	21. 88	2. 15	0. 05
建设一分干	15. 05	8. 74	5. 56	0. 75	8. 61	7. 45	1. 14	0. 02
建设二分干	34. 56	22. 76	8. 91	2. 89	32. 60	30. 77	1. 8	0. 03
建设三分干	12. 78	7. 54	3. 45	1. 79	9. 94	8. 96	0. 93	0. 05
建设四分干	19. 29	12. 16	5. 78	1. 35	17. 99	16. 74	1. 23	0. 02

2012 年和 2020 年的遥感解译结果见图 5-2-81 和图 5-2-82。

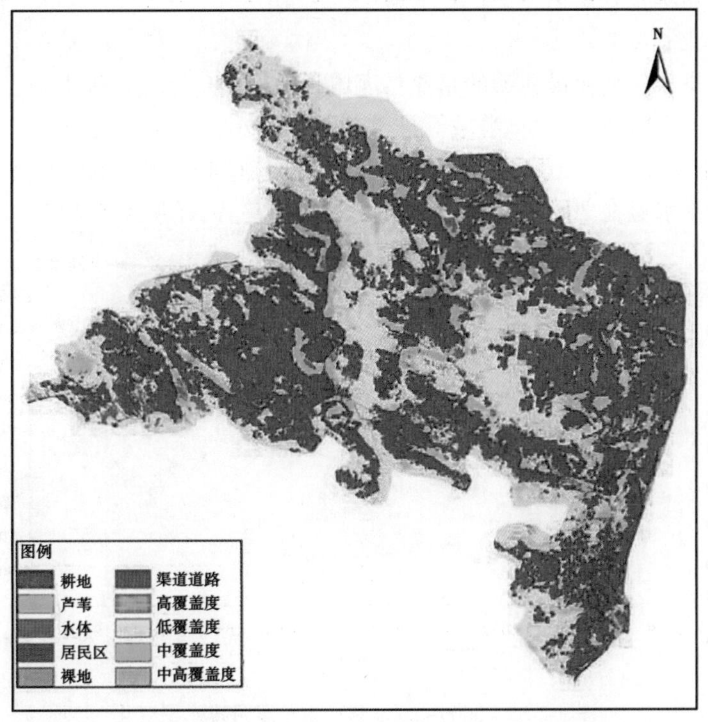

图 5-2-81　2012 年遥感解译结果

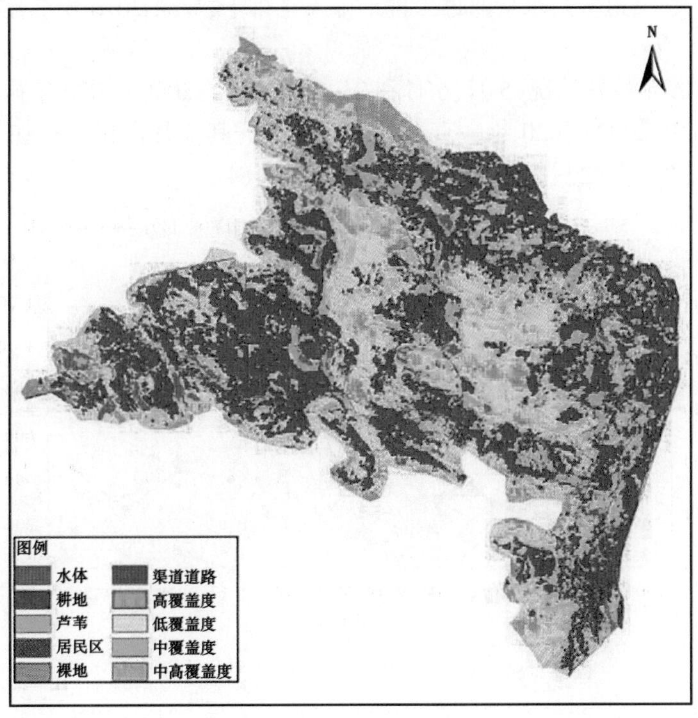

图 5-2-82　2020 年遥感解译结果

4. 排水量和排盐量变化

1) 区域排水量分析

排水量和排盐量变化最典型的是沈乌灌域。根据沈乌灌域一排干和二排干排水测流断面的逐月排水资料统计,沈乌灌域一排干 2009～2020 年排水量呈逐年增加趋势。5 月和 10 月排水量中,2009～2014 年期间排水量呈增加趋势,2015～2020 年逐年变化趋于稳定。其他月份排水量在 2009～2020 年期间均呈增加趋势,详见图 5-2-83。

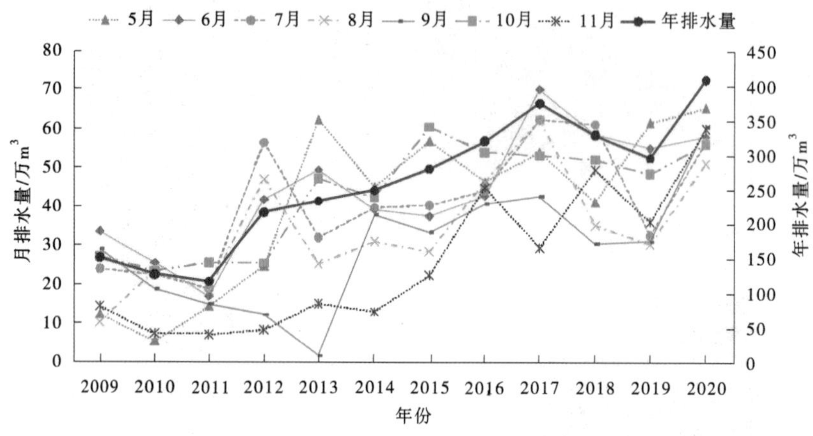

图 5-2-83　2009～2020 年一排干逐月排水量变化

沈乌灌域二排干 2009～2014 年期间,排水量逐年增加,2017 年之后整体开始下降。2016 年降雨较大,渠道多余水量通过二排干排入总排干,导致 2016 年二排干排水量大于往年。

不考虑 2016 年特殊情况,5 月、6 月和 7 月排水量中,2009～2020 年排水量呈增加趋势。9 月排水量自 2009～2020 年一直呈现下降趋势。其他月份排水量在 2009～2015 年均呈增加趋势,2017 年之后趋势为下降。详见图 5-2-84。

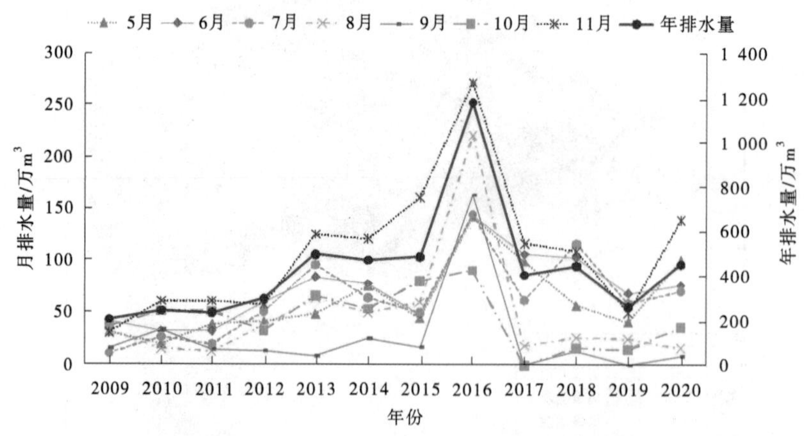

图 5-2-84　2009～2020 年二排干逐月排水量变化

节水实施前 2009～2013 年排水量均值与节水实施后 2018～2020 年排水量均值统计见表 5-2-73,对比图见图 5-2-85。

表 5-2-73　沈乌灌域节水实施前后排水量统计

时段	节水实施前 2009~2013 年排水量均值/万 m^3			节水实施后 2018~2020 年排水量均值/万 m^3		
	一排干	二排干	灌域合计	一排干	二排干	灌域合计
5 月	24.03	36.67	60.70	56.30	66.94	123.24
6 月	33.61	50.69	84.30	57.43	87.37	140.60
7 月	30.97	41.19	72.16	50.40	82.62	133.02
8 月	25.06	32.82	57.88	39.14	22.66	61.80
9 月	15.52	17.37	32.89	40.95	7.46	48.41
10 月	30.02	48.39	78.41	52.59	22.88	75.47
11 月	10.64	67.69	78.33	48.79	100.17	148.96
合计	169.85	294.82	464.67	345.60	385.90	731.50

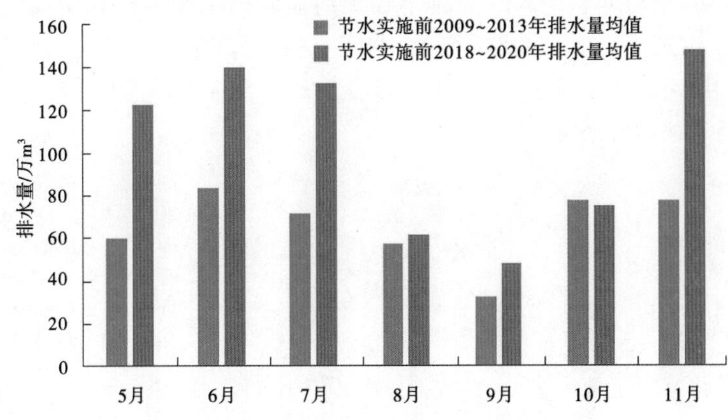

图 5-2-85　节水实施前后灌域总排水量对比

2) 排水天数

根据沈乌灌域逐日排水资料统计,2009~2020 年沈乌灌域排水天数统计见表 5-2-74。

表 5-2-74　2009~2020 年沈乌灌域排水天数统计

项目	排水天数/d											
	2009 年	2010 年	2011 年	2012 年	2013 年	2014 年	2015 年	2016 年	2017 年	2018 年	2019 年	2020 年
一排干	197	184	197	188	184	192	190	203	200	214	214	214
二排干	176	200	205	166	178	195	215	217	126	166	131	199
灌域合计	197	200	205	188	184	195	215	217	200	214	214	214

2009~2020 年沈乌灌域排水天数统计见图 5-2-86。

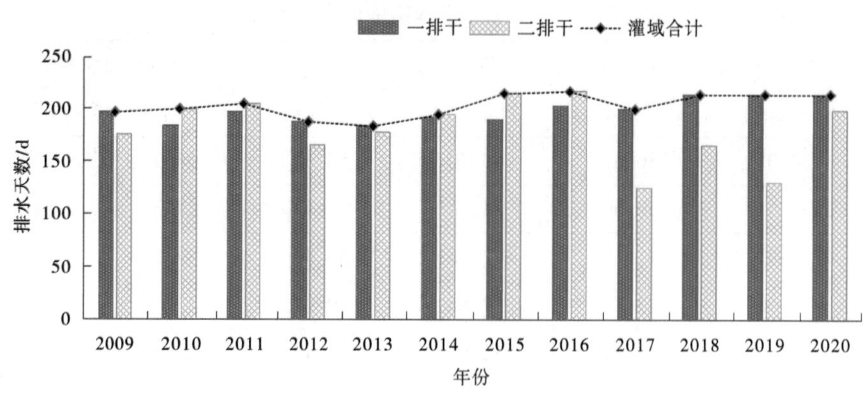

图 5-2-86　沈乌灌域逐年排水天数对比

3)区域排盐量分析

2009~2020 年一排干、二排干和沈乌灌域矿化度和排盐量对比图见图 5-2-87~图 5-2-89。2009~2020 年,一排干、二排干和沈乌灌域矿化度逐年变化稳定,排盐量逐年增加。节水措施实施后(2018~2020 年)一排干、二排干和灌域年均排盐量较节水措施实施前(2009~2013 年)分别增加了 3 285.45 t、2 513.54 t 和 5 798.98 t,增长率分别为 112.43%、52.54%和 75.25%。

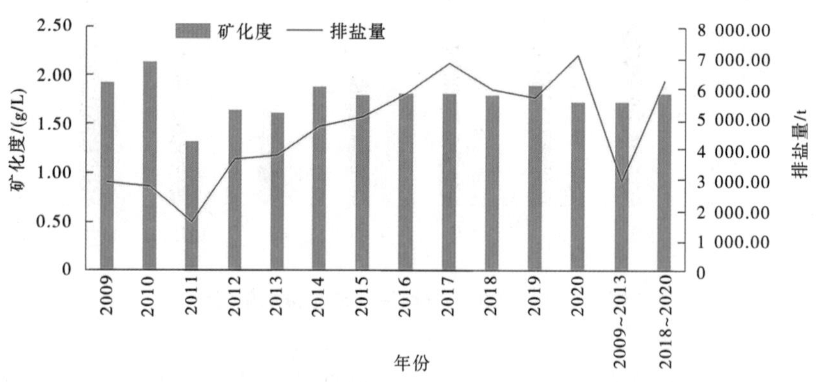

图 5-2-87　沈乌灌域一排干矿化度和排盐量变化

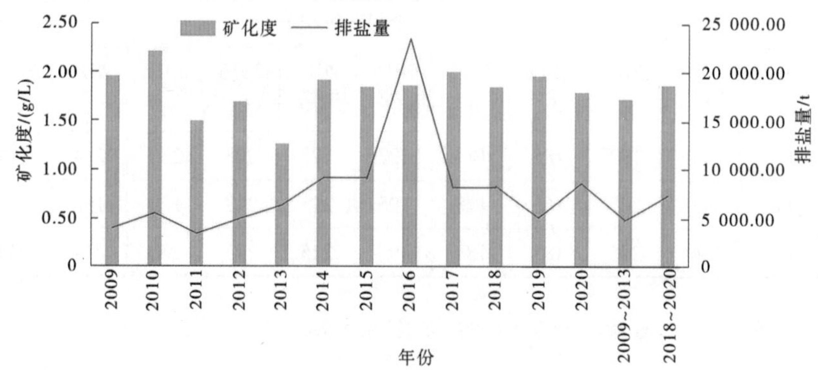

图 5-2-88　沈乌灌域二排干矿化度和排盐量变化

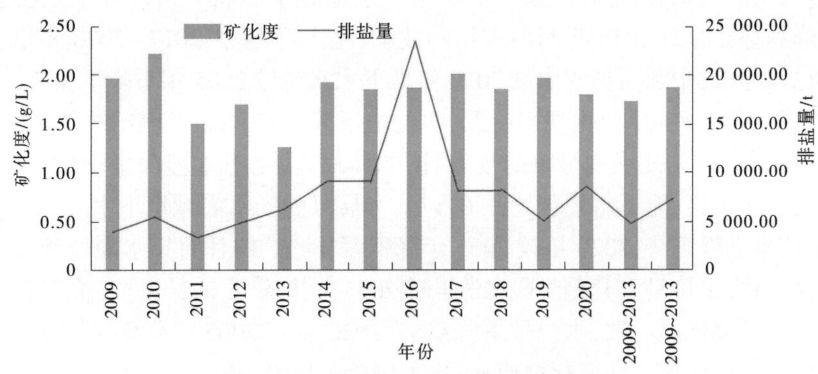

图 5-2-89　沈乌灌域矿化度和排盐量变化

5. 受水区生态环境改善

内蒙古自治区黄河流域重点盟市地下水开发利用量过大，部分盟市已经超出其承载能力，存在“突出的环境问题”。在水权转让指标配置的过程中，对已分配盟市间一期水权转让指标但无望上马项目的闲置水指标，内蒙古自治区有关部门按照《内蒙古自治区闲置取用水指标处置实施办法(试行)》予以处置，收回并重新配置，将其中的 3 800 万 m^3 指标用于置换鄂尔多斯市、乌海市、阿拉善盟部分工业取用的地下水，解决了上述区域重点地下水超采和地下水生态恶化的问题，用实际行动践行了生态优先、绿色发展的理念，为切实筑牢我国北方重要生态安全屏障提供了水资源的支持和保障。

5.2.4.2　生态效果评估

1. 地下水位变化

1) 鄂尔多斯南岸灌区

南岸灌区有地下水观测井 28 眼，南岸灌区平均地下水埋深变化见图 5-2-90。

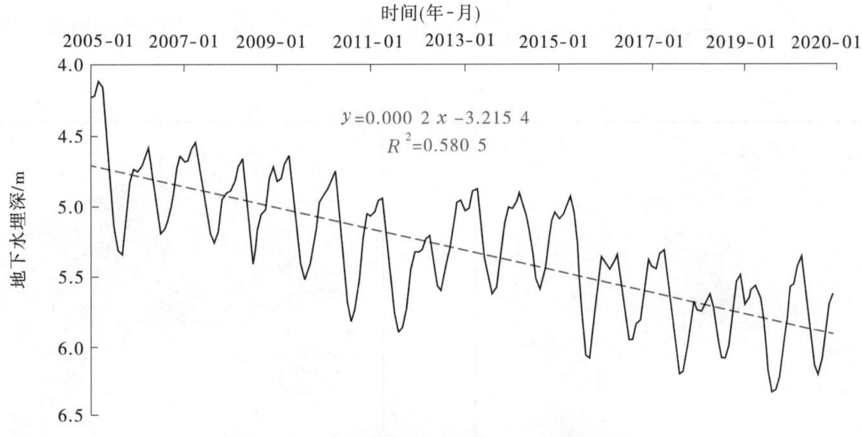

图 5-2-90　南岸灌区平均地下水埋深变化

由图 5-2-90 可知，南岸灌区平均地下水水位自 2005~2020 年期间，整体呈下降趋势，年内变化规律受灌溉影响，呈现周期性变化，年际周期性变化基本一致。平均地下水埋深由 2005 年的 4.70 m 增加至 2020 年的 5.74 m，增加了 1.04 m，增长率 22.13%，年均增加 0.07 m。

其中:从均值线来看,中和西扬水灌域地下水埋深于2005~2011年,变化规律一致,呈缓慢下降趋势,2012~2016年间出现年际波动,呈上升趋势,2017~2020年恢复平稳下降趋势。总体分析,中和西扬水灌域2020年地下水水位较2005年下降了0.7 m。恩格贝扬水灌域地下水埋深年际变化规律一致,水位呈下降趋势,2020年较2005年降低了1.5 m。昭君坟扬水灌域未能呈现显著的规律性,总体而言,地下水埋深呈缓慢下降趋势,其中2020年较2005年,地下水埋深增加0.17 m。展旦召扬水灌域地下水埋深年际变化规律一致,水位呈下降趋势,2020年较2005年降低了1 m。树林召扬水灌域地下水埋深年际变化规律一致,水位呈上升趋势,2020年较2005年上升了0.2 m。王爱召扬水灌域地下水埋深年际变化规律一致,水位呈下降趋势,2020年较2005年降低了1.2 m。吉格斯太扬水灌域地下水埋深年际变化规律一致,水位趋于稳定,基本没有变化。

2)沈乌灌域

沈乌灌域有地下水观测井19眼,2009~2020年平均地下水埋深空间分布见图5-2-91~图5-2-102。可以看出,沈乌灌域地下水埋深最大存在于一干渠建设一分干末端和一干渠建设四分干末端。地下水埋深最小出现在渠首和东风分干渠的末端,即灌域东南、东北方位。

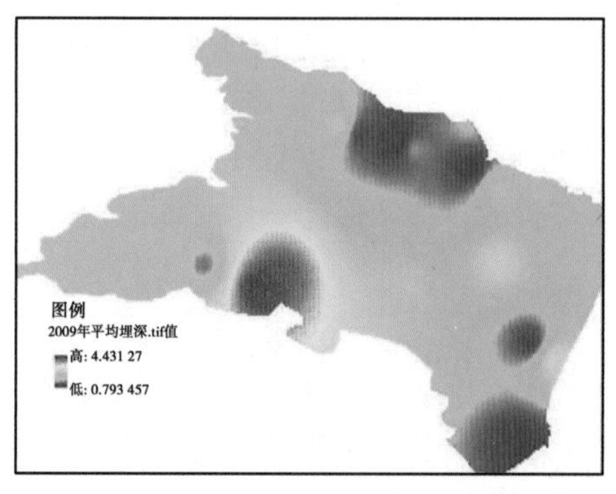

图5-2-91　2009年地下水平均埋深分布

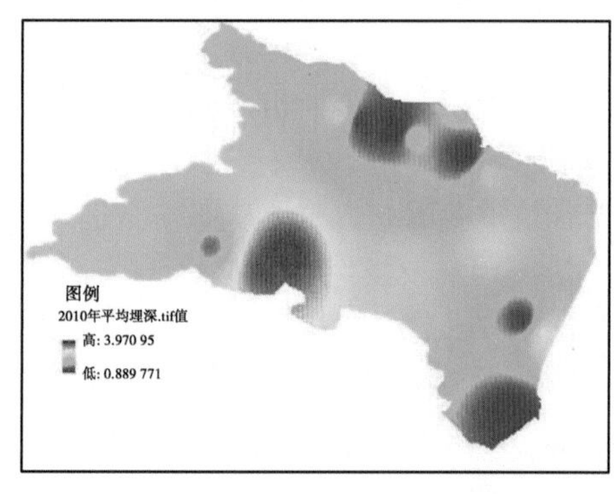

图5-2-92　2010年地下水平均埋深分布

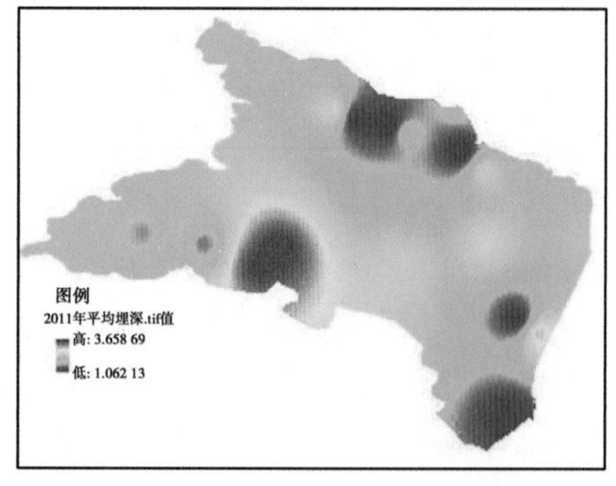

图5-2-93　2011年地下水平均埋深分布

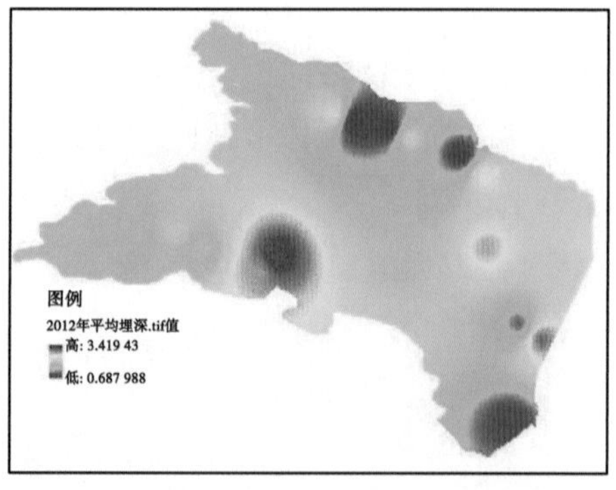

图5-2-94　2012年地下水平均埋深分布

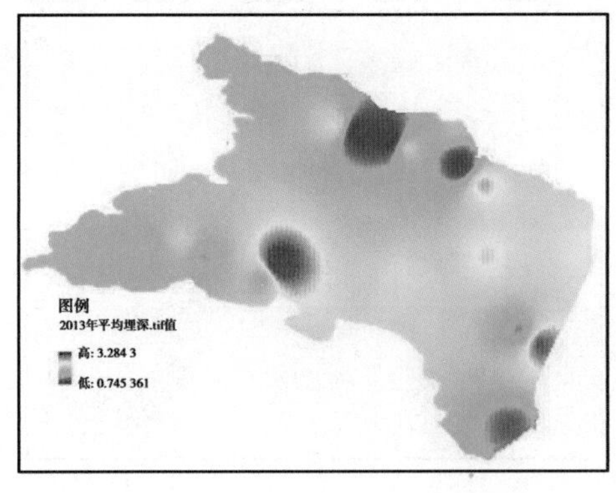

图 5-2-95　2013 年地下水平均埋深分布

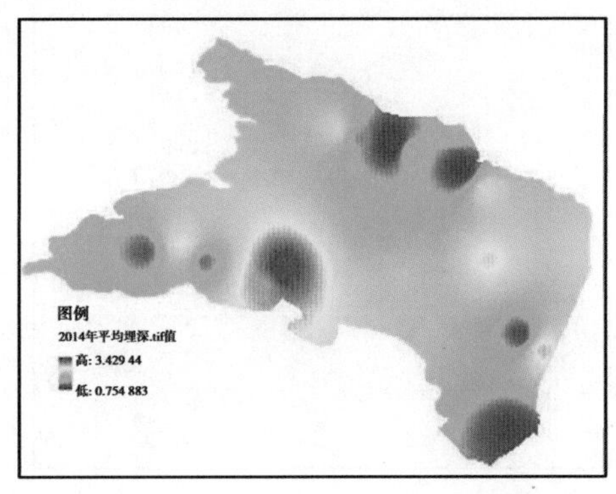

图 5-2-96　2014 年地下水平均埋深分布

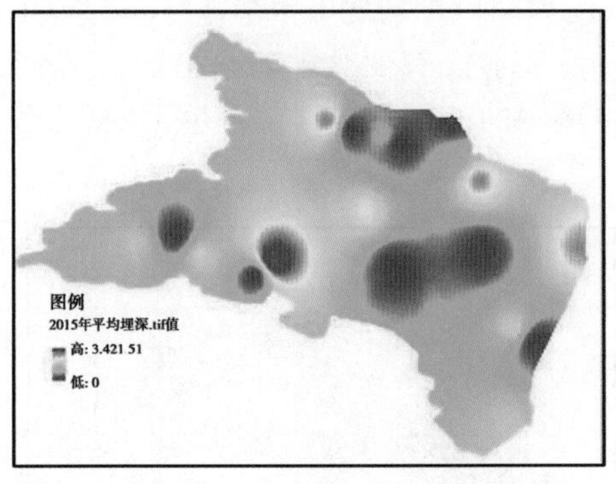

图 5-2-97　2015 年地下水平均埋深分布

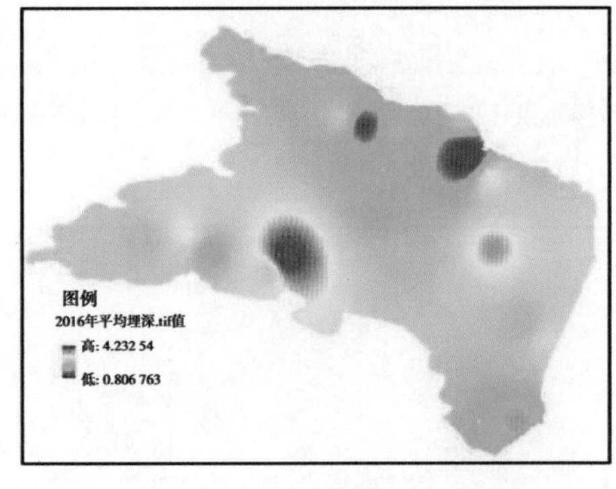

图 5-2-98　2016 年地下水平均埋深分布

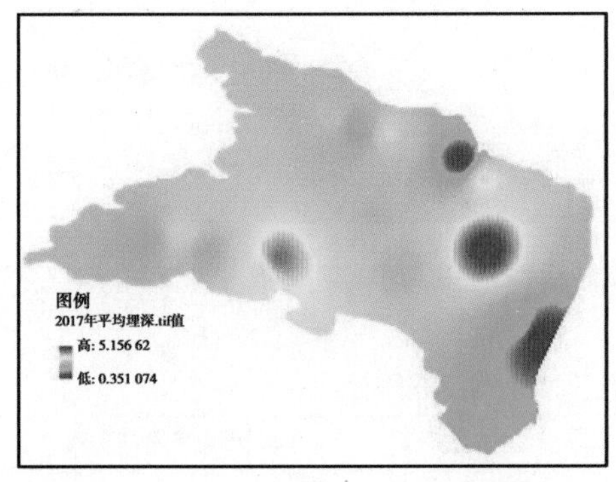

图 5-2-99　2017 年地下水平均埋深分布

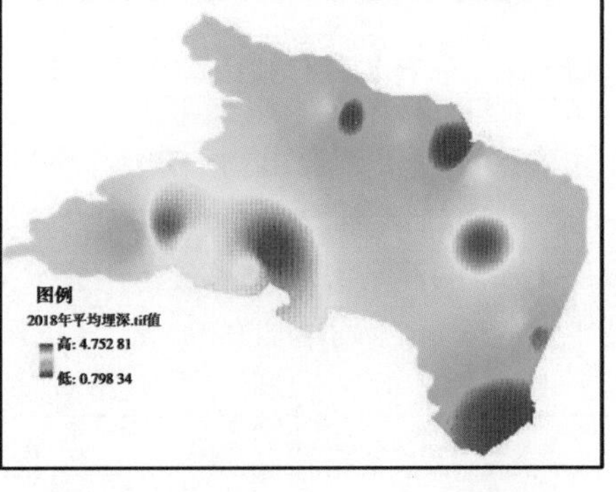

图 5-2-100　2018 年地下水平均埋深分布

图 5-2-103、图 5-2-104 中，节水前平均地下水埋深分布(2009~2013 年均值)和节水后平均地下水埋深分布(2018~2020 年均值)对比可以看出，平均地下水埋深最大值在增加，范围在扩大；最小值在减小，范围在缩小。不同地下水埋深统计见表 5-2-75。

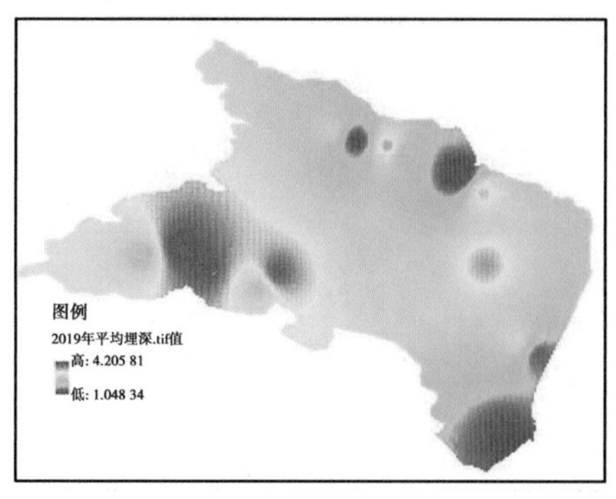

图 5-2-101　2019 年地下水平均埋深分布

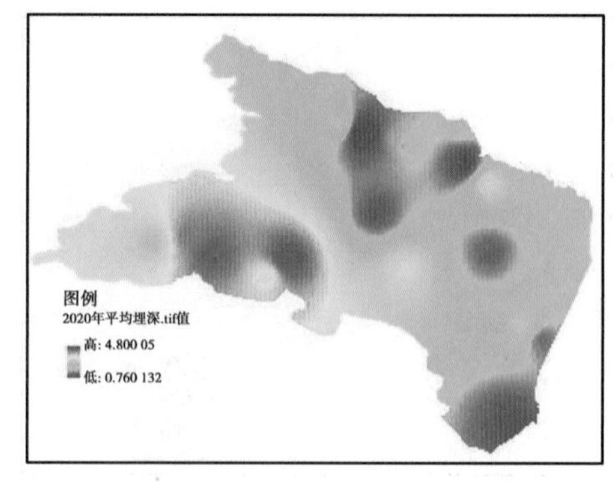

图 5-2-102　2020 年地下水平均埋深分布

水权转让节水措施实施前(2009~2013 年),沈乌灌域平均地下水埋深空间分布变化不大,最大地下水埋深和最小地下水埋深的位置基本没有变化。节水措施实施期间(2014~2017 年),最大地下水埋深和最小地下水埋深的范围和数值都发生了变化,但并无明显变化规律。

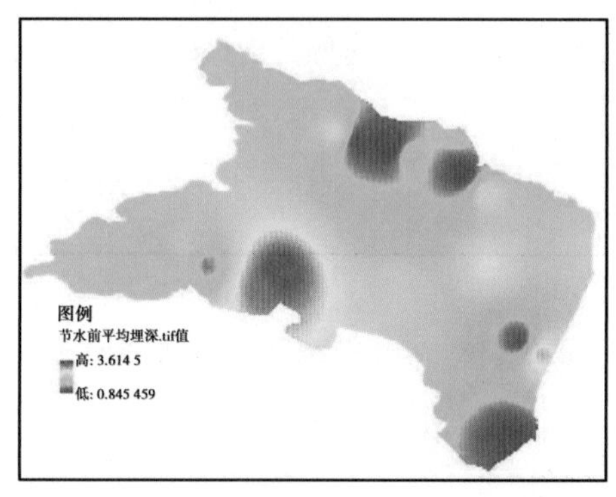

图 5-2-103　节水前平均地下水埋深分布

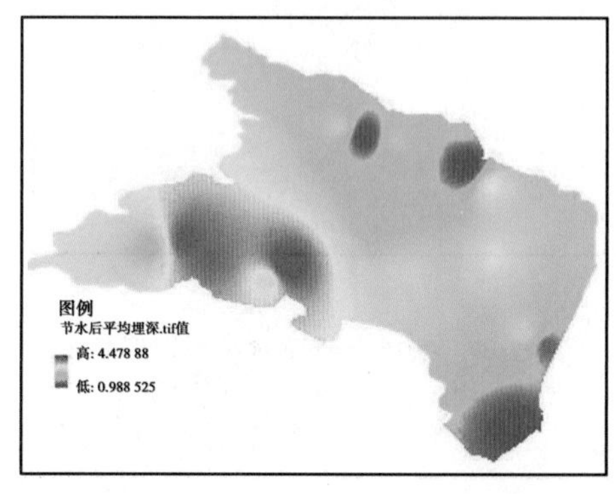

图 5-2-104　节水后平均地下水埋深分布

由表 5-2-75 可以看出,相较于节水措施实施前,节水措施实施后,地下水埋深大于 2 m 的范围增加,小于 2 m 的范围减少。

综上所述,沈乌灌域在水权转让节水措施实施后,地下水埋深出现了明显的下降,整体增加 0. 656 m,年均增加 0. 08 m。

表 5-2-75　节水前后不同地下水平均埋深统计

不同埋深/m	节水措施实施前/%	节水措施实施后/%
<1	0. 14	0. 02
≥1,<2	45. 28	7. 15
≥2,<3	51. 81	68. 97
≥3,<4	2. 77	22. 97
≥4	0	0. 89

2. 土壤盐碱化变化

本次主要在南岸灌区和沈乌灌域采集了 500 个土样,其中南岸灌区 250 个,沈乌灌域 250 个。

1) 南岸灌区盐碱化变化分析

经过统计,南岸灌区土壤盐碱化程度面积及比例见表 5-2-76。

表 5-2-76　南岸灌区不同土壤盐碱化程度面积与比例统计

项目		非盐碱化	轻度盐碱化	中度盐碱化	重度盐碱化	盐碱地	合计
2003 年	面积/万亩	244. 59	48. 87	119. 22	8. 37	10. 86	431. 91
	比例/%	56. 63	11. 31	27. 60	1. 94	2. 52	100. 00
2020 年	面积/万亩	306. 16	50. 61	64. 65	3. 23	7. 10	431. 75
	比例/%	70. 91	11. 72	14. 97	0. 75	1. 65	100. 00

注:合计的总面积为扣除水域面积所得,2003 年和 2020 年水域面积不等,导致合计的总面积不一致。

由表 5-2-76 可以看出,2003 年非盐碱化面积最大,为 244. 59 万亩,占比 56. 63%;重度盐碱化面积最小,为 8. 37 万亩,占比 1. 94%。2020 年非盐碱化面积同样最大,为 306. 16 万亩,占比 70. 91%,而重度盐碱化面积最小,为 3. 23 万亩,占比 0. 75%。整体上,相较于 2003 年,2020 年南岸灌区的土壤盐碱化程度呈减轻趋势。2003 年和 2020 年南岸灌区盐碱化面积变化对比见图 5-2-105。

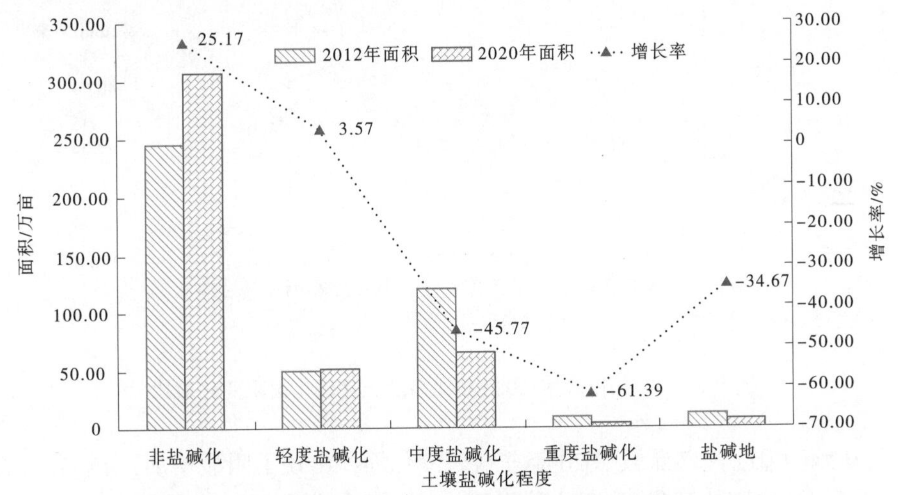

图 5-2-105　2003 年和 2020 年南岸灌区盐碱化面积变化对比

与 2003 年相比,南岸灌区 2020 年非盐碱化面积出现了明显增加,增幅为 61. 57 万亩,增长率为 25. 17%;轻度盐碱化面积增加了 1. 75 万亩,增长率为 3. 57%;中度盐碱化、重度盐碱化以及盐碱地面积均出现了下降,分别减少了 54. 57 万亩、5. 14 万亩和 3. 77 万亩,增长率分别为-45. 77%、-61. 39%和-34. 67%。

2) 沈乌灌域盐碱化变化分析

经过统计,沈乌灌域土壤盐碱化程度面积及比例见表 5-2-77。

表 5-2-77 沈乌灌域不同盐碱化程度面积与比例统计

项目		非盐碱化	轻度盐碱化	中度盐碱化	重度盐碱化	盐碱地	合计
2012 年	面积/万亩	191. 70	30. 03	23. 59	14. 96	26. 81	287. 09
	比例/%	66. 77	10. 46	8. 22	5. 21	9. 34	100. 00
2020 年	面积/万亩	247. 06	8. 96	5. 50	10. 27	13. 37	285. 15
	比例/%	86. 64	3. 14	1. 93	3. 60	4. 69	100. 00

注:合计的总面积为扣除水域面积所得,2012 年和 2020 年水域面积不等,导致合计的总面积不一致。

由表 5-2-77 可以看出,对 2012 年而言,非盐碱化面积比重最大,为 191. 7 万亩,占比 66. 77%;重度盐碱化面积最小,为 14. 96 万亩,占比 5. 21%。2020 年非盐碱化面积同样比重最大,为 247. 06 万亩,占比 86. 64%,而中度盐碱化面积占比最小,为 5. 50 万亩,占比为 1. 93%。整体上,相较于 2012 年,2020 年沈乌灌域的土壤盐碱化程度呈减轻趋势。2012 年和 2020 年沈乌灌域盐碱化面积变化对比见图 5-2-106。

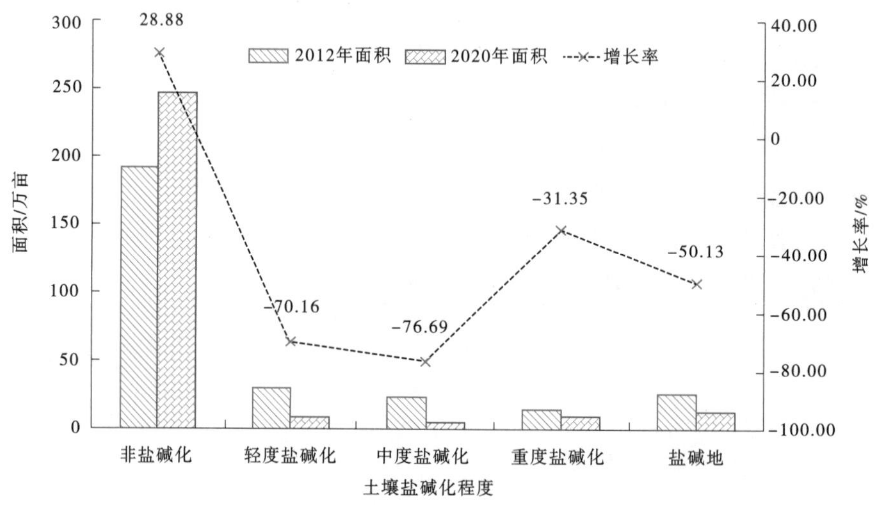

图 5-2-106 2012 年和 2020 年沈乌灌域盐碱化面积变化对比

与 2012 年相比,沈乌灌域 2020 年非盐碱渍化面积出现了明显增加,增幅为 55. 36 万亩;轻度盐碱化、中度盐碱化、重度盐碱化及盐碱地面积均出现了下降,分别减少了 21. 07 万亩、18. 09 万亩、4. 69 万亩和 13. 44 万亩,增长率分别为-70. 16%、-76. 69%、-31. 35%和-50. 13%。

综上所述,沈乌灌域和南岸灌区节水改造措施实施后,土壤盐碱化程度均出现了明显的下降,非盐碱化面积增长明显,中度盐碱化、重度盐碱化及盐碱地面积均出现了一定程度的下降。耕地范围内土壤盐碱化程度明显降低,目前主要盐碱地集中于渠道两侧及低洼水域附近。

3. 天然植被变化

1) 南岸灌区

相对于 2003 年,2020 年灌域天然植被面积整体上增加了 8. 19 万亩,增加了 4. 23%,增加的植被面积主要是植被恢复,裸地覆盖度增加所致。低覆盖度天然植被减少了 67. 05%,中覆盖度和高覆盖度分别增加了 40. 38%和 28. 55%。各灌域天然植被变化情况见图 5-2-107。

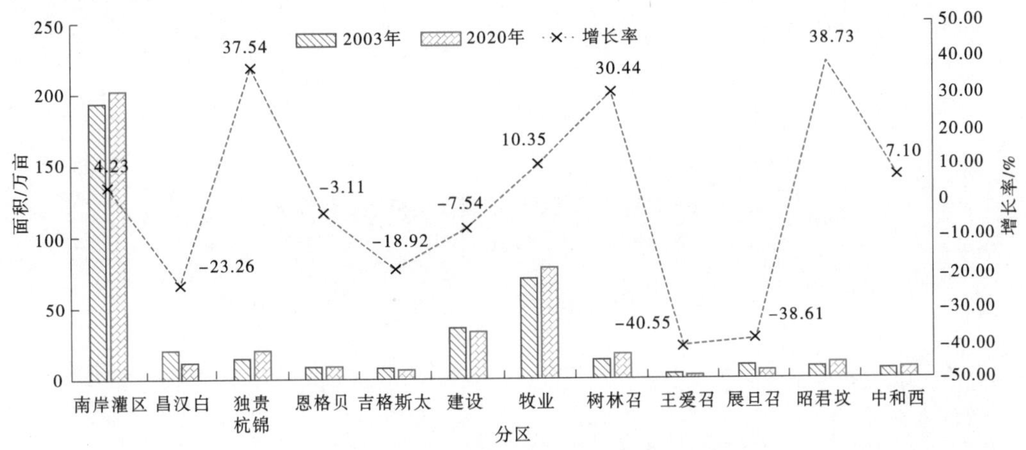

图 5-2-107　南岸灌区各灌域天然植被变化情况

由图 5-2-107 可以看出,整体上,南岸灌区天然植被呈增加趋势,其中面积出现增长的有牧业灌域、树林召扬水灌域、独贵杭锦灌域、昭君坟扬水灌域及中和西扬水灌域,增长率分别达到了 10. 35%、30. 44%、37. 54%、38. 73%和 7. 10%。面积减少的有昌汉白灌域、恩格贝扬水灌域、吉格斯太扬水灌域、建设灌域、王爱召扬水灌域和展旦召扬水灌域,减少率分别为 23. 26%、3. 11%、18. 92%、7. 54%、40. 55%、38. 61%。

不同覆盖度变化情况见图 5-2-108~图 5-2-110,由此可以看出,整体上低覆盖度有所减少,中覆盖度、高覆盖度均出现了明显的增长。低覆盖度整体减少了 67. 05%,其中昌汉白灌域、恩格贝扬水灌域、建设灌域、牧业灌域、展旦召扬水灌域及中和西扬水灌域均出现了下降,减少率分别为 89. 13%、78. 74%、48. 33%、79. 21%、29. 21%和 55. 46%。独贵杭锦灌域、吉格斯太扬水灌域、树林召扬水灌域、王爱召扬水灌域及昭君坟扬水灌域天然植被面积出现了增长,增长率分别为 35. 83%、27. 16%、87. 71%、172. 03%和 48. 65%。

整体上,中覆盖度面积增加了 40. 38%,其中昌汉白灌域、独贵杭锦灌域、恩格贝扬水灌域、牧业灌域、树林召扬水灌域、昭君坟扬水灌域及中和西扬水灌域均出现了增加,增长率为 7. 89%、111. 26%、40. 46%、63. 35%、102. 58%、42. 42%和 30. 68%。吉格斯太扬水灌域、建设灌域、王爱召扬水灌域及展旦召扬水灌域面积出现了下降,下降率分别为 5. 50%、1. 06%、32. 74%和 42. 91%。

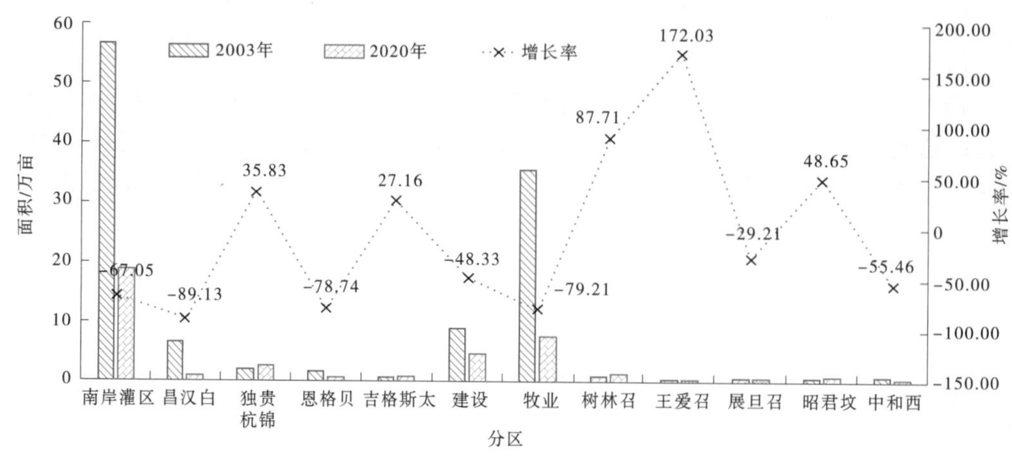

图 5-2-108　南岸灌区低覆盖度天然植被变化情况

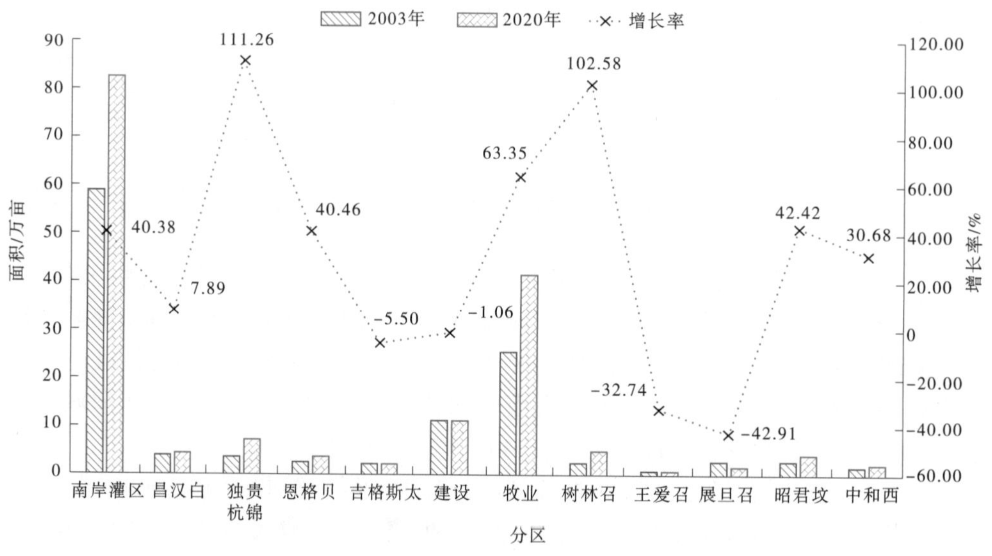

图 5-2-109　南岸灌区中覆盖度天然植被变化情况

整体上,高覆盖度面积增加了 28.25%,其中昌汉白灌域、独贵杭锦灌域、建设灌域、牧业灌域、树林召扬水灌域、昭君坟扬水灌域及中和西扬水灌域分别增加了 148.41%、12.59%、10.29%、202.20%、9.82%、35.83%和 7.62%。恩格贝扬水灌域、吉格斯太扬水灌域、王爱召扬水灌域和展旦召扬水灌域分别减少了 4.15%、27.22%、46.98%和 37.51%。

分析结果表明,2020 年相较于 2003 年南岸灌区天然植被面积增加明显,整体覆盖度出现了升高,说明南岸灌区植被生长状况有所改善,植被生长趋于良好。

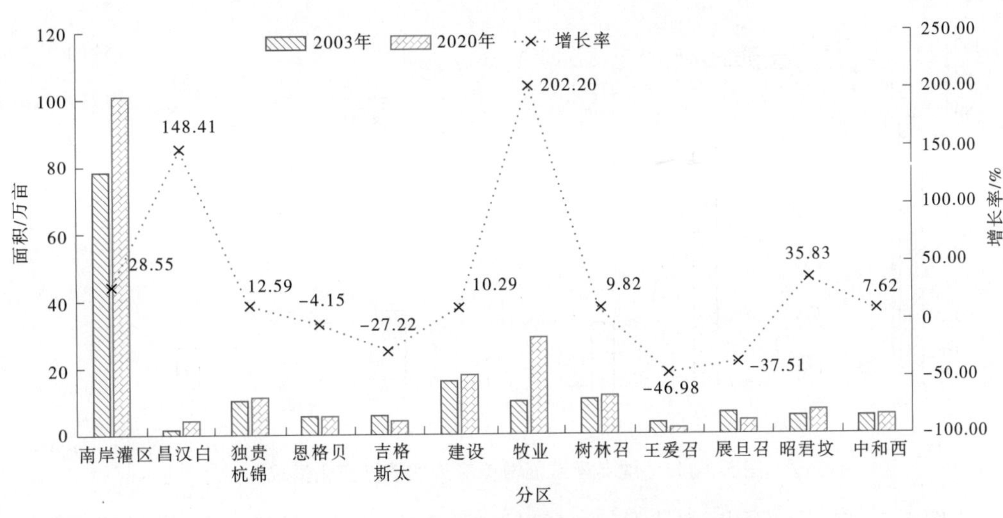

图 5-2-110　南岸灌区高覆盖度天然植被变化情况

2) 沈乌灌域

相对于 2012 年, 2020 年灌域天然植被面积整体上减少了 30.55 万亩, 减少了 22.49%。各分干中, 东风分干渠、一干渠直属、建设一分干、建设二分干、建设三分干及建设四分干分别减少了 46.28%、24.11%、42.79%、5.64%、22.22%和 6.69%, 其中减少率最大的为东风分干渠和建设一分渠, 变化最小的为建设二分干和建设四分干。详见图 5-2-111 和图 5-2-112。不同覆盖度的变化情况又有所不同。

由图 5-2-112 可以看出, 整体上, 2020 年沈乌灌域低覆盖度面积相较于 2012 年增加了 21.70%。其中, 东风分干渠、一干渠直属、建设二分干、建设三分干和建设四分干均有所增加, 增长率分别为 16.37%、15.46%、35.19%、18.83%和 37.66%, 建设一分干减少了 14.76%。

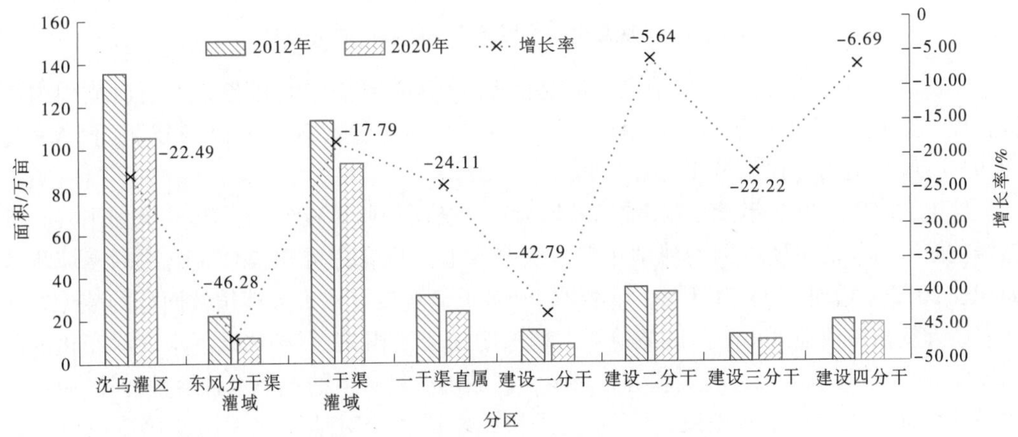

图 5-2-111　沈乌灌域天然植被变化情况

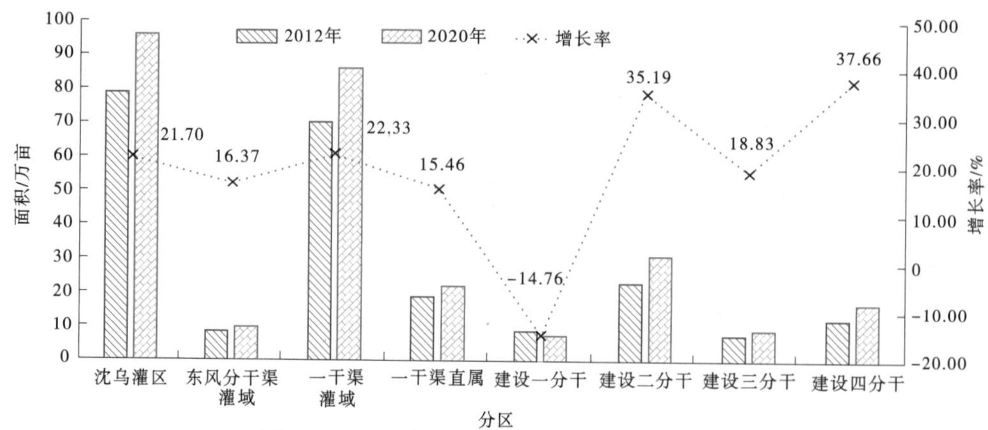

图 5-2-112　沈乌灌域低覆盖度天然植被变化情况

由图 5-2-113 可以看出,整体上,沈乌灌域中覆盖度面积相较于 2012 年明显减少,降幅 78.82%。各个分干渠范围内中覆盖度面积减少率均在 70%以上,其中,最低值为建设三分干范围内,下降率为 73.04%,其他分区均在 80%左右。

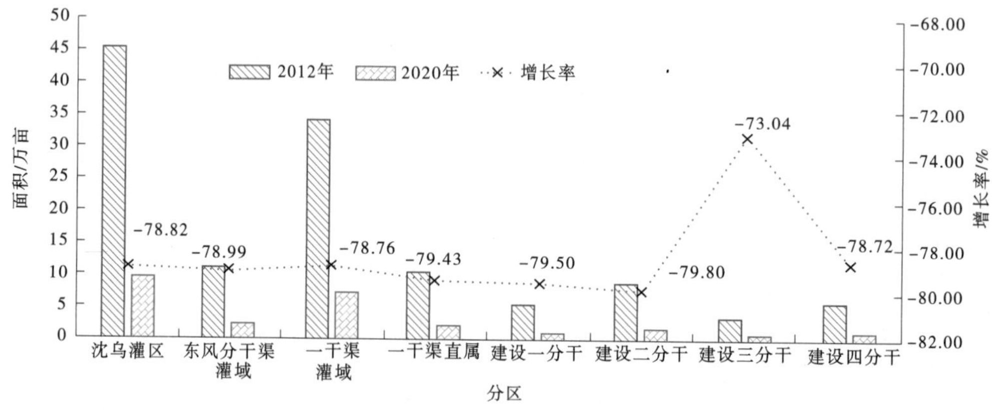

图 5-2-113　沈乌灌域中覆盖度天然植被变化情况

由图 5-2-114 可以看出,与中覆盖情况相近,沈乌灌域整体上和各分干渠道范围内高覆盖度均出现了明显下降,整体上减少了 98.26%。最大值出现在建设二分干,下降率为 98.96%;最小值为建设三分干,97.21%。

综上,相较于 2012 年,2020 年沈乌灌域天然植被面积明显减少,覆盖度也有所下降。天然植被面积减少的主要原因为耕地拓耕。结合耕地面积变化可知,2020 年,沈乌灌域耕地面积较 2012 年增加了 44.71 万亩,大规模的开垦土地直接导致了天然植被面积的减少。沈乌灌域天然植被覆盖度下降与区域地下水埋深增加密切相关,而导致地下水埋深变化的原因较多,水权转让节水工程的实施势必减少了区域由灌溉产生的地下水补给量,但区域内新增耕地大部分需要地下水灌溉,地下水开采量的剧增也会对地下水埋深变化造成更直接的影响。因此,沈乌灌域天然植被覆盖度下降的主要原因还需要进一步开展深入研究。

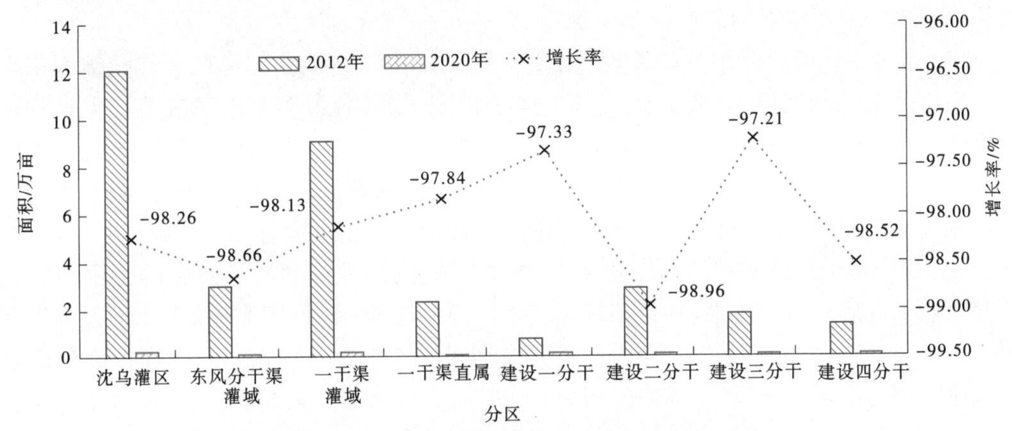

图 5-2-114　沈乌灌域高覆盖度天然植被变化情况

4. 排水量和排盐量变化

1) 区域排水量分析

从水权节水工程实施前后沈乌灌域排水量情况看,相较于节水措施实施前(2009~2013 年),节水措施实施后(2018~2020 年)灌域逐月平均排水量除 10 月略微减少外,其他月份排水量均明显增加。5 月增加 103.03%,6 月增加 66.79%,7 月增加 84.34%,8 月增加 6.77%,9 月增加 47.19%,11 月增加 90.17%。经过现场调研分析发现,排水量增加的一部分原因是渠道清淤。因此,相较于节水措施实施前,工程实施后,灌域排水量有所增加,但节水改造措施的影响程度有待进一步研究。

2) 排水天数

从灌域近年排水情况看,2009~2016 年,沈乌灌域排水天数基本表现为先持续增加后减少再增加的趋势,基本保持稳定。一排干排水天数,在 2009~2020 年基本没有变化,整体趋于稳定。二排干排水天数在节水措施实施后,出现减少。与工程实施前相比,2018~2020 年灌域平均排水天数 214 d,较 2009~2013 年平均排水天数 195 d,增加 19 d,其中一排干增加 24 d,二排干减少 20 d。

总体上来说,沈乌灌域排水天数的变化主要受排水沟清淤和年度降雨影响,试点工程的实施和运行对排水天数变化尚未产生明显影响。

3) 区域排盐量

根据影响分析,灌区排水矿化度受节水措施的影响较小,排盐量和排水量的变化规律是一致的。灌域排水量和排盐量的变化不仅受节水措施的影响,还受排水沟清淤等日常灌域管理措施的影响,因此节水措施对灌域排水量和排盐量的影响还有待进一步研究。

5.2.4.3　主要结论

(1)通过以上分析发现,由于南岸灌区自流灌域地下水观测建设时间为 2019 年,还未形成序列,因此无法对其地下水埋深情况进行分析。仅针对与南岸灌区东部的扬水灌域地下水埋深变化进行了对比分析。分析结果表明,南岸灌区东部的扬水灌域和沈乌灌域地下水年际周期性变化基本一致,相较于节水改造前,南岸灌区扬水灌域地下水平均埋深增加 1.04 m,年均增加 0.07 m;沈乌灌域地下水埋深整体增加 0.656 m,年均增加 0.07 m。地下水埋深的增加,一方面是由于节水改造措施的实施,入田水量减少;另一方面是由于地下水开采逐年增加。

(2)通过遥感解译结果分析发现,相较于节水措施实施前,南岸灌区天然植被面积增加了8.2万亩,裸地面积明显减少,整体覆盖度出现了升高,说明南岸灌区植被生长状况有所改善,植被生长趋于良好;沈乌灌域天然植被面积减少30.55万亩,耕地拓耕面积增加44.71万亩,天然植被覆盖度有所下降,与区域地下水埋深增加密切相关,但导致地下水埋深变化的原因较多,植被覆盖度下降的主要原因还有待开展进一步研究。

(3)利用基于遥感和神经网络相结合的方法,对南岸灌域和沈乌灌域的土壤盐碱化情况进行了反演分析。结果表明,相较于节水措施实施前,南岸灌区非盐碱化地面积出现了明显增加,增长率为25.17%,轻度盐碱化增加了3.57%;中度盐碱化、重度盐碱化以及盐碱地面积均出现了下降,下降率分别为45.77%、61.39%和34.67%;沈乌灌域非盐碱化土壤出现了明显增加,增长率为28.88%;轻度盐碱化、中度盐碱化、重度盐碱化及盐碱地面积均出现了下降,下降率分别为70.16%、76.69%、31.35%和50.13%。

(4)引排水方面,由于缺少南岸灌区排水数据,因此针对沈乌灌域一排干和二排干排水量、排水时间、排水水质的分析结果表明,相较于节水措施实施前,沈乌灌域排水量、时间及排盐量变化不大,但灌区排水不仅受节水措施的影响,还会受到降水及日常清淤管理等因素的干扰,因此节水措施对灌域排水量和排盐量的影响还有待进一步研究。

综上所述,相较于节水改造前,南岸灌区和沈乌灌域整体上地下水埋深增加;土壤盐碱化程度有所改善;南岸灌区天然植被面积及覆盖度明显增加;沈乌灌域天然植被面积减少,但耕地面积有所增加;沈乌灌域排水变化不大,但其中的关联性还有待进一步深入探究。

5.3 内蒙古黄河水权转让政策及实施过程后评估

5.3.1 内蒙古黄河水权转让政策制度评估

5.3.1.1 内蒙古黄河水权转让政策制度体系

水利部、黄委、内蒙古自治区为规范黄河水权转让,逐步建立完善了一系列政策制度体系。具体见表5-3-1。

1. 国家层级

2004年、2005年水利部先后印发了《水利部关于内蒙古宁夏黄河干流水权转换试点工作的指导意见》和《水利部关于水权转让的若干意见》,推动了宁蒙地区水权转让工作的开展。

2. 流域层级

为规范黄河水权转换行为,2004年黄委制定出台了《黄河水权转换管理实施办法(试行)》,并批复了内蒙古水权转换总体规划报告,使得自治区水权转换工作得以有序实施。2009年,黄委根据水权转让中遇到的新问题、新情况制定出台了《黄河水权转让管理实施办法》,将“黄河水权转换”更新为“黄河水权转让”,在传统农业-工业行业间水权流转的同时,增加了工业间水权流转的内容,进一步丰富了水权流转工作的内涵,也为内蒙古水权转让顺利开展提供了坚实的政策依据。

表 5-3-1　内蒙古自治区水权转让相关制度统计

序号	制度或文件名称	文号	时间（年-月）	出台部门
1	《水利部关于内蒙古宁夏黄河干流水权转换试点工作的指导意见》	水资源〔2004〕159 号	2004-05	水利部
2	《水利部关于水权转让的若干意见》	水政法〔2005〕11 号	2005-01	
3	《水利部关于印发水权制度建设框架的通知》	水政法〔2005〕12 号	2005-01	
4	《水利部关于印发开展水权试点工作的通知》	水资源〔2014〕222 号	2014-06	
5	《水权交易管理暂行办法》	水政法〔2016〕156 号	2016-04	
6	《关于在内蒙古自治区开展黄河取水权转换试点工作的批复》	黄水调〔2003〕10 号	2003-04	黄委
7	《关于进一步做好黄河水权转让试点工作的函》	黄水调〔2004〕6 号	2004-03	
8	《黄河水权转换管理实施办法（试行）》	黄水调〔2004〕18 号	2004-06	
9	《黄河水权转换节水工程核验办法（试行）》	黄水调〔2005〕29 号	2005-11	
10	《黄河水权转让管理实施办法》	黄水调〔2009〕51 号	2009-09	
11	《关于黄河干流水权转换实施意见（试行）》	内政字〔2004〕395 号	2004-12	内蒙古自治区人民政府
12	《内蒙古自治区盟市间黄河干流水权转让试点实施意见（试行）》	内政发〔2014〕9 号	2014-01	
13	《内蒙古自治区闲置取用水指标处置实施办法》	内政办发〔2014〕125 号	2014-12	
14	《内蒙古自治区水权交易管理办法》	内政办发〔2017〕16 号	2017-02	
15	《内蒙古自治区黄河干流水权盟市间转让试点项目建设管理办法》			自治区水利厅等单位
16	《内蒙古自治区黄河干流水权收储转让工程建设管理办法》			
17	《内蒙古自治区黄河干流水权收储转让工程资金管理办法》			
18	《内蒙古自治区水权交易规则（试行）》			
19	《鄂尔多斯市黄河水权转换二期工程实施办法》	鄂府发〔2009〕53 号	2009-10	鄂尔多斯市人民政府
20	《杭锦旗沿黄灌区水权交易实施细则》	杭政办发〔2019〕138 号	2019-10	杭锦旗人民政府

3. 自治区层级

内蒙古自治区结合区情水情和自治区盟市内黄河干流水权转让的经验，出台了《内蒙古自治区盟市间黄河干流水权转让试点实施意见（试行）》，保证了试点工作的顺利开展。此后，陆续出台了《内蒙古自治区闲置取用水指标处置实施办法》《内蒙古自治区水权交易管理办法》《内蒙古自治区水权交易规则（试行）》等管理办法和实施细则。

5.3.1.2 内蒙古黄河水权转让政策制度评估

1. 水权转让政策与社会发展的契合度

从 2003 年黄河水权转让试点推动以来，党中央、国务院高度重视水权水市场建设，2011 年中央一号文件和 2012 年国务院 3 号文件均提出建立和完善国家水权制度，充分运用市场机制优化配置水资源。2014 年 3 月，习近平总书记提出“节水优先、空间均衡、系统治理、两手发力”治水思路，指出推动建立水权制度，明确水权归属，培育水权交易市场。2020 年 12 月，水利部发布《水利部关于黄河流域水资源超载地区暂停新增取水许可的通知》，提及水资源超载地区应积极推动水权转让，提高用水效率，盘活用水存量，更大程度地发挥市场在水资源配置中的作用。黄河水权转让政策顺应了社会发展方向，契合度非常高。

2. 制度建设的全面性

在水权转让实施过程中监管制度立法体系逐步完善。在水权交易制度制定与实践过程中积累了相应的经验，取得了一定成效。

（1）较为完善的水权交易政策制度体系为内蒙古水权转让工作奠定了坚实的基础。水利部、黄委和内蒙古自治区出台的一系列制度和规范性文件，构建起内蒙古水权转让政策制度体系，从而为内蒙古水权转让工作的顺利开展奠定了坚实基础。

（2）初步建立水权转让交易价格形成机制。根据黄委批复的《内蒙古黄河干流水权盟市间转让河套灌区沈乌灌域试点工程可行性研究报告》和《内蒙古自治区水利厅关于〈内蒙古黄河干流水权盟市间转让试点工程初步设计报告〉的批复》，同时根据一期试点工程的实际情况，经内蒙古自治区水权收储转让中心、内蒙古河套灌区管理总局、用水企业三方协商，明确了水权交易费用支付方式。通过明确水权交易价格和费用支付方式，初步建立了内蒙古特色的盟市间水权交易价格形成机制，保障了试点期内水权交易公开公正并规范有序进行。

（3）建立水权收储转让平台有助于实现内蒙古黄河水权转让市场化运作。经内蒙古自治区人民政府主席办公会议批准，由内蒙古水务投资集团牵头组建内蒙古自治区水权收储转让中心有限公司，作为内蒙古自治区水权收储转让的交易平台，成为全国第一家省级水权交易平台，标志着内蒙古自治区水权转让工作开始步入市场化运作阶段。内蒙古自治区水权收储转让中心成立后，积极发挥其在水权收储和水权交易方面的作用，先后与内蒙古河套灌区管理总局、水权受让企业签订三方合同，在促成盟市间水权交易和处置闲置取用水指标方面发挥了重要作用。几年来，内蒙古自治区水权收储转让中心健全完善了企业法人治理结构，建立了水权交易大厅，开通了内蒙古自治区水权收储转让中心官网，与中国水权交易所达成战略合作，逐步迈入规范化运作轨道。

3. 制度实施效果

通过与各级水行政主管部门、灌区管理单位、涉及水权转让企业负责人座谈，对涉及水权转让的农户进行问卷调查和进一步了解,以及实地调研节水工程改造情况等,了解到在相应制度的保障下,内蒙古水权交易取得积极成效,主要体现在以下几个方面:

(1)缓解水资源瓶颈制约,显著提高水资源利用效率。内蒙古自治区水权转让解决了内蒙古黄河流域诸多工业项目的用水问题,极大缓解了沿黄工业水资源瓶颈制约,促进了沿黄地区社会经济的协调发展。一方面,企业参与节水工程项目改造解决了部分资金问题,通过实地调研发现节水改造工程衬砌渠道基本完好,工程改造明显提高节水工程的灌溉水利用系数,减少了出让水权灌区的逐年实际引水量,显著提高水资源利用效率。另一方面,节约水量供企业生产,缓解了工业用水供需矛盾。

(2)有效保障社会稳步发展,助力工农业协调发展,促进地区经济发展。水权转让工作的实施保障了新建工业项目用水,扩大了企业生产规模,带动了当地农民就业,增加了地方税收收入。此外,生产规模的扩大能够增加工业生产总值,促进地区经济发展。基础设施的建设有效解决了原节水工程跑冒滴漏等问题,提升水资源利用效率,缩短了农民浇灌时间,降低农户水费支出和生产成本,增加农业生产总值。此外,渠堤的新增及更新改造使得道路通畅,为农业生产和灌溉管理带来了极大的便利,灌区渠水林田湖草路全面改观的同时,灌溉运行管理状况和农民的精神面貌发生了根本性变化,对加快实现乡村振兴战略具有重大意义。

(3)保障生态环境总体平稳。内蒙古黄河流域水权交易的实施在创造经济效益和社会效益的同时,能够保障生态环境总体平稳。南岸灌区扬水灌域和河套灌区沈乌灌域地下水埋深增加;南岸灌区和沈乌灌域的土壤轻度盐碱化、中度盐碱化、重度盐碱化和盐碱地情况均明显下降,土壤盐碱化程度有所改善;南岸灌区天然植被面积及覆盖度明显增加;沈乌灌域天然植被面积减少,但耕地面积有所增加。

(4)提高公民节水惜水意识。对企业调研发现:近几年,企业对节水日益重视,企业通过不断加大节水投入,提升工业用水循环利用率,增加组织教育节水培训次数,不断提升职工节水意识。对灌区管理单位调研发现:灌区管理单位制定出台节水措施次数稳步上升,加大节水教育、培训和节水宣传活动力度。对农户调研发现:农户在水权转让政策的持续宣传下,对水权转让工作有了一定的认识,对水权转让建设项目的实施、相应配套建筑物的配备和农业灌溉方式等持满意态度,相应政策的宣传提升了农户的节水意识,农户积极配合调整农作物种植结构、采取滴灌喷灌等多种节水措施以节约更多水指标。

5.3.1.3　主要结论

(1)黄河水权转让政策顺应了党中央对资源管理的要求,高度契合了"节水优先、空间均衡、系统治理、两手发力"治水思路,推动了社会经济的发展。

(2)水权转让制度建设整体较为健全,形成较为系统的制度体系。在水利部、流域机构、自治区多个层级都对水权转让进行了规范,较为完善的政策制度体系为内蒙古黄河水权转让工作开展提供了支撑,为下一阶段工作开展奠定了坚实基础。

(3)水权转让政策、制度的实施取得了积极成效。内蒙古黄河水权转让项目实施缓解了水资源瓶颈制约,显著提高水资源利用效率;有效保障社会稳步发展,助力工农业协调发展,促进地区经济发展;生态环境总体平稳;公民节水惜水意识显著提升。

5.3.2 内蒙古黄河水权转让节水工程建设及运行维护评估

5.3.2.1 节水工程建设

1. 工程实施组织

1）盟市内水权转让阶段

内蒙古自治区政府、内蒙古自治区水利厅、相关盟市政府均成立了工作领导小组，建立了事权清晰、权责一致、规范高效、监管到位的水权转让工作组织机构，三层级水权转让领导小组在实施水权转让试点工作中具有不同的分工，通过明确分工、高度重视、精心组织，加大了水权试点工作指导、协调和监督力度，能及时研究解决水权转让中出现的重大问题，保障试点项目实施方案的扎实稳步推进，为黄河流域推进区域间水权转让工作积累经验。水权转让工程还涉及水利、农业、林业、电力、国土等多个部门，各部门协调配合，确保了工程顺利实施。

如鄂尔多斯市南岸灌区水权转让工程专门成立了由市长任组长的鄂尔多斯市南岸灌区水权转换节水改造工程领导小组，负责解决工程建设中的重大问题。同时，杭锦旗、达旗也成立了由旗长任组长的水权转让二期工程协调领导小组，负责协调工程建设中的相关事宜。鄂尔多斯市人民政府以鄂政办函〔2009〕4 号批准成立鄂尔多斯市南岸灌区水权转换节水改造工程建设管理处，为水权转让二期工程的项目法人，管理处下设进度、质量、安全、信息、财务组等管理机构，并在杭锦旗和达旗设立现场管理组。2013 年为顺利实施喷灌、滴灌、畦田改造田间工程，在杭锦旗和达旗成立二级法人机构，从杭锦旗、达旗水务局抽调工作人员与一级法人共同负责喷灌、滴灌、畦田改造工程的建设管理。

2）跨盟市水权转让阶段

跨盟市水权转让期间，内蒙古自治区完善灌区水管单位职能，除对灌区的工程建设负有施工监督职责外，还新增了对节水工程建成后期的运营管理、提升用水效率等管理职责；组建黄河水权收储转让工程建设管理处，负责工程建设的全过程管理，对项目建设的工程质量、工程进度、资金管理和生产安全负总责；在基层组织成立农民用水者协会，农民用水者协会参与水权、水价、水量的管理和监督，并负责斗渠以下水利工程管理、维修和水费收取，在保证水权转换工作有效落实的同时，还增强了公众参与节水型社会试点建设的意识。

为了推进内蒙古自治区跨盟市水权转让工作、充分发挥市场在水资源配置中的决定性作用和更好地发挥政府作用，内蒙古自治区创新性地创建了全国第一家省级水权交易平台——内蒙古自治区水权收储转让中心有限公司（简称为水权收储中心），推动内蒙古自治区水权交易规范有序开展，以节约和高效利用水资源为导向，以引导和推动水权合理流转为重点，促进水资源的优化配置与高效利用，开启了我国水利行业尝试通过组建专门机构实施水权交易试点的先河。

此外，内蒙古自治区认真总结多年来自治区开展水权转让工作的成功做法和经验，宣传水权转让对地方经济社会发展的促进作用和显著成效，为顺利推进水权试点工作的开展营造良好的社会舆论氛围。除采取多种方式和途径加大水权试点宣传力度、提高全社会对水权试点的关注外，还利用现代新闻媒体宣传内蒙古自治区水权水市场建设的典型做法和经验,如 2016 年 11 月在北京中国水权交易所开展的 2 000 万 m^3 闲置水指标公开交易签约仪式,被新华网、内蒙古电视台等 18 家主流媒体播报。

2. 建设资金保障

1) 盟市内水权转让阶段

内蒙古自治区实施水权转让初期,由盟市地方人民政府主导进行前期工作的开展与灌区节水工程建设,组织建设项目业主出资对引黄灌区进行节水改造,收取的节水改造资金上缴盟市财政局,由财政局统筹拨付给工程建设,节水工程节约的水量再由盟市水利局分配给投资的工业建设项目使用。如鄂尔多斯一期工程、孪井滩灌区工程、乌海灌区工程和大中矿业工程均采用这种模式,通过点对点的方式,即每个用水企业对应的一部分节水工程,由于工程位置、内容及难易程度不同,节水效果及单方水转让费用也不同。

鄂尔多斯二期工程建设期间,水权转让方式由"点对面"替代一期"点对点"的方式,大大改善了由于资金到位问题对工程建设产生的影响,可将已到位的资金用于工程建设中,在节水工程建设过程中再加大建设资金催交力度。此外,鄂尔多斯市还通过银行融资、财政补贴的方式用于水权转让节水工程建设,如通过银行贷款资金约 1 亿元作为工程建设的周转资金,另财政配套部分资金用于节水奖励。2013 年 4 月,鄂尔多斯市人民政府出台《南岸灌区水权转让二期工程节水补贴奖励机制》,对畦田改造工程补助 8 元/(a·亩),喷灌工程补助 15 元/(a·亩),滴灌工程补助 25 元/(a·亩),滴灌带更新补助 80 元/(a·亩),所需资金由市旗两级财政承担,保证灌区建成的节水工程能够持续利用。跨盟市水权转让工程实施期间,另筹措 18 亿元社会资本进行节水工程建设,助力灌区实现乡村振兴战略。

2) 跨盟市水权转让阶段

依据政府统筹配置、水行政主管部门动态管理、市场化交易运作的方式,由水权收储中心作为灌区节水工程建设的项目管理主体,组织用水企业进行水权交易,并将交易资金用于灌区节水改造。水权交易资金由水权中心向用水企业按用水指标收取水权转让收入,通过上缴自治区水利厅再上缴自治区财政厅的流程,由水权中心按照工程建设进度申请预算,内蒙古自治区财政厅按照部门预算安排对工程进行拨付使用。

2014 年,内蒙古黄河干流水权试点项目启动后,将 12 000 万 m^3 试点节水指标全部分配给沿黄 8 家新增工业项目用水企业,其中鄂尔多斯市 11 500 万 m^3,阿拉善盟 500 万 m^3,但由于受让水权资金迟迟不能到位,水权收储中心先后 6 次通过银行从内蒙古水务投资集团有限公司委托贷款 4.05 亿元,及时投入到水权试点节水工程建设之中,保证了水权节水工程项目的按时启动和工程建设的顺利实施,有效利用市场机制促进水资源集约、高效利用,保障工程建设顺利进行。2016 年,通过水权交易平台,采用公开交易和协议转让方式,及时收回了 18.106 亿元水权转让资金。

此外,为做好内蒙古水权试点工作,内蒙古自治区水利厅积极争取国家、自治区政府和社会资本对灌区节水改造和水权转让项目的支持,在项目安排、资金支持等方面给予倾斜。在水权试点管理方面,通过中央分成水资源费中安排了 170 万元,专门用于水权制度建设;内蒙古自治区水利厅从水资源费中安排 200 万元专门用于水权细化工作;2016 年内蒙古自治区财政厅下达水资源费 400 万元,用于开展内蒙古自治区水权收储转让交易平台建设。这些资金的投入落实，为内蒙古自治区黄河干流水权试点节水工程建设提供了重要的资金保障，满足了水权试点任务的资金需求。

3. 新技术应用

内蒙古自治区水权转让节水工程实施期间，重视工程新技术的推广应用，除采取渠道防冻胀衬砌、农田激光控制土地精平、畦田改造及多种新型滴灌等农业节水技术提高节水效率外，另采用田间用水精量化配置、先进的测流、闸门启闭自动化以及灌区用水信息化管理系统、信息化管理技术提升管理效率。具有特色的新技术应用包括：

(1)推广渠道模袋混凝土衬砌技术。水权试点工程中骨干渠道衬砌大规模使用了模袋混凝土衬砌新施工工艺，衬砌长度 172 km，并开展了不同渠道断面衬砌结构形式的试验应用。

(2)开展了田口闸结构形式的研发。在需要预制大量的田间工程田口闸中，巴彦淖尔市水务局设计研发了具有规模化生产、止水密封效果好、装配方便搬运等优点的 U 形预制田口闸，广泛应用于试点节水工程建设中，并成功申请了国家专利。

(3)完成地区信息化标准规范体系建设。在全面分析现有水利信息化相关国家标准和行业标准的基础上，结合试点灌区的现状，通过各种业务需求分析，形成了巴彦淖尔市水利信息化地方标准。

(4)加强信息化新技术的应用。利用雷达波测流系统，不仅实现了快速准确测流，还为下一步灌区自动化测流提供了一种新的解决方案。整合了监测系统数据中心功能，统筹平台及信息运用，使试点一期监测系统数据中心兼备了内蒙古黄河流域水利信息化数据分中心、巴彦淖尔市水利信息化数据中心的功能，实现了灌区信息化系统“建得好、管得好、用得好”的目标。

5.3.2.2　节水工程运行维护

1. 运行管理组织

1)明确工程管理单位进行运行维护

为使灌域节水改造与配套工程管理有序，各水权转让工程均确定有管理单位，如鄂尔多斯南岸灌区杭锦旗黄河灌溉管理局具体负责辖区内的节水工程维护工作，按要求确定专人负责具体段节水工程的养护工作，完善管理制度，明确责任，并建立工程运行管理档案，严格按照设计运行方案操作；达拉特灌域泵站、干渠、支渠及配套建筑物移交达拉特旗扬水灌域管理局和乡镇水管站运行管理，斗口以下移交农民用水者协会管理，喷滴灌工程移交农民用水者协会或者种植大户、企业进行管理。目前，水权转让工程运行情况稳定，对局部破损工程定期进行维护，基本实现预期节水效果。

2)鼓励取用水户参与灌溉管理

河套灌区、黄河南岸灌区先后实施了用水户参与灌溉管理的用水管理体制，至今已建立并完善了以农民用水者协会为主体的专群结合、联水承保、渠道负责制等用水管理体制，灌区支渠以上渠系及配套建筑物由灌溉管理局运行管理，斗口以下渠系及配套建筑物移交农民用水者协会管理，群管体制改革推行了“亩次计费”“包浇小组”等行之有效的节水措施，真正把节水落实到了田间地头，收到了显著的节水效益。

鄂尔多斯黄河南岸灌区将现有的地下水条件较好、土地流转规模经营的井灌区，改造为运行可靠、使用方便、增产、增效、高效节水的滴灌区；业主为农业用水者协会、企业和种植大户，成立灌溉用水小组，配备专职灌溉管理人员，建立和健全规章制度，明确了操作规程，并以滴灌系统为单元，统一种植，统一施肥，统一灌溉，规模化、集约化水平逐步提高，社会化服务组织逐步完善，提高了农业生产效率，推动了沿黄灌区现代农业的发展。

3）开展灌区水资源使用权确权登记

内蒙古河套灌区管理总局、巴彦淖尔市水务局结合乌兰布和灌域沈乌干渠跨盟市水权转让项目的实施，在乌兰布和灌域沈乌干渠试点地区开展引黄用水水权确权登记与用水指标细化分配工作，建立了水权确权登记管理办法；编制了《内蒙古河套灌区乌兰布和灌域沈乌干渠引黄灌溉水权确权登记和用水细化分配实施方案》；提出了建立“归属清晰、权责明确、监管有效”的水权制度体系的目标，完成了乌兰布和灌域沈乌干渠引黄灌溉水权确权登记与用水指标细化分配试点工作，明晰了基层用水组织的引黄水资源管理权和终端用水户的引黄水资源使用权；建立了用水确权登记数据库；完成了《内蒙古河套灌区乌兰布和灌域沈乌干渠引黄水权确权登记和用水指标细化成果报告》；为直口群管渠道的用水组织发放“引黄水资源管理权证”，为终端用水户发放“引黄水资源使用权证”并免费提供水权交易手机 App（移动应用程序）。

2. 运行维护资金保障

节水工程运行维护费用指水权转让工程正常运行中所需的支出，主要包括工程动力费、定期大修费、例行年修养护费、工程维护人员管理费、水量监测费用等。水权转让初期该费用按节水工程建设的 2%～3%计取，实际运行维护费用的收取按照水权转让价格进行动态调整，如鄂尔多斯市对节水工程运行维护费用以二期水权转让的单方水价按比例进行计取。2020 年，鄂尔多斯南岸灌区共收取水权转让运行维护资金 3 500 万元，共对 100. 901 km 的干支斗农渠进行工程维修，其中杭锦旗费用支出 2 000 万元，维修渠道工程 97. 011 km；达拉特旗费用支出 1 500 万元（含非工程类运行维护投入资金 1 385. 34 万元），维修渠道工程 3. 89 km。

3. 运行维护新技术应用

1）完善灌区量水设施及信息化建设

鄂尔多斯市南岸灌区建立信息化系统，在南岸灌区建设水位信息监测采集、信息传输、计算机网络、综合数据库、信息处理系统的基础上，建立灌区地理信息系统、用水管理子系统、渠道规划维护管理子系统、水费管理子系统、综合查询子系统，实现灌区用水的实时监测与科学调度，最大限度地发挥节水工程的效益。

河套灌区沈乌灌域试点工程信息化建设包括建成 21 处水情采集站、17 处视频采集点和 10 处墒情采集点，完成了对 8 处雷达式流动自动测流监测站和 2 处全自动在线气象观测站的建设任务，新建和配套了 48 眼地下水观测井自动化监测系统；完成了新建 11 处通信铁塔、扩展升级河灌总局网络与 12 处下属管理单位相连的建设任务；并在河套灌区已有计算机网络系统的基础上，将网络节点向未建段、闸延伸，形成了四级中心节点，兼备内蒙古黄河流域水利信息化数据分中心、巴彦淖尔市水利信息化数据中心的功能。

2)及时开展水权转让效果监测评估

在工程建设完成后,实施水权转让工程的盟市均委托相关科研机构对各种节水措施实施后的节水效果进行监测,编制了节水效果监测报告作为工程节水核验的依据。为了解沈乌灌域试点水权转让效果,内蒙古自治区另投资 1 000 万元,委托黄河水利科学研究院引黄灌溉工程技术研究中心、内蒙古自治区水利科学研究院和内蒙古农业大学组成第三方评估小组,实施黄河干流水权跨盟市转让河套灌区沈乌灌域试点跟踪评估项目,从 2015 年开始对河套灌区沈乌灌域的引排水、生态环境、用水户用水情况和灌域管理单位运行管理情况等进行持续跟踪监测,评估试点工程的节水效果、试点工程实施对区域生态环境和利益相关方的影响。此外,水权收储中心还使用财政资金开展了内蒙古黄河流域水权交易制度建设与实践研究,对水权交易潜力进行了评估,系统总结多年来内蒙古黄河流域水权转让实践经验。

5.3.2.3 主要结论

1. 节水工程实施组织体系较为完善,建设资金来源途径多元化

内蒙古自治区政府、水利厅、相关盟市政府均成立了工作领导小组,建立了事权清晰、权责一致、规范高效、监管到位的水权转让工作组织机构,涉及水利、农业、林业、电力、国土等多个部门协调配合,确保了工程顺利实施。跨盟市水权转让期间成立水权收储转让中心有限公司,推动内蒙古自治区水权交易规范有序开展。

工程建设资金前期到位不够及时,鄂尔多斯市水权转让二期工程统一收缴工程建设资金,改善了由于资金到位问题对工程建设产生的影响。水权收储中心先后 6 次通过银行贷款,保证跨盟市水权试点节水工程建设。

2. 节水工程运行管理单位明晰,运行维护资金有保障

各水权转让工程均确定有管理单位,实施了用水户参与灌溉管理的用水管理体制,开展了引黄用水水权确权登记与用水指标细化分配工作。实际运行维护费用的收取按照水权转让价格进行动态调整,运行维护资金有保障。

3. 新技术在工程建设和运行维护中得到应用

具有特色的新技术应用包括推广渠道模袋混凝土衬砌技术,开展了田口闸结构形式研发,完善了灌区量水设施及信息化建设,开发了地区信息化标准规范体系,以及开展了水权转让效果监测评估。

5.4 内蒙古黄河水权转让后评估结论与建议

5.4.1 内蒙古黄河水权转让后评估结论

内蒙古自治区从 2003 年在鄂尔多斯开展水权转让试点工作以来,先后实施多项盟市内和跨盟市水权转让,涉及鄂尔多斯南岸灌区、河套灌区、孪井滩扬水灌区、镫口扬水灌区、民族团结灌区等诸多引黄灌区,从供给侧结构性改革的高度落实“节水优先、空间均衡、系统治理、两手发力”治水思路,贯彻落实习近平总书记在黄河流域生态保护和高质

量发展座谈会上的讲话精神，把水资源作为最大的刚性约束，加快沿黄农业灌区节水工程建设和水权转让工作，在改善农业灌溉设施条件下，保障了沿黄地区新增工业用水项目需求，为当地经济社会发展做出了积极的贡献。

5.4.1.1　实施效果后评估结论

1. 节水效果

1）水权转让节水工程实施后，出让水权的灌区逐年实际引水量明显减少

根据统计已核验的 6 项水权转让工程，年均引水总量从实施前的 20.98 亿 m^3 减少至实施后的 13.25 亿 m^3，减少引水量 7.73 亿 m^3，出让水权的灌区逐年实际引水量明显减少。其中：南岸灌区实际引水量由工程实施前年均 60 525 万 m^3 减少至实施后的 33 969 万 m^3，年减少引水量 26 556 万 m^3；李井滩扬水灌区从 4 551 万 m^3 减少至 4 202 万 m^3，年均减少 349 万 m^3；河套灌区丰济灌域实际引水量从 47 988 万 m^3 减少至 33 195 万 m^3，年均减少 14 793 万 m^3；包头镫口+民族灌域实际引水量从 40 937 万 m^3 减少至 31 996 万 m^3，年均减少 8 941 万 m^3；河套灌区沈乌灌域从 55 868 万 m^3 减少至 29 200 万 m^3，年均减少了 26 668 万 m^3。

2）水权转让节水工程实施后，灌溉水利用系数明显提高

水权转让工程实施后，李井滩灌区支渠渠道水利用系数由衬砌前的 0.85 提高到衬砌后的 0.98，农渠渠道水利用系数由 0.707 提高至 0.945；丰济干渠的渠道水利用系数由 0.893 提高至 0.944；镫口扬水灌区灌溉水利用系数从 0.406 提高至 0.681；民族团结灌区灌溉水利用系数从 0.320 提高至 0.696；沈乌灌域的灌溉水利用系数从 0.38 提高到 0.584 4。

3）灌区实际节水量大部分超出节水工程的节水目标，满足水权转让规划要求

目前，已通过核验的 6 个水权转让项目涉及灌区的整体实际节水量均超出了工程整体的规划节水目标，其中：鄂尔多斯南岸灌区年均实际节水量为工程规划节水目标的 112.77%，李井滩扬水灌区为 109.45%，丰济灌域为 656.28%，包头的镫口+民族灌域为 260.83%，沈乌灌域为 113.53%。

4）水权转让项目涉及灌区的节水目标实现程度高，可持续性总体较好

与工程规划节水目标比，鄂尔多斯南岸灌区的节水目标实现程度分别为 112.77%；沈乌试点项目节水目标实现程度为 113.53%。灌区年度节水量整体均呈现出上升趋势，节水的可持续性较好。

5）各项节水措施运行维护到位，保障了节水效果的稳定持续

模袋衬砌渠道的适应性明显优于砼板衬砌渠道，更适宜推广应用；畦田改造适应性较强、用户易接受，但节水稳定性较差；喷灌、滴灌工程的节水效果显著，但实施运行受所在区域气候、土地管理、作物种植、群众意愿等多种因素的影响较大。

2. 社会效果

1）保障新建工业项目用水，缓解工业用水供需矛盾

通过实施节水改造工程，已累计为涉及盟市企业转让工业用水 3.7 亿 m^3，截至 2020 年年底，先后有近 200 家企业或工业项目获得用水指标，缓解了工业用水供需矛盾。

2)项目实施改善了民生,增加了地方税收收入

水权受让区累计创造9万多就业岗位,2020年创造纳税总额达到63.17亿元,有效增加了内蒙古自治区地方政府税收收入,拓展了地区经济发展空间。

3)引黄灌区水利基础设施得到改善

先后有近200家企业或工业项目参与水权转让,融资44.24亿元对出让灌区引黄灌溉设施进行节水改造,极大改善了出让灌区灌溉工程基础设施。

4)农户权益得到有效保障

水权转让实施后,虽然部分灌区引黄灌溉面积减少,但井灌面积的增加使得灌区总灌溉面积并未减少,甚至有所增加,一定程度上保障了灌区农牧业用水户的用水权益。

3.经济效果

1)水权受让企业规模扩大,工业生产总值增加,促进地区经济发展

水权转让受让方企业项目建设,带动了企业利润的逐年增加。2018~2020年,因黄河水权转让的实施为企业创造的利润总额分别为95.13亿元、124.01亿元和94.47亿元,每年创造的工业产值分别为1 058.92亿元、1 472.56亿元和1 545.44亿元,企业利润增加激励了企业参与水权转让项目的积极性,促进了地区经济发展。

2)农户水费支出减少,农业生产成本降低,农业生产总值增加

灌区灌溉基础设施建设大幅度降低了农业灌溉输水损失,降低了灌溉用水,降低了农户水费支出。灌溉劳动力投入减少,释放大量农村劳动力从农业生产转至其他产业,增加了农民收入来源。水权转让实施后,除沈乌灌域外,其他出让灌区农牧民人均收入年均增长率稳定在10%左右,农业生产总值年均增长率维持在9%左右。

4.生态效果

1)南岸灌区东部扬水灌域和沈乌灌域地下水水位下降,地下水埋深增加

相较于节水改造前,南岸灌区扬水灌域地下水平均埋深增加1.04 m,年均增加0.07 m;沈乌灌域地下水埋深整体增加0.656 m,年均增加0.07 m。

2)南岸灌区和沈乌灌域的土壤盐碱化程度有所改善

相较于节水改造前,南岸灌区非盐碱化和轻度盐碱化的面积分别增加了25.17%,和3.57%,中度盐碱化、重度盐碱化及盐碱地的面积分别减少了45.77%、61.39%和34.67%;沈乌灌域非盐碱化的面积增长了28.88%;轻度盐碱化、中度盐碱化、重度盐碱化及盐碱地的面积分别减少70.16%、76.69%、31.35%和50.13%。

5.4.1.2 政策及实施过程后评估结论

1.水权转让制度建设整体较为健全,形成较为系统的制度体系

在水利部、黄委政策制度的支持指导下,内蒙古在实践中初步形成了"节水投资、水权转让"这一水权制度建设新思路。《内蒙古自治区盟市间黄河干流水权转让试点实施意见(试行)》明确了水权转让应具备的基本条件、审批与实施、水权转让期限、转让费用构成及组织实施和监督管理要求。《内蒙古自治区闲置取用水指标处置实施办法》《内蒙古自治区水权交易管理办法》等系列制度的出台对指导和加强内蒙古自治区开展水权转让和水权交易工作提供了支撑。

2. 工程实施组织工作较为完善,建设资金来源途径多元化

内蒙古自治区政府、水利厅、相关盟市政府均成立了工作领导小组,建立了事权清晰、权责一致、规范高效、监管到位的水权转让工作组织机构,涉及水利、农业、林业、电力、国土等多个部门协调配合,确保了工程顺利实施。跨盟市水权转让期间成立水权收储中心,推动了内蒙古自治区水权交易规范有序开展。

鄂尔多斯市水权转让二期工程统一收缴工程建设资金,改善了由于资金到位慢问题对工程建设产生的影响。水权收储中心先后6次通过银行贷款,保证了跨盟市水权试点节水工程建设。

3. 新技术在工程建设和运行中得到应用

具有特色的新技术应用包括推广渠道模袋混凝土衬砌技术,开展了田口闸结构形式研发,完善灌区量水设施及信息化建设,开发地区信息化标准规范体系,以及开展水权转让效果监测评估等。

5.4.2　内蒙古黄河水权转让后评估的问题与对策建议

5.4.2.1　存在问题

1. 节水改造工程衬砌渠道基本完好,喷灌、滴灌工程实际运行比例不高

调查渠道(段)范围内,渠道破损长度占调查渠道(段)总长度的4.51%,配套建筑物破损比例为11.19%,从整体来看,渠道砌护工程质量基本良好,但支斗渠渠道个别段落存在渠道淤积、底板脱落等问题,影响节水效果。抽查的滴灌工程实际运行面积占工程实施面积的69%,喷灌工程1处已改为滴灌,仅占本次抽查的喷灌工程总实施规模的17.58%。

2. 出让水权灌区管理单位经济利益保障有待加强

水权转让项目实施后,出让水权的灌区灌溉用水量减少导致水费收入降低,而相关水利设施老化,需支出的水利设施运行维护费用逐年增加,在一定程度上增加了出让灌区的经济负担,将会降低出让灌区管理单位参与水权转让的积极性。以杭锦旗南岸灌区工程维护费用为例,2017~2020年工程运行维护费用年均增长621万元。

3. 南岸灌区天然植被覆盖度增加,沈乌灌域天然植被覆盖度有所下降

相较于节水改造前,南岸灌区天然植被面积增加了8.2万亩,沈乌灌域天然植被面积有所减少,沈乌灌域耕地面积有所增加。

4. 已通过核验的节水改造工程已经基本完成了规划工程量,但在实施过程中有变更

从水权转让节水改造工程决策、工程设计审批、工程施工管理及工程竣工验收等建设程序分析,引黄灌区各项水权转让工程建设程序基本符合相关规定要求。但节水改造工程在施工中会因改造区域情况、征地问题在工程建设内容与数量上发生变化,部分工程还对节水工程类型进行变更,例如鄂尔多斯二期工程实现过程中渠道衬砌长度增加,但田间节水和设施农业面积发生变化;李井滩扬水灌区由工程可研批复渠道防渗衬砌变更为渠灌改滴灌建设。

5. 部分节水改造工程维护不到位,计量监测设施有待完善,管理需进一步加强

个别支斗渠渠道存在渠道淤积、渠道内杂草丛生等问题,渠道局部衬砌板存在鼓胀、

凹陷、脱落、塌陷、破损等现象,渠道配套建筑物损坏现象较为严重。评估核查中发现的鄂尔多斯南岸灌区干支斗农渠均出现不同程度的破损,应尽快进行维修和养护。部分地区水权转让项目管理工作较为松懈,存在节水工程尚未发挥效用的情况下已先行用水,增加了区域取用水总量。

评估核查中发现鄂尔多斯南岸灌区干支斗农渠均出现不同程度的破损,主要表现在混凝土板凹陷凸起问题严重,以及渠道配套建筑物破损较为严重,据统计,渠道破损 930.27 km,破损长度占渠道(段)总长度的 38.94%,其中:重度破损占比最高,占渠道总长度的 29.73%;其次为中度破损,占 6.60%;轻度破损占 2.61%。

6. 取用水监测计量有待完善

工程建成投入运行后是否能够达到规划设计的节水目的和节水量,需要持续不断、长期有效地进行工程节水效果的监测。水资源计量监控是水权确权、水权交易及用途管制和水市场监管的基础。虽然各期水权转让工程实施中均安排有水量计量监测设施的建设,但距节水量可计量、可监控要求尚有一定距离。此外,部分监测数据尚未接入黄委水量调度系统,亟须实现灌区取、退水量的系统监测与控制。

7. 现有制度仍存在不足之处,需在下一步工作中改进

水权转让过程中主要存在的不足包括:跨盟市水权转让利益补偿机制亟待明确落实,出让方权益保障程度不足;农户初始水权需进一步明晰,让农户从转让工程中更多收益,提高节水的积极性;需对水权转让期限规定开展研究,主要针对现有水权转让期限原则上不超过 25 年的规定开展研究;水权转让费用构成及支付方式有待进一步明确,节水工程维护、更新改造投入值得关注;闲置水权转让交易和收储制度还需进一步完善,包括水权收储的主体与客体认定、收储资金来源与使用、收储程序、水权收储溢价幅度等制度内容。

5.4.2.2 对策建议

在黄河水权转让实施效果评估、政策及实施过程评估的基础上,结合实施过程中存在的问题及原因分析,从深化水权转让工作、加强节水工程建设管理、促进节水工程良性运行和节水效果长效维持、强化对水权转让项目管理等方面提出对策措施与建议。

1. 持续深化水权转让工作

充分发挥市场在资源配置中的决定性作用,更好地发挥政府作用,推动有效市场和有为政府更好结合,持续深化水权转让工作,包括大力培育水权交易市场,加快推进水权市场配置法制化建设,发展水权收储交易平台,尽量减少政府对水资源的直接配置,完善闲置水指标处置定期督察制度等。

水权节余与缺水信息收集、交易交换和水权收储、水权转让等是水权交易平台的核心业务。要充分发挥水权收储中心在水权交易的信息传递功能和水权收储功能。增加国有独资企业水权交易平台注册资本,发挥国有水权平台的水权收储能力,在内蒙古自治区政府、水行政部门的统筹下,以水利基金或财政资金投放一定量的资金到水权收储转让平台企业,对内蒙古自治区闲置水指标进行不断的收储、交易,从而解决水指标闲置问题。

2. 完善市场化水权交易与水权制度建设

在交易类型覆盖度方面,与水利部《水权交易管理暂行办法》相比,内蒙古自治区现有水权交易制度设计中缺乏对灌溉用水户之间水权交易、区域间水权交易的规定,需进一

步研究制定。

在水权收储方面,《内蒙古自治区水权交易管理办法》《内蒙古自治区闲置取用水指标处置实施办法》未对水权收储制度做具体细化,闲置水指标、灌区或企业节约水指标、再生水按照办法规定均可以被收储,建议明确对水权收储的主体与客体的认定。社会资本持有人经与灌区或者企业协商,通过节水改造措施节约的取用水指标,经有管理权限的水行政主管部门评估认定后,可以收储和交易。要在社会资本持有人的收储准入条件、具体审核流程、收储开展程序及交易流程等方面做出具体规定,增强实操性。

在水权收储风险管理方面,为加强水资源的有效利用,防止社会资本或水权交易平台等收储方囤积水权空占指标,建议水权收储协议中,明确收储水指标的用途,对收储年限做出适当限制。

3. 加强节水改造工程建设运行维护管理

在节水改造工程实施过程中,需要进一步强化落实节水改造工程项目的征地补偿政策,统筹协调节水改造工程征地与补偿间的关系。在节水改造工程运行过程中,建议由运行管理部门及使用者加强对节水灌溉工程设施的管理和维护,使其充分发挥节水灌溉工程建设的作用,并进一步深化节水措施,改变传统外延式的发展方式,着力控制灌溉面积的总体规模。一方面,积极调整农业种植结构,改进灌溉制度;另一方面,通过干渠合并、渠道砌护、田间节水改造、建设节水灌溉等,提高农业用水效率。

此外,建议建立节水奖励机制促进用水农户节约水资源,鼓励用水户通过采取相关节水措施节约用水量,对于需求较高的用水户可以支付一定的费用来满足自身的用水需求,有利于提高水资源调配效率。

4. 强化水资源调度和监督管理

严格遵循"节水、压超、转让、增效"和"可计量、可控制、可考核"的原则,建议加强对出让水权灌区和受让水权项目的水资源调度和监督管理,确保实现工程节水目标和受让水权建设项目依法依规取得用水权。加强水资源计量监控能力建设,对发放取水许可证的取用水户,必须同步配备相应的监控计量设施,确保水权可监管;抓好灌区的计量监控,尤其是种植大户的用水监控;做好相应的计量配套建设,确保节水量可计量、可监控。建议加强水资源管理信息化能力建设,及时准确地掌控水资源的动态变化情况,实现对当地水引黄水统筹调用和节约保护的及时监控、管理与评估。

第 6 章　研究结论和展望

6.1　研究结论

从 2003 年开始在黄河流域水资源供需矛盾最严重的宁蒙地区探索实施水权转换至今,近 20 年水权转让的实践及制度探索取得了显著成效。本研究以优化水资源利用、指导水权转让工作为目标,按照“开展基础调研与咨询—梳理确定评估内容—研究后评估理论体系指标体系方法体系—应用案例分析验证”的思路,明确了黄河水权转让后评估的重点和原则,构建了黄河水权转让后评估理论体系,并成功应用于内蒙古黄河水权转让后评估项目实践。

(1)理论体系方面。构建了双层六维黄河水权转让后评估理论体系;建立了基于节水、社会、经济、生态、制度等多维度的由 17 个一级指标和 48 个二级指标两级指标构成的黄河水权转让后评估指标体系;运用变异系数法、线性回归分析等数理统计分析法,模糊层次分析法、熵权法、组合赋权法等主客观综合评价法,BP 神经网络模型等智能算法,座谈、问卷调研、专家打分等社会学方法,耦合形成黄河水权转让后评估方法体系。

(2)实证应用方面。案例分析部分将研究成果用于内蒙古黄河水权转让项目后评估的实践,评估范围涵盖了水利部、黄委和内蒙古自治区水利厅批复的所有黄河水权转让项目,采用整体评估与分项评估相结合、专家座谈与现场调研相结合、实地监测与遥感解译相结合、定性分析与定量评估相结合等多种方式,对内蒙古自治区盟市内和盟市间水权转让的节水-社会-经济-生态效果和政策与过程进行了系统的全面评估,分析取得的效果、经验和存在问题,提出建议和对策,为深化黄河水权转让工作提供了技术支撑。

6.2　主要成果

本研究以优化水资源利用、指导水权转让工作为目标导向,以内蒙古已实施黄河水权转让实践为基础,按照产学研用相结合,突出理论研究、现场监测、定性分析与定量评估等多种手段交叉融合,开展了系统性研究。研究成果对深入推进黄河流域水权转让工作和水资源的集约节约安全利用具有重要实践意义。主要成果如下:

(1)研究提出了双层六维黄河水权转让后评估理论体系,构建了水权转让后评估分析的理论框架。

目前,国内外关于对水权转让进行全面系统评估的理论和研究还较少。本研究在深入分析黄河水权转让特点的基础上,首次形成了黄河水权转让后评估的双层六维理论框架体系。

黄河水权转让后评估评价理论体系共设置了 2 个首层要素,即实施效果评估、政策及实施过程评估，并设置了 6 个与首层要素相匹配的评价维度。效果评估方面，结合黄河水权转让特点，从节水效果、社会效果、经济效果和生态效果 4 个维度进行评价，着重从水权转让节水工程的节水效果、水权转让对区域发展产生的社会影响、对利益相关者产生的经济影响、对灌区和受水区生态的影响进行深入分析评估。政策和实施过程评估包括政策制度评估和节水工程建设管理评估 2 个维度，着重从政策制度的完备性、实施效果方面，评价政策制度的建设效果，从节水工程建设和运行过程角度，评价黄河水权转让节水工程的实施与运行维护情况。本研究还在双层六维理论框架基础上，确立了黄河水权转让后评估指标体系，构建了后评估方法体系，共同构成了一套较为科学合理、系统全面、可操作性强的黄河水权转让后评估理论体系。

(2) 在深入剖析黄河水权转让实践的基础上，全面分析各个维度相关评估指标，确立了由 17 个一级评估指标和 48 个二级评估指标构成的切合黄河实际的水权转让评估指标体系。

在节水效果方面，设置节水量和节水质量等 2 个一级指标，5 个二级指标；在社会效果方面，设置基础设施改善、主体权益保障、社会民生保障、社会节水意识和社会满意度等 5 个一级指标和 18 个二级指标；在经济效果方面，设置水权受让企业经济效益、农牧业用水户经济效益、灌区管理单位经济效益等 3 个一级指标和 10 个二级指标；在生态效果方面，设置地下水影响、土壤影响和生态环境影响等 3 个一级指标和 6 个二级指标；在政策制度评估方面，设置水权转让政策评价、制度建设和实施效果评估等 2 个一级指标和 3 个二级指标；在节水工程建设管理评估方面，设置工程建设评估和工程运行管理评估等 2 个一级指标和 6 个二级指标。该指标体系紧密结合黄河水权转让实际，体现了黄河水权转让特点与规律，提炼出黄河水权转让工作中的关键因素，针对性、完备性比较强。

(3) 结合水权转让前后对比和有关定性分析，在深入研究各类评估方法的基础上，耦合水资源工程技术评价方法、社会经济评价方法、生态学评价方法、政策评价方法等，分析了黄河水权转让后评估在节水、社会、经济、生态等方面效果的量化关系和政策制度、节水工程实施成效、问题及对策，构建了一套较为完整的水权转让后评估方法体系。

本研究将黄河水权转让项目的实施效果从节水、社会、经济、生态等方面进行指标量化，在充分考虑水资源系统动态性和不确定性的基础上，进一步将指标量化：采用整体评估与分项评估的方法从节水目标实现程度、节水的稳定性和可持续性、节水措施的适应性进行节水效果评估；采用模糊层次分析法、熵权法和组合赋权法构成的主客观相结合评价方法从基础设施改善、主体权益保障、社会民生保障、社会节水意识进行社会效果评估；采用模糊层次分析法、熵权法和组合赋权法构成的主客观相结合评价方法从水权受让企业经济效益、农牧业用水户经济效益、灌区管理单位经济效益进行经济效益评估；结合实际监测，运用统计分析、遥感反演等技术手段，通过前后对比分析的方法，从地下水、土壤盐碱化、天然植被、灌区排水等方面进行生态效果评估。同时，本研究采用座谈法、实地调研法、问卷调查法、专家打分法等从制度建设全面性、制度实施效果进行政策制度评估；通过采用座谈法、收集资料、开展现场调研等方法从工程实施组织过程、建设资金保障情况、工程建设新技术应用、运行管理组织过程、运行维护资金保障情况、运行维护新技术应用等方面进行节水工程建设及运行维护评估。这一系列测度评估水权转让指标的方法构成了一套较为完整的黄河水权转让后评估方法体系。

(4)将黄河水权转让后评估方法研究成果应用于内蒙古水权转让后评估实践,通过深入结合20年来内蒙古水权转让工作的实际,监测工作成果,总结工作经验,分析存在问题,给出评估结论,系统提出了强化黄河水权转让的应对措施,为进一步创新内蒙古水权转让工作提供了技术支持。

目前,国内外关于水权转让效果评估多以单一区域的专门性评估作为研究对象,本研究将建构的黄河水权转让后评估方法体系应用扩展至水利部、黄委和内蒙古自治区水利厅批复的所有盟市内、盟市间黄河水权转让项目,分析了灌区水资源开发利用现状、节水潜力及水权转让能力,应用范围较为广泛,能够为深化黄河水权转让工作提供有力的技术支撑。

内蒙古水权转让后评估表明,20年来内蒙古水权转让取得显著成绩,节水效果明显,社会效益突出,经济效益显著,生态效果总体可控。针对问题提出的主要建议包括:①持续深化水权转让工作。坚持“两手发力”,建设统一的黄河水权交易平台,发挥水权收储功能,大力培育水权交易市场,完善市场化水权交易与水权制度建设,加强流域水资源统一管理和用水户水权交易的有机结合,推动有效市场和有为政府有机结合。②加强节水工程建设及运行维护。黄河水权转让是基于节水的转让,节水工程是关键,节水工程的建设与维护至关重要,建议进一步完善管理维护体制机制和资金保障机制,确保节水工程持续发挥效益。深化节水措施,改变传统外延式的发展方式,着力控制灌溉面积的总体规模;积极调整农业种植结构,改进灌溉制度;提高农业用水效率,采取干渠合并、渠道砌护、田间节水改造、建设节水灌溉等。③强化水资源调度与监督管理。按照“节水、压超、转让、增效”和“可计量、可控制、可考核”的原则,建议加强出让水权灌区和受让水权项目的监督管理,确保实现节水目标和受让水权建设项目依法依规取用水。加强水资源计量监控能力建设,确保水权可监管;加强水资源管理信息化能力建设,及时准确地掌控水资源的动态变化情况,实现对当地水引黄水统筹调用和节约保护的及时监控、管理与评估。

从监管部门角度出发,本研究立足于对内蒙古水权转让项目实际情况,客观评估取得的效果,并对水权转让项目实施过程中存在的问题及原因进行了分析,从深化水权转让工作、加强节水工程建设管理、促进节水工程良性运行和节水效果长效维持、强化对水权转让项目管理等方面提出了有针对性的对策与建议,为黄河水权转让项目有效期届满后是否延续提供了决策和支撑。从地方水行政主管部门角度出发,本研究涵盖水权转让工程节水效果评价、水权出让方和受让方权责利关系分析、水权转让经济和社会效果评估以及大规模节水工程对生态环境影响分析等内容,黄河水权转让后评估相关理论、办法对进一步深化内蒙古沿黄地区水权盟市间转让工作、完善水权制度建设等提供了重要参考。

6.3 展 望

水权转让是水安全保障战略的重要内容,也是深入践行“节水优先、空间均衡、系统治理、两手发力”治水思路的重要举措,特别是在水资源短缺的黄河流域,水权转让促进了农业节水增效,保障了新增工业项目用水,支撑了区域经济社会良好发展,实现了工业、农业、经济社会发展多赢。科学客观地对水权转让成效进行评估研究,能够更好地指导水权转让工作,有利于提升我国水权转让的科学化水平,增强水权转让工作的计划性和针对性。

(1)水权制度方面。总体来说,由农业向工业的水权转让已经开展了 20 多年,水利部、流域机构和省(区)出台了一系列相关制度,后评估研究发现,相关监管制度尚不健全,运行体制方面还有待进一步规范,仍需要进一步完善水资源管理立法,制定适应于水权制度实践改革的法规制度体系。

(2)后评估指标研究方面。水资源系统具有复杂性、动态性和不确定性,目前由于国内外对水权转让后评估的研究还不多,如何更好地从不确定性和动态的角度定量分析水权转让之后所产生的效益和影响,还有待于进一步结合水权转让实例不断实践、总结,逐步形成更加完善系统的水权转让后评估体系,为水权转让广泛开展和水市场的持续活跃提供有力支撑,也为解决水资源开发利用瓶颈提供破解途径。

(3)后评估方法体系方面。黄河水权转让后评估涉及工程技术、社会、经济、生态、管理、制度等多个方面、多个学科,未来在本研究成果的基础上仍需进一步加强各类方法的耦合研究,进一步完善评价模型,建立更加切合实际、可操作性更强的方法体系。

参考文献

[1] 汪恕诚. 水权转换是水资源优化配置的重要手段[J]. 水利规划与设计,2004(3):1-3.

[2] 汪恕诚. 水权管理与节水社会[J].华北水利水电学院学报,2001,22(3):1-3.

[3] 王宝林. 内蒙古水权转让实践与下一步工作思路[J].北京:水利发展研究, 2014(10):67-69,77.

[4] 张红兵,郑通汉,等.创新与变革:关于宁夏内蒙古水权转让情况的调研报告[R].北京: 中国水利发展报告,2005.

[5] GRAFTON R Q,et al. An Integrated Assessment of Water Markets:A Cross-Country Comparison[J]. Review of Environmental Economics and Policy,2011,5(2):219-239.

[6] GRAFTON R Q. Global insights into water resources, climate change and governance[J]. Nature Climate Change,2013,3(4):315-321.

[7] SALETH R M,DINAR A . Institutional changes in global water sector: trends, patterns, and implications [J]. Water Policy,2000,2(3):175-199.

[8] BAUER C J . Bringing Water Markets Down to Earth: Water Rights Trading in Practice, 1980~1995[J]. 1997,25:51-78.

[9] PIGRAM,JOHN J. Economic Instruments in the Management of Australia´s Water Resources: A Critical View[J]. International Journal of Water Resources Development, 1999, 15(4):493-509.

[10] MARTINEZ-LAGUNES R,RODRGUEZ-TIRADO J. Water policies in Mexico[J]. Water Policy,1998,1(1):103-114.

[11] ROSEGRANT M W,BINSWANGER H P. Markets in tradable water rights: Potential for efficiency gains in developing country water resource allocation[J]. World Development, 1994,22(11):1161-1625.

[12] GRAFTON R Q, LIBECAP G D, EDWARDS E C, et al. A Comparative Assessment of Water Markets: Insights from the Murray-Darling Basin of Australia and the Western US[J]. Icer Working Papers,2012, 14(2):175-193.

[13] GARRIDO A . A mathematical programming model applied to the study of water markets within the Spanish agricultural sector[J]. Annals of Operations Research, 2000, 94(1-4):105-123.

[14] DIAO Xinshen,ROE T. Can a water market avert the "double-whammy" of trade reform and lead to a "win-win" outcome? [J]. Journal of Environmental Economics and Management, 2003, 45(3): 708-723.

[15] TANNY J, COHEN S, ASSOULINE S, et al. Evaporation from a small water reservoir: Direct measur ements and est imates [J]. Journal of Hydrology, 2008, 351(1/2):218-229.

[16] 胡鞍钢, 王亚华. 从东阳—义乌水权交易看我国水分配体制改革[J]. 中国水利, 2001(6):35-37.

[17] 沈满洪, 陈锋. 我国水权理论研究述评[J]. 浙江社会科学, 2002(5):175-180.

[18] 裴丽萍. 水权制度初论[J]. 中国法学, 2001(2):90-101.

[19] 苏青,施国庆,祝瑞祥.水权研究综述[J].水利经济,2001(4):311.

[20] 苏青. 河流水权和黄河取水权市场研究[D].南京:河海大学,2002.

[21] 苏青,施国庆,吴湘婷.流域内区域间取水权初始分配模型初探[J].河海大学学报(自然科学版),2003(3):347-350.

[22] 安新代,苏青,陈永奇.黄河水权制度建设展望[J].中国水利,2007(19):66-69.

[23] 戎丽丽. 黄河水权冲突诱因与困境摆脱[J]. 改革, 2009(2): 88-93.
[24] 杨一松,卞艳丽. 浅议黄河流域水权转换问题与对策[J]. 中国水利, 2010(21):16-17.
[25] 李国英. 黄河水权转换成效及进一步开展的目标与措施[J]. 中国水利, 2010(3):9-11.
[26] 王亚华, 田富强. 对黄河水权转换试点实践的评价和展望[J]. 中国水利, 2010(1):21-25.
[27] 严冬, 夏军, 周建中. 基于外部性消除的行政区水权交易方案设计[J]. 水电能源科学, 2007(1): 10-13.
[28] 李月,贾绍凤. 水权制度选择理论——基于交易成本、租值消散的研究[J]. 自然资源学报,2007(5):692-700.
[29] 马晓强, 韩锦绵. 水权交易第三方效应辨识研究[J]. 中国人口·资源与环境,2011,21(12): 85-91.
[30] 方兰, 李军. 粮食安全视角下黄河流域生态保护与高质量发展[J]. 中国环境管理,2019,11(5): 5-10.
[31] 王慧. 水权交易的理论重塑与规则重构[J]. 苏州大学学报(哲学社会科学版), 2018, 39(6): 73-84.
[32] 沈大军, 阿丽古娜, 陈琛. 黄河流域水权制度的问题、挑战和对策[J]. 资源科学, 2020, 42(1): 46-56.
[33] 刘悦忆,郑航,赵建世,等. 中国水权交易研究进展综述[J]. 水利水电技术(中英文), 2021, 52(8):76-90.
[34] 田贵良. 自然资源产权视角的水权交易价格经济学属性再审视[J]. 人民珠江, 2018, 39(1): 95-99.
[35] 石腾飞. “关系水权”与社区水资源治理——内蒙古查村的个案研究[J]. 中国农村观察, 2018(1): 40-52.
[36] 李春晖, 孙炼, 张楠, 等. 水权交易对生态环境影响研究进展[J]. 水科学进展, 2016, 27(2): 307-316.
[37] 刘钢, 杨柳, 石玉波, 等. 准市场条件下的水权交易双层动态博弈定价机制实证研究[J]. 中国人口·资源与环境, 2017, 27(4):151-159.
[38] 许长新, 杨李华. 中国水权交易市场中的信息不对称程度分析[J]. 中国人口·资源与环境, 2019, 29(9):127-135.
[39] 田贵良, 胡雨灿. 市场导向下大宗水权交易的差别化定价模型[J]. 资源科学, 2019, 41(2): 313-325.
[40] 潘海英,叶晓丹. 水权市场建设的政府作为:一个总体框架[J]. 改革, 2018(1):95-105.
[41] 罗金耀,陈大雕,王富庆,等. 节水灌溉综合评价理论与模型研究 [J]. 节水灌溉,1998(4):1-5.
[42] 韩振中,姚宛艳,张顺尧. 大型灌区现状和节水改造紧迫程度评价[J]. 中国农村水利水电,2002(6):16-20.
[43] 何淑媛. 农业节水综合效益评价指标体系与评估方法研究[D]. 南京:河海大学,2005.
[44] 巫美荣, 贾金良, 田小强. 内蒙古鄂尔多斯市黄河灌区水权转换节水效果及综合效益分析[J]. 内蒙古水利,2009, 121(3):134-136.
[45] 张明星, 张军成. 内蒙古黄河南岸灌区水权转换综合效益分析[J]. 内蒙古农业大学学报(社会科学版),2012, 14(3):81-84.
[46] 万峥. 基于水资源可持续利用的水权转换综合效益及生态影响评估研究[D]. 呼和浩特:内蒙古农业大学,2019.
[47] 刘钢,高磊. 水权交易实践与研究[M]. 北京:中国水利水电出版社, 2020.

[48] 赵清,刘晓旭,蒋义行.内蒙古水权交易探索及工作重点[J].中国水利,2017(13):20-22.
[49] 陈金木,王俊杰,吴强,等.水权交易制度建设[M].北京:中国水利水电出版社,2020.
[50] 罗玉丽,何宏谋,章博.灌区节水量与可转换水权研究[J].中国水利,2007(19):62-65.
[51] 罗玉丽,张会敏,李卫中.灌区综合节水改造中单项措施节水量计算方法初探[J].节水灌溉,2008(1):21-24.
[52] 梁天雨.内蒙古黄河南岸灌区灌溉水利用效率测算分析与节水改造评价[D].呼和浩特:内蒙古农业大学,2014.
[53] 罗玉丽,李清杰,张霞.黑河干流中游灌区节水改造效果分析[J].节水灌溉,2005(6):40-42.
[54] 杨智渊.灌区节水量计算与分析[J].内蒙古水利,2015(1):108-109.
[55] 罗玉丽,黄介生,张会敏,等.不同尺度节水潜力计算方法研究[J].中国农村水利水电,2009(9):8-11.
[56] 屈忠义,杨晓,黄永江.内蒙古河套灌区节水工程改造效果分析与评估[J].农业机械学报,2015,46(4):70-76.
[57] 刘修泽,李轶平,王爱勇,等.基于GIS和专家评估法的海洋生物资源损害评估数据标准化方法[J].海洋环境科学,2015,34(1):101-106.
[58] 焦念志.运用德尔菲调查—灰色统计法确立水库鱼产力综合评价中的指标权重体系[J].海洋湖沼通报,1982(4):91-97.
[59] 李勇,周学馨.基于模糊灰色统计的生态文明建设综合评价研究[J].重庆工商大学学报(自然科学版),2013,30(3):35-38.
[60] 蔡朕,鲍静媛,李云.基于模糊层次分析的土地平整工程综合效益评价——以重庆市忠县石宝镇新政村、凉水村高标准农田建设项目为例[J].农村经济与科技,2022,33(7):45-48.
[61] ZHANG X H,SHEN J M,WANG Y Q,et al. An environmental sustainability assessment of China's cement industry based on energy[J]. Ecological indicators, 2017,72(1):452-458.
[62] 张书凤,陈理飞.区域可持续发展评估的能值分析法研究[J].生态经济(学术版),2007(2):45-47.
[63] 黄微尘,余朕天,李春晖,等.基于ELECTRE Ⅲ的淮河流域水资源安全评价[J].南水北调与水利科技,2019,17(1):20-25.
[64] 潘汀超,戚蓝,田福昌,等.组合赋权-模糊聚类算法的改进及其在洪灾风险评价的应用[J].南水北调与水利科技(中英文),2020,18(5):38-56.
[65] 刘媛媛,王绍强,王小博,等.基于AHP-熵权法的孟印缅地区洪水灾害风险评估[J].地理研究,2020,39(8):1892-1906.
[66] 唐李斌,吴基文,毕尧山,等.基于AHP-熵权法耦合的含水层富水性评价研究[J].中国矿业,2020,29(12):147-152.
[67] 兰博,关许为,肖庆华.基于FAHP与熵权融合法的堤防工程安全综合评价[J].中国农村水利水电,2019(6):131-133.
[68] 王凤,徐征和,潘维艳.模糊层次综合分析法在农业水价综合改革实施效果评价中的应用[J].节水灌溉,2019(4):81-85.
[69] 龚杰,赵起超,娄华超,等.模糊层次分析法在水资源价值评估中的应用——以绵阳市为例[J].长江科学院院报,2022,39(4):34-40.
[70] 薛丹璇,姜涛,孟维伟.基于模糊层次法的堰塞坝危险性综合快速评估体系研究[J].水利水电快报,2019,4(12):37-41.

[71] 王煜, 彭理彬, 龙洁. 熵权法在移民安置独立评估指标权重的应用[J]. 云南水力发电, 2019, 35(5):26-28.

[72] 夏宗洋, 彭亦廷, 宋陈澄. 基于 ANP-熵权法赋权的煤炭行业协同创新机制评价[J]. 煤炭经济研究, 2019,39(1):32-38.

[73] 苏志军, 裘家瑜, 董超驹,等. 基于熵权和模糊综合评判法的农饮水工程评价模型研究[J]. 浙江水利科技, 2021,49(6):20-23.

[74] 乔雨, 梁秀娟, 王宇博,等. 组合权重模糊数学法在水质评价中的应用[J]. 人民黄河, 2015, 37(5):77-79.

[75] 黄鑫沛, 宋斐, 樊林玉,等. 基于组合赋权法的海外基建环境综合评估研究[J]. 工业工程与管理, 2021, 26(3):24-31.

[76] 刘峰,段艳,马妍. 典型区域水权交易水市场案例研究[J]. 水利经济, 2016, 34(1):23-27.

[77] 冯峰,殷会娟,何宏谋. 引黄灌区跨地区水权转让补偿标准的研究[J]. 水利水电技术, 2013, 4(2):102-105.

[78] 冯婷, 程满金,焦吉利,等. 北方渠灌区节水改造技术实施的节水效果与效益分析[J]. 内蒙古水利,2011,1(1):9-11.

[79] 包玉斌, 姚建华, 黄涛,等. 银川市国土空间土地利用变化多源遥感人工目视解译分析[J]. 安徽农业科学, 2021,49(16):221-229.

[80] 贾萍萍, 张俊华,孙媛,等. 基于实测高光谱和 Landsat 8 OLI 影像的土壤盐化和碱化程度反演研究[J]. 土壤通报, 2020, 51(3):511-520.

[81] 贾萍萍. 基于多源遥感的宁夏银北地区干湿季土壤盐碱化反演研究[D]. 银川:宁夏大学, 2021.

[82] WANG Zheng, ZHANG Xianlong,ZHANG Fei, et al. Estimation of soil salt content using machine learning techniques based on remote-sensing fractional derivatives, a case study in the Ebinur Lake Wetland National Nature Reserve, Northwest China[J]. Ecological Indicators, 2020,119:106869.

[83] Engineering Biosystems Engineering. Findings from Institute of Soil Sciences Provides New Data on Biosystems Engineering (Can subsurface soil salinity be predicted from surface spectral information? - From the perspective of structural equation modelling [J]. Journal of Engineering, 2017.

[84] 王铭炜. 基于遥感与 GIS 的威海市文登区土地利用变化分析[D]. 青岛:山东科技大学, 2020.

[85] 陈怡君, 刘小波, 李佩恩. 基于 ENVI 遥感解译和 GIS 的渝北区土地利用/覆被变化分析[J]. 成都师范学院学报, 2019, 35(9):98-104.

[86] Geetha Selvarani Arumaikkani, Sivakumar Chelliah, Maheswaran Gopalan. Mapping the Spatial Distributions of Water Quality and Their Interpolation with Land Use/Land Cover Using GIS and Remote Sensing in Noyyal River Basin, Tamil Nadu, India[J]. Journal of Geoscience and Environment Protection, 2017,5(8):211-220.

[87] 刘丛柱. 大型灌区节水改造项目后评估指标体系与评估方法研究[D]. 西安:西安理工大学, 2007.

[88] 宋宁华. 我国建设项目后评价体系的建立及实例[J]. 天津理工学院学报,2002,18(2):100-103.

[89] 刘琦,李化. 湖泊保护立法后评估指标体系构建[J]. 统计与决策, 2016(4):57-59.

[90] 刘佳莉,李元红,张新民. 甘肃省节水增效灌溉示范项目后评价综合指标体系及效应评价[J]. 节水灌溉,2010(1):31-34.

[91] 王生顺. 浅析高效节水灌溉工程的管理与运行[J]. 农业科技与信息, 2015(2):64,71.
[92] 李其非, 朱美玲. 高效节水灌溉工程运行管理综合评价指标体系构建[J]. 天津农业科学,2018,24(5):44-50.
[93] 苏青,张立锋,罗玉丽,等. 黄河水权转让后评估理论框架及指标体系[J]. 人民黄河,2022,44(12):57-61.